A. E. Durrant

Garratt-Lokomotiven der Welt

Übersetzt und bearbeitet
von Wolfgang Stoffels

Die Originalausgabe erschien 1981 unter dem Titel
"Garratt Locomotives of the World"
bei David & Charles, London
© 1981 A. E. Durrant

Frontispiz

Oben: Ingane indlovu, ubaba indlovu und umama indlovu – Baby, Vater und Mutter Elefant in Gestalt der Garratt-Klassen 14A, 20A und 15A aufgereiht im Depot Bulawayo   A. E. Durrant

unten: Indlovu (Elefant), ein vom Dreischienensymbol flankiertes typisches Namensschild, wie es bei den Nationalbahnen von Zimbabwe verwendet wird.   A. E. Durrant

Die vorliegende Publikation ist urheberrechtlich geschützt. Alle Rechte, insbesondere das der Übersetzung in fremde Sprachen, vorbehalten. Kein Teil dieses Buches darf ohne schriftliche Genehmigung des Verlags in irgendeiner Form – durch Fotokopie, Mikrofilm oder andere Verfahren – reproduziert oder in eine von Maschinen, insbesondere Datenverarbeitungsanlagen, verwendbare Sprache übertragen werden.

Lizenzausgabe 1991 für
Manfred Pawlak Verlagsgesellschaft mbH,
Herrsching
© 1984 der deutschsprachigen Ausgabe
Birkhäuser Verlag, Basel
Umschlaggestaltung: Bine Cordes, Weyarn
Printed in Italy
ISBN 3-88199-847-0

Inhalt

Einleitung 7

1 Gelenklokomotiven 9

2 Die Garratt-Lokomotive 21

3 Europa 31

4 Asien 46

5 Australien und Neuseeland 65

6 Amerika 81

7 Afrika 99

8 Südafrika 127

9 Centralafrika 165

10 Ostafrika 192

11 Kriegslokomotiven 207

Anhang 215
Abkürzungen 217
Literaturverzeichnis 219
Index 221
Dank 223

Einleitung

Das Jahr 1968, in dem das Manuskript für die ursprüngliche Ausgabe von «Die Garratt-Lokomotive» fertiggestellt wurde, markierte das Ende einer Ära von 59 Jahren, in welchen Garratt-Lokomotiven hergestellt wurden. Ausgehend von einer kleinen Maschine mit 610 mm Spurweite für Tasmanien entwikkelte Beyer Peacock & Co. Ltd. in Gorton, Manchester diese Type für alle Dienstarten von Rangier- bis zum Express- Reisezugeinsatz. Die Garratt wurde in alle Kontinente exportiert. Im Jahre 1968 hat sich der Kreis geschlossen und die letzten Garratts wurden in Südafrika fertiggestellt. Sie waren auch für 610 mm Spur, eine bemerkenswerte Übereinstimmung.

Während der Name Beyer Peacock stets mit der Garratt-Type in Verbindung gebracht wurde, wird es für viele überraschend sein zu erfahren, dass nur etwa 60% aller Garratts in Manchester hergestellt wurden. Einige bauten andere britische Firmen und viele kamen vom Ausland. Von dem anderen Drittel entstanden viele unter Lizenz von Beyer Peacock, es gab auch einige unerlaubte Nachbauten (Tabelle Seite 215).

Über Garratts wurde viel geschrieben. Die meisten der Beyer-Peacock-Konstruktionen sind in ausführlichen Beschreibungen in Eisenbahn- und Technik-Zeitschriften enthalten, so dass es nicht Zweck dieses Buches ist, solche Informationen zu wiederholen. Die Konstruktionseinzelheiten wurden kurz behandelt. In den Tabellen mit den Hauptabmessungen am Ende der einzelnen Kapitel sind Literaturreferenzen angegeben. Diese erlauben dem Interessierten die genannten Bücher oder Zeitschriften für weitere Informationen zu Rate zu ziehen.

Dieses Buch zeichnet die Entwicklung der Garratt als eine Lokomotivbauart auf und gibt im ersten Kapitel eine Übersicht der Gelenkdampflokomotiven als Vorläufer oder Konkurrenten der Garratt. Einzelheiten der von den verschiedenen Garratt-Typen geleisteten Arbeit sind, soweit möglich und verfügbar, angegeben. Diese Informationen umfassen die Einsatzstrecken, die auf den massgebenden Steigungen beförderten Lasten und weitere zugehörige Angaben ähnlicher Art. Aufgenommen sind vollständige Listen aller hergestellten Garratts einschliesslich der Daten und Fabriknummern der Erbauer, Verkauf von Lokomotiven an andere Bahnen oder Industriebahnen u. ä. sowie Verschrottungsdaten. Diese Informationen vom ursprünglichen Band wurden auf den aktuellen Stand weitergeführt.

Alle möglichen Betreiber und Hersteller von Garratts wurden vom Verfasser angesprochen, um neueste und authentische Informationen zu erhalten, obwohl in einigen Fällen die Bahn nicht mehr besteht oder der Hersteller sich aus dem Geschäft zurückgezogen hat wie Beyer Peacock selbst. Von den übrigen antworteten viele, einige aber nicht, insbesondere und wie vorhersehbar die meisten der Südamerikanischen Eisenbahnen. Von den Herstellern war eine Firma, die schon mehr als 100 Jahre besteht, vom Glanz ihrer neuen Diesel- und Elektrolokomotiven so eingenommen, dass sie nicht nur den Bau der Garratts, sondern überhaupt den Bau von Dampflokomotiven in Abrede stellte. Sogar eine Fotokopie von ihrer Werbeanzeige aus der Vorkriegszeit konnte keine positive Antwort bewirken.

Die mit der Garratt-Geschichte verbundenen verschiedenen Persönlichkeiten finden kurz Erwähnung, wobei dies aber nicht im Vordergrund steht. Abgesehen von H. W. Garratt selbst dürfte W. Cyril Williams, der bei der Südafrikanischen Eisenbahn beschäftigt war, den grössten Einfluss auf die Fortschritte der Garratt ausgeübt haben. In Verbindung mit der Erprobung der ersten SAR-Maschine begeisterte er sich für das Konzept. Er trat bei Beyer Peacock als technischer Verkaufsrepräsentant ein, bereiste die Welt zum Verkauf von Garratts und verfasste eine Anzahl Publikationen, welche im Literaturverzeichnis aufgeführt sind.

In den 12 Jahren, welche seit der Veröffentlichung der ersten Auflage von «Die Garratt Lokomotive» vergangen sind, ist die Entwicklung hauptsächlich negativ verlaufen. Garratts verschwanden vollständig aus dem regulären Dienst in Europa, Asien, Australien und Südamerika. Sie sind heute nur noch in Afrika zu finden, wie in jenem Buch vorhergesagt. Obwohl auf der Basis des früheren Werkes aufgebaut, bildet der vorliegende Band mehr als eine neue Auflage und rechtfertigt einen neuen Titel. Der Text wurde vollständig überarbeitet und wo notwendig neu geschrieben, um weitere Informationen aufzunehmen und ihn soweit bekannt auf den Stand von Ende 1980 zu bringen.

Sogar in Afrika ist die Garratt eine sehr gefährdete Gattung geworden. In Ostafrika sowie in den verschiedenen Staaten Westafrikas, wo sie einst in Gebrauch waren, ist ihr Betrieb eingestellt worden. Die grossen Südafrikanischen Eisenbahnen haben nur noch ein Drittel ihres früheren Bestandes. Der Niedergang der Volkswirtschaften in Angola, Mozambique und Zambia hat auch die Eisenbahnsysteme entsprechend in Mitleidenschaft gezogen, wodurch Anlagen und Fahrzeuge einschliesslich der Garratts bis zur Unbrauchbarkeit vernachlässigt wurden. Glücklicherweise ist nicht alles so düster. In Südafrika haben Industriebahnen den Aufruf der Regierung zur Einsparung von Öl durch Kauf von Dampflokomotiven von der SAR befolgt, wobei auch einige Garratts darunter waren. Im Sinn der früheren Richtung zur Umstellung auf Dieselbetrieb, haben die SAR trotz Ölkrise durch

Bestellung von weiteren Diesellokomotiven reagiert. Die am meisten erfreuliche Situation besteht in Zimbabwe, wo die frühere Verdieselungspolitik teilweise aufgegeben wurde zugunsten der Elektrifikation sowie der umfassenden Wiederherstellung und Inbetriebnahme von 87 Garratts für den weiteren Einsatz bis in die 1990er Jahre.

Weiter hatte die sich ausdehnende Ölkrise prompt einige Untersuchungen und Studien über die Wettbewerbsfähigkeit moderner kohlegefeuerter Dampfkraft hervorgerufen, wohingegen 1968 geschrieben werden konnte, dass die letzten Garratts gerade gebaut wurden. 1980 gibt es auf mehr als einem Zeichenbrett Projekte mit weiterentwickelten Garratts mit Verbundwirkung, Kondensation und fortschrittlichen Verbrennungsprozessen. Es ist natürlich nicht möglich, in diesen bewegten Zeiten Zukunftsaussagen zu machen, wo die Ölkrise als Energiekrise missverstanden wird, obwohl keine andere Energieart gefährdet ist. Es ist ziemlich sicher, dass der alte Garratt-Rhythmus, der stotternde unsynchronisierte Auspuff von zwei unabhängigen Maschineneinheiten, noch im Jahre 2000 zu hören sein wird. Moderne Garratts werden, sollte man sie bauen, bei Verbundwirkung weiche Auspuffschläge haben oder bei Kondensation ein gleichmässiges Summen durch die Kondensatorlüfter und deren Getriebe.

Die ganze Geschichte aus Vergangenheit, Gegenwart und möglicher Zukunft ist innerhalb eines Buches grösseren Formats und grösserer Seitenzahl, mit mehr Informationen und einer Vielzahl von Illustrationen gegenüber früher aufgenommen, um diese prächtigen Lokomotiven bei ihrer harten Arbeit zu zeigen. Als Neuheit wurde ein Farbbildteil beigefügt, welcher von der zunehmenden Zahl von Fotografen besonders geschätzt werden dürfte, die auf diesem Gebiet arbeiten.

A. E. Durrant
Springs
Südafrika

Vorwort zur deutschsprachigen Ausgabe

Die Garratt-Lokomotive ist eine der Sonderbauarten der Dampftraktion, welche in Anpassung an bestimmte Betriebsanforderungen entstand. Wenn sie mit ca. 1700 Stück auch rein zahlenmäßig nur einen kleinen Anteil an den Gelenklokomotiven erreichte, so hat sie die ihr zugedachten Aufgaben hoher Zugförderungsleistungen auf topographisch schwierigen Strecken bei gleichzeitig relativ kleinen Achs- und Meterlasten zur vollen Zufriedenheit der Betreiber erfüllt. Daneben stellt die Garratt-Bauart auch die fahrzeug- und lauftechnisch beste Lösung für Triebfahrzeuge dar, wie sie heute bei den Lokomotiven der Diesel- und Elektrotraktion in der Drehgestellbauart üblich ist. Bei der vorliegenden Ausgabe wurde der zunächst in enger Anlehnung an das Original übersetzte Text nach sprachlichen und fachtechnischen Gesichtspunkten eingehend überarbeitet. Mit Hilfe des Autors und Herrn Edgardo Turone aus Argentinien konnten noch einige Ergänzungen des Textes aufgenommen werden, um soweit wie möglich auf den letzten Stand zu kommen. Die technischen Daten in Text, Tabellen und Skizzen wurden auf metrische Maßeinheiten umgestellt und ergänzt. Der Bildteil ließ sich durch eine Reihe guter Aufnahmen der Firma Henschel u. a. auch über den Bau moderner Garratts vorteilhaft vervollständigen, wofür an dieser Stelle gedankt sei. Auch die Literaturangaben konnten um eine Reihe deutschsprachiger Quellen bereichert werden.

Wolfgang Stoffels

1 Gelenklokomotiven

Verglichen mit dem Strassenverkehr ist die Eisenbahn, wie oft geschrieben wurde, im Besitz von Vorteilen nicht nur durch den geringen Rollwiderstand, bedingt durch den Lauf einer harten glatten Oberfläche auf einer anderen, sondern auch dadurch, dass die Fahrzeuge sich selbst führen mittels Aktion und Reaktion der Spurkränze auf den Schienen. Dies hat jedoch Ungenauigkeiten zur Folge. Obwohl ein Fahrzeug mit zwei oder mehr parallelen Achsen im geraden Gleis perfekt läuft, wird die Geometrie bei Einfahrt in einen Gleisbogen unkorrekt, und das Rad stellt sich nicht in die gleiche Richtung als das Gleis, sondern liegt in einem Winkel zur radialen Stellung. Bei einem Fahrzeug mit kurzem Achsabstand in einem Bogen grossen Halbmessers ist dieser Winkel klein und seine Wirkung vernachlässigbar. Im Laufe der Eisenbahnentwicklung und dem Vordringen in schwieriges Terrain gegenüber den früheren Linien wurde es in zunehmendem Masse notwendig, längere Fahrzeuge durch engere Gleisbögen zu fahren als bisher.

Soweit es Güter- und Personenwagen betrifft, war das Problem relativ klein. Einmal konnte man eine grosse Anzahl kurzer Fahrzeuge verwenden oder alternativ längere Fahrzeuge auf Drehgestelle setzen. Die gleichen Lösungen waren prinzipiell auch den Lokomotivingenieuren verfügbar, aber hier zeigten sich in Technik und Aufwand Grenzen, die bei Wagen nicht in diesem Masse bestehen. Der Einsatz mehrerer Lokomotiven mit kurzem Achsstand in Mehrfachtraktion war unwirtschaftlich sowohl in den Anschaffungskosten als auch im Betrieb, zumal jede einzelne Einheit eigenes Bedienungspersonal benötigte. Die Lokomotive mit 2 Drehgestellen war mit den früheren Möglichkeiten nicht herstellbar. Auch mit Dampf niederen Drucks und ohne Überhitzer bereitete die Entwicklung betriebssicherer gelenkiger Dampfleitungen zunächst unüberwindliche Probleme. Dies soll in keiner Weise die früheren Konstrukteure von Gelenklokomotiven in ihrer Leistung herabsetzen, welche auf 2 oder 3 Triebgestellen aufbauten. Die Unvollkommenheit war einfach eine Folge von Werk- und Schmierstoffen sowie der Fertigungstechnik und Werkzeugmaschinen, welche die Anforderungen der Lokomotivingenieure nicht voll erfüllen konnten. In der Tat unterschieden sich die früheren Bauarten von flexiblen Dampfleitungsverbindungen nur wenig vom heutigen Prinzip und die Verbesserungen beziehen sich mehr auf die Ausführung als auf die grundsätzliche Anordnung.

Angesichts dieser Schwierigkeiten sowie der Fehlschläge mit den frühesten Gelenkkonstruktionen war es kaum überraschend, dass die Ingenieure mit der Kupplung von mehr und mehr Triebachsen vorsichtiger experimentierten. Zwei und drei gekuppelte Triebachsen kamen bald in allgemeinen Gebrauch, und während der 1860er Jahre wurden vierfach gekuppelte Maschinen relativ häufig in den USA und in Kontinentaleuropa gebaut. In der damaligen Begeisterung führte dies bald danach auch zum Bau einiger 5-fach gekuppelter Lokomotiven, allgemein kam die Bauart erst um die Jahrhundertwende, wo sie sich wiederum hauptsächlich in Kontinentaleuropa und USA weit verbreitete. Die fünffach gekuppelte Lokomotive bleibt das allgemein eingeführte Maximum der Starr-Rahmen-Bauart, obwohl auch eine Reihe von 6-fach gekuppelten Typen konstruiert und im Betrieb mehr oder weniger erfolgreich eingesetzt waren. Diese 6-Kuppler waren in Österreich, Deutschland, Bulgarien, Jugoslawien und Java im Gebrauch. [1.19]. Dies waren alles kleinrädrige Maschinen mit einem festen Gesamtachsstand von etwa gleich oder wenig grösser wie bei 5-Kupplern mit grösseren Rädern. Eine Ausnahme bildet die Union Pacific 2F1 – Klasse 9000 mit 1702 mm Triebraddurchmesser und Kuppelachsstand von 9347 mm. Immerhin wurden nicht weniger als 88 Stück von dieser erfolgreichen Maschine über mehrere Jahre gebaut. Die Lebensdauer dieser Klasse währte 29 Jahre von 1926 bis 1955 und hätte zweifellos noch länger gedauert, wäre nicht die Dieselumstellung nach Kriegsende in den Vereinigten Staaten gekommen. Die einzige 7-fach gekuppelte Lokomotive, die gebaut wurde, war die russische 2 G 2 Klasse AA mit ihren 1600 mm Triebrädern und 10 050 mm Kuppelachsstand. Sie war zwar nicht wesentlich länger als die UP-Type, jedoch ausreichend um das bestehende russische Gleis zu ruinieren und als normale Betriebslok unbrauchbar. Die Steigerung auf einmal war zu gross. Wäre die von Lomonossov vorgeschlagene F-Verbundlokomotive zuvor gebaut worden, so hätte man möglicherweise Erfahrungen gewinnen können für den Bau einer kürzeren und mit kleineren Rädern versehenen 2- G- 2 Lokomotive in erfolgreicher Ausführung. Während des letzten Krieges wurde das Transportsystem Deutschlands für die Nachschublieferungen der russischen Front auf das äusserste beansprucht. Unter einer Reihe von Vorschlägen für eine hochleistungsfähige Lokomotive niedriger Achslast für die russische Front legte die Firma Schichau in Elbing eine 1G- Konstruktion vor.

* Die Zahlen in eckigen Klammern sind Hinweise auf die Literaturangaben nach Seite 218.

Dieser Entwurf mit 1300 mm Triebrädern und 9300 mm Kuppel-Achsstand für einen kleinsten Bogenhalbmesser von 140 m hatte durchaus Chancen für einen Erfolg. Er basierte auf Deutschlands Erfahrungen mit den 44 Stück 1F Güterzuglokomotiven Klasse K der früheren Württembergischen Staatsbahnen. Der Zusammenbruch nach der Invasion erlaubte jedoch keine Ausführung, so dass wir nicht wissen, wie ihre Leistungen ausgefallen wären.

Während sich die Entwicklung der Starr-Rahmen-Lokomotive ihrem Höhepunkt näherte, wurden auch verschiedene Bauarten von Gelenklokomotiven entwickelt. Jene waren den Starr-Rahmen-Typen gegenüber im Vorteil wegen der Zweifel an der Fähigkeit letzterer, Kurven sicher und zwanglos zu durchfahren. Die Zweifel waren vor der allgemeinen Einführung von seitenverschiebbaren Achsen mit federbelasteten Rückstelleinrichtungen wohl begründet. Es gab eine bemerkenswerte Bauart, wenn auch nicht weit verbreitet, so jedoch ihrer Zeit voraus. Dies war Petiets CC Tenderlokomotive von 1862/63 mit Triebachsen in einem starren Rahmen, wobei jeweils 3 Achsen zusammengekuppelt waren. Die 2. und 5. Achse waren Triebachsen und fest im Rahmen gelagert, die anderen Achsen konnten seitlich ausweichen und waren zur Einstellung der Seitenverschiebung im Gleisbogen untereinander mit Beuginot-Hebeln verbunden. Die für die französische Nordbahn gebauten 20 Lokomotiven waren damals die leistungsfähigsten der Welt, und führten zu einem Export von zwei weiteren Loks dieser Art an die Zaragoza-Alsasua Bahn in Spanien. Die Konzeption einer Duplexmaschine in einem starren Rahmen ruhte für 75 Jahre. Erst dann wurde diese Idee in den USA von der Baltimore & Ohio und der Pennsylvania Bahn wieder aufgegriffen [1.50].

Inzwischen sind die ersten Gelenklokomotiven erschienen und in Fällen, in denen vier angetriebene Achsen benötigt wurden, baute man 2 zweiachsige Drehgestelle. Als eine allgemeine Regel gilt, abgesehen von kleinen Maschinen für Nebenstrecken mit engen Kurven und leichtem Oberbau, dass die kleinste Grösse einer Gelenklokomotive sich entsprechend der Entwicklung erfolgreicher Starr-Rahmen-Lokomotiven sich nach oben verschob. Zum Beispiel wurde nach Einführung vierfach gekuppelter Lokomotiven im normalen Dienst solange keine Gelenklokomotiven eingesetzt, bis die Anforderungen über die Möglichkeiten erstgenannter Bauart hinausgingen. Daraufhin kamen 2 × 3-fach gekuppelte Gelenklokomotiven zum Einsatz bis diese wiederum von 5-fach gekuppelten Typen mit höherer Achslast übertroffen wurden. Diese repräsentierte die Grenze für Starr-Rahmen-Maschinen und darüber hält die Gelenklokomotive mit 2 × 4- oder in besonderen Fällen mit 2 × 5-fach gekuppelten Achsen unangefochten die Herrschaft. Es gab auch viele Bahnen, besonders in Kolonialländern und ähnlichen Gebieten, wo die 5-fach gekuppelte Type nie heimisch wurde und an deren Stelle 2 × 3-fach gekuppelte Gelenklokomotiven im Gebrauch standen.

Nach dieser kurzen Diskussion über die Stellung der Gelenklokomotive und ihrer Berechtigung betrachten wir nun die prinzipiellen Bauarten, ihre Herkunft, Vorteile und Grenzen. Es hat in der Geschichte der Dampflokomotive eine grosse Vielfalt von Gelenkbauarten gegeben, wobei die meisten nicht erfolgreich waren. Alle diese Versuche sind umfassend im klassischen Buch von Lionel Wiener «Articulated Lokomotives» zusammengestellt, das 1930 erschienen ist [1.43]. Hier befassen wir uns nur mit jenen Typen, welche einen gewissen Erfolg sowie eine Verbreitung erreichten und mit der Garratt in Wettbewerb standen. Es ist interessant bei dieser Gelegenheit festzustellen, dass diese früheren Typen nicht unbedingt unter dem Namen ihrer Urheber bekannt wurden, sondern auch diejenigen, welche das Prinzip nutzten und in grossem Massstab entwickelten.

Es erscheint unbestritten, dass die erste Gelenklokomotive von Horatio Allen für die Charleston & South Carolina Eisenbahn in den USA konstruiert und 1832 von der West Point Giesserei gebaut wurde. Diese Lok war der Ursprung von der später als Fairlie Type bekanntgewordenen Bauart, von welcher Allen's Maschine alle wichtigen Bestandteile erhielt. Sie hatte eine zentrale Feuerbüchse mit Kesselschüssen nach beiden Seiten und Rauchkammern mit Schornsteinen an beiden Enden. Ein besonderes Merkmal bestand darin, dass jedes Kesselteil aus Doppelschüssen bestand, als insgesamt vier. Die aussergewöhnliche Doppelanordnung der Kesselschüsse wählte man, da die Laufwerke mit der Achsanordnung 1A aus nur je einem Zylinder und hölzernen Rahmen bestanden. Der Zweck dieser Bauweise war eine für nötig erachtete niedrige Schwerpunktlage, und die Kurbeln konnten zwischen den beiden parallelen Kesselschüssen rotieren, welche sich knapp über der Triebachse befanden. Vorhandene Illustrationen dieser Lokomotive sind ungenau und es hat den Anschein, dass der Führer seinen Platz über der Feuerbüchsdecke hatte neben dem aussermittig angeordneten Dom. Wo exakt der Heizer stehen konnte oder wie er gefeuert hat (die Seitenwände der Feuerbüchse sind von den Triebrädern grösstenteils verdeckt), sind ebenso unklar wie die Unterbringung des Brennstoff- und Wasservorrats [1.27].

Es war aber ein Anfang und führte beinahe 2 Jahrzehnte später zu einem zweiten Versuch, als Entwürfe und Probelokomotiven für den berühmten Semmering-Wettbewerb in Österreich 1851 ausgeschrieben wurden. Von den 4 Wettbewerbern waren zwei reine Gelenkbauarten vorgestellt worden, wovon die von John Cockerill & Co. aus Searing, Belgien, als Entwicklungsstufe zur Fairlie-Type anzusehen ist. Die Cockerill-Maschine mit dem Namen «Searing» war eine Tenderlok, die beiden Triebgestelle hatten Aussenrahmen und Innenzylinder. Der Kessel hatte eine äussere Feuerbüchse, in welcher zwei Innenfeuerbüchsen eingebaut waren. Von jeder dieser Innenfeuerbüchsen aus strömten die Verbrennungsgase durch einen ovalen Langkessel zu Rauchkammer und Schornstein. Jeder Teilkessel trug seinen eigenen Dom zur Dampfentnahme für die darunter befindlichen Zylinder. Abgesehen von dem ovalen Kessel-

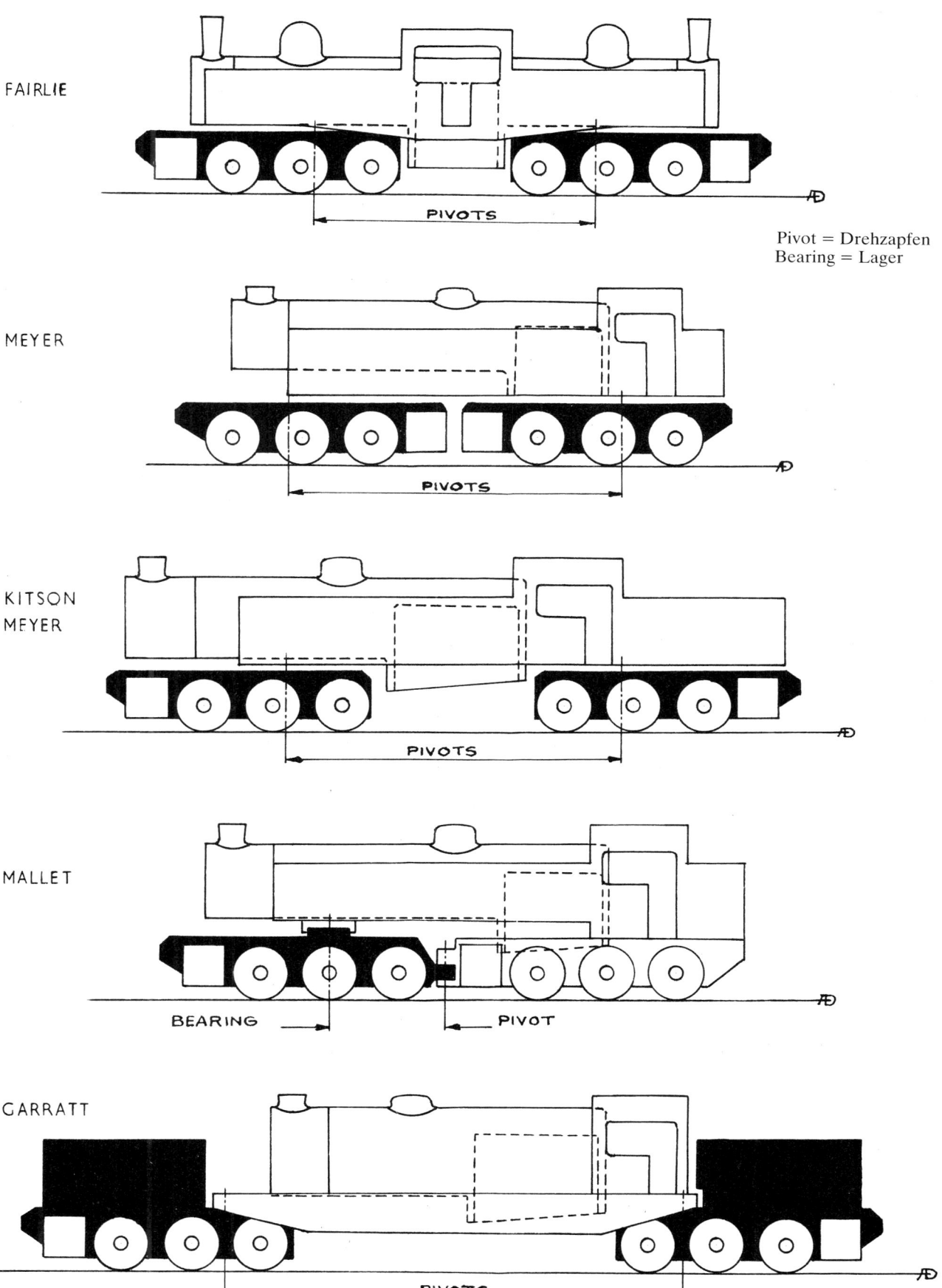

Grundsätzliche Gelenklokomotivbauarten

Die grössten gebauten Fairlies waren diese 100 t schweren Exemplare für die Mexicano-Eisenbahn, welche später in die Mexikanische Nationalbahn eingegliedert wurde. Trotz ihrer eindrucksvollen Grösse waren diese Maschinen ohne Überhitzer oder moderne Steuerung gebaut und sind bald durch Elektrifikation abgelöst worden. English Electric

querschnitt erschien die Konstruktion gut ausgeführt. Es ist etwas überraschend, dass sie sich als Fehlschlag erwies und von einer aussergewöhnlich seltsamen Maschine geschlagen wurde, der von J. A. Maffei in München gebauten «Bavaria». Diese gewann zwar den Wettbewerb, aber wurde nicht nachgebaut [1.20]. Ein Vorläufer der Type, die nun unsere Aufmerksamkeit beansprucht, ist die mit den Rückseiten gekuppelte Doppellok. Zuerst 1856 in Italien auf der Giovo-Steilstrecke erschienen und gelegentlich angewandt, erreichte sie keine besondere Bedeutung. Die letzten Exemplare wurden während des 1. Weltkrieges für die deutsche Heeresfeldbahn gebaut. Dies waren einfach zwei kleine Tenderlok ohne hintere Kohlenkästen, welche, Führerstand an Führerstand, wie siamesische Zwillinge gekuppelt wurden. Diese Bauart hatte den Leistungsvorteil der Doppellokomotive wie eine richtige Gelenklok und nur ein Personal, während sie auf die Notwendigkeit beweglicher Dampfleitungen bzw. Gelenkverbindungen verzichten konnte, lange Zeit eine Schwachstelle von Gelenklokomotiven. Nichtsdestoweniger machte die Schwierigkeit der gleichzeitigen Bedienung zweier Einheiten sowie ihr zweifellos rauher Lauf die Type allgemein unpopulär und selten verwendet.

Der Schotte Robert Fairlie [1.1] nahm sein britisches Patent Nr. 1210 auf eine Doppel-Gelenklok im Mai 1864. Seine Maschine entsprach im wesentlichen Cockerill's Semmering Lokomotive mit dem Unterschied, dass Puffer und Zughaken der «Searing» am Hauptrahmen befestigt waren, Fairlie aber montierte diese Teile an die Triebdrehgestelle. Dieser Unterschied dürfte ausgereicht haben, um das Patent zu sichern. Während Cockerill seinen Entwurf für einen speziellen Wettbewerb ausführte und enttäuscht durch den Fehlschlag, nicht mehr weiter verfolgte, war Fairlie ein leidenschaftlicher Verfechter seiner Version. Er wandte eine solche Energie für ihre Förderung auf, dass sie für viele Jahre die eingeführte Form für Gelenkdampflokomotiven wurde. Die letzten Fairlie-Exemplare wurden während des 1. Weltkrieges hergestellt. Die grosse Masse der gebauten Fairlie's nutzten das Gesamtgewicht für die Reibung als Tenderlokomotiven der Bauarten B B oder C C, aber auch einige 1B B1 und 1C C1 sind gebaut worden. Verglichen mit gewissen anderen Gelenkbauarten war die Fairlie im Vorteil durch ihre Feuerbüchskonstruktion. Ohne Einschränkungen durch darunter befindlichen Rahmen oder Räder, war eine gute Verbrennungsluftzufuhr und ein geräumiger Aschkasten mög-

lich. Der arme Heizer aber, auf einer Seite des Kessels stehend, hatte sogar auf relativ kleinen Fairlie's kaum Raum zum Schwingen der Schaufel. Je mehr der Kessel das Fahrzeugprofil ausfüllte, um so mehr musste krampfhaft nach einem Heizerplatz gesucht werden, so dass die Grösse der Lokomotive auch ein Bedienungsproblem darstellte. Der Einbau eines Stockers (mechan. Rostbeschickung) wäre wegen der dazu notwendigen rechtwinkligen Umlenkung sehr schwierig gewesen. So ist es bezeichnend, dass die grössten gebauten Fairlie's für Mexiko Ölfeuerung erhielten. Weitere Grenzen bestanden für Wasser- und Kohlevorräte, die untergebracht werden konnten. Platz war dafür nur neben und über dem Kessel, so dass wiederum mit grösser werdender Maschine und Kessel auch gleichzeitig höherer Wasser- und Brennstoffbedarf bestand, aber weniger Raum für dessen Unterbringung verfügbar war. Ein eigener Wassertender hätte zur Verbesserung der Situation hierfür angekuppelt werden können. Bevor aber die Fairlie diese Stufe erreichte, war sie von anderen Gelenklokomotiven überrundet worden. Alle Fairlie's hatten durchweg Triebdrehgestelle mit Einfachexpansionsmaschinen. Die zuletzt gebauten waren die sogenannten Pechut-Bourdon Lokomotiven im Jahre 1915 für die französische Armee zum Einsatz auf 60 cm Spur bei Schützengrabenbahnen. Die letzten noch im Dienst stehenden Überlebenden sind bei der Festinog Bahn in Nordwales, während hier und dort noch einige andere aufbewahrt und erhalten wurden – zusammen mehr als ein halbes Dutzend. Es ist von Interesse festzustellen, dass die Festinog Fairlie's nun ölgefeuert sind, vor allem deshalb, um Bedienungskosten zu sparen.

Die nächste zu betrachtende Type ist die Meyer-Lokomotive. Hierzu ist es zunächst nötig, die grundsätzliche Meyer-Type zu definieren. Wiener unterscheidet zwischen der Meyer und der du Bousquet nur nach dem Anbau der Zug- und Stosseinrichtungen, ohne die Unterschiede anderer Grundmerkmale zu berücksichtigen. Der Autor würde eine Meyer-Lokomotive als eine Gelenktype definieren mit zwei individuell durch Stangen angetriebene Drehgestelle, auf denen mit Drehzapfen ein einzelner Brückenrahmen aufliegt. Der Rahmen trägt Kessel, Führerhaus, Brennstoff und Wasser. Nach dieser Definition war die erste Meyer-Lokomotive eine der Semmering-Wettbewerberinnen, die «Wiener Neustadt», gebaut in dieser Stadt von einer Firma gleichen Namens. Wie bei den meisten früheren Meyer-Lokomotiven waren die Zy-

Die du Bousquet Gelenklokomotiven waren Vorbild für die Meyer-Bauart. Die SNCF-Lok Nr. 031.130 TA 19 ist hier im Depot Paris-Bobigny im Oktober 1950 zu sehen.
A. E. Durrant

linder an den inneren Drehgestellenden montiert, wodurch sich für die Dampfleitungen vom Dom eine kurze Länge mit direkter Führung ergab. Abgesehen von den beiden Triebdrehgestellen hatte die Meyer-Type das Aussehen einer normalen Tenderlokomotive und die Wiener Neustadt bildete keine Ausnahme. Wiener klassifizierte diese als du Bousquet mit Zug- und Stosseinrichtungen am Hauptrahmen. Jean Jaques Meyer aus Mülhausen/Elsass liess seine Version mit Zug- und Stosseinrichtungen an den Drehgestellen im März 1861 in Belgien patentieren.

Die Meyer-Type war der Hauptkonkurrent zur Fairlie und wurde zur selben Zeit wie jene in grösserer Zahl hergestellt. Im Vergleich zur Fairlie war es von Nachteil, dass Feuerbüchstiefe und Aschkasteninhalt durch darunter befindliche Laufwerks- und Bremsteile beschränkt waren. Andererseits hatte der Heizer seinen normalen Stand hinter dem Stehkessel und genügend Platz zum Feuern. Hinter dem Heizerstand konnte der Kohlenbunker bequem untergebracht werden. Somit bestanden bei einer Meyer-Type nur geringfügig mehr Einschränkungen in Bau und Betrieb im Vergleich zu einer gewöhnlichen Tenderlok, erstere bot jedoch den Vorteil der besseren Bogenläufigkeit bei einer gegebenen Zahl von Triebachsen. In den Laufeigenschaften unterschieden sich Meyer und Fairlie wenig und beide kamen nur für besondere Zwecke zur Anwendung.

Die Meyerlok erhielten häufig Verbundmaschinen mit den Niederdruckzylindern wie üblich am vorderen Triebgestell. Die wohl gelungensten und grössten Exemplare waren die C1 1C Maschinen, konstruiert von du Bousquet und 1905–11 für die französische Nordbahn gebaut, ferner für die Andalusische Bahn in Spanien und für China. Davon überlebte die französische Type bis 1950-51 am längsten. Die sächsischen Staatsbahnen waren grosse Anhänger der Meyer-Type und liessen bis 1921 zahlreiche Verbundausführungen für Normal- und 750 mm Schmalspur bauen. Einige der Schmalspurmaschinen sind in Mitteldeutschland noch in Betrieb. Zweifellos wären diese normalerweise die zuletzt gebauten gewesen, aber die Firma W. G. Bagnall führte die Meyer-Type für kleine Plantagenbahnen wieder ein und baute davon in den 1950er Jahren einige, hauptsächlich für Südafrika. Diese kleinen Heissdampfmaschinen mit Kolbenschieber waren durch ihre sehr kompakte Bauart günstig im Vergleich zu einer Garratt entsprechender Grösse und Leistung. (Der Modelleisenbahner 11 (1962) Nr. 6 S. 146)

Der grundsätzliche Mangel der Meyer-Lokomotive, bestehend in der Raumbeschränkung für Feuerbüchse und Aschkasten, wurde durch die Firma Kitson in Leeds auf einfache Weise behoben. Das Auseinanderrücken der Drehgestelle gegen die Lokomotivenden hin erlaubte eine räumlich zweckmässige Gestaltung der Feuerbüchse auch im unteren Bereich.

Die Kitson-Meyer als verbesserte Bauform der Original-Meyer-Type mit grösserem Abstand zwischen den Drehgestellen und ausreichend Raum dazwischen für Feuerbüchse und Aschkasten nahm dieses Merkmal der Garratt schon vorweg. Hier ist im Jahre 1977 die Lok Nr. 59 der Taltal-Bahn in Chile zu sehen. Diese CC-Tenderlok war das letzte Exemplar ihrer Gattung. Bemerkenswert ist der ungewöhnliche doppelte Auspuff. Das hintere Zylinderpaar bläst durch einen hinter dem Führerhaus befindlichen eigenen Schornstein aus. A. E. Durrant

Die sogenannte modifizierte Fairlie, eine von der North British Locomotive Company eingeführte Variation der Kitson-Meyer-Type als Konkurrenz zur Beyer-Garratt; hier die Lok Nr. 2323 Klasse FC der SAR Baujahr 1925.
North British Locomotive

Dafür nannte man die Bauart Kitson-Meyer, aber auch hier gab es einen Vorläufer. Die Baldwin-Werke in Philadelphia USA bauten 1892 eine ähnliche Maschine, eine 8-Zylinder-Vauclain-Verbund für die Sinnemahoning Valley Railroad.

Die früheren Kitson-Meyers sowie die Baldwin Maschine hatten die Zylinder unüblicherweise an den jeweils hinteren Enden der beiden Drehgestelle montiert und bei einigen blies der Auspuff der hinteren Zylinder durch einen eigenen Schornstein. Dieser Schornstein war durch den hinteren Wassertank geführt, wobei der Speisewasservorrat leicht vorgewärmt wurde. Dies hatte den Nachteil, dass für die Erzeugung des notwendigen Zuges der Feuerung nur die Abdampfmenge der vorderen Maschine zur Verfügung stand, was zu Dampferzeugungsschwierigkeiten führen konnte. Nach Durchlaufen von Entwicklungsstufen mit Tender hinter der Feuerbüchse, alternativ Tender vor der Rauchkammer, der Achsanordnung 1C C1 (gezählt vom Führerstandende) und zuletzt 1C C2 mit gelenkig verbundenem Tender am Feuerbüchsende bildete sich eine Anordnung mit den Zylindern an den äusseren Drehgestellenden heraus. Der Abdampf aller 4 Zylinder strömte dabei durch die Rauchkammer. Auf dieser Stufe, welche ihren endgültigen Entwicklungsstand darstellte, war sie eine sehr gute Gelenklokomotive. Nach dem Aufkommen der Garratt, welche noch besser war und sich rasch durchsetzte, verlor die Kitson-Meyer an Bedeutung und ihr Bau wurde ebenso wie die Kitson-Bauart überhaupt aufgegeben. Vor dem Aufkommen der Garratt wäre der Kitson-Bauarten eigentlich eine grössere Bedeutung zugekommen als es tatsächlich der Fall war. Ihre Bauzeit erreichte knapp 50 Jahre von den durch Baldwin zuerst gebauten Kitsons bis zu den letzten 1935 für die Columbianischen Nationalbahnen gebauten hervorragenden 1D D1 Tenderlokomotiven. [1.32]

Zwei vorher nicht als solche bezeichnete Loktypen stellten grundsätzlich auch Kitson-Meyer-Bauarten dar. Die erste war die sogenannte «Modifizierte Fairlie», entworfen und hergestellt durch die North British Locomotive Co für die Südafrikanischen Eisenbahnen und später auch nachgebaut von Henschel. Dies waren Versuche einer Beteiligung an den Erfolgen der Garratt, welche gerade im Begriff stand, sich klar durchzusetzen und durch Patente der Firma Beyer-Peacock vor Nachbau angemessen geschützt war. Ihr grösster Konkurrent war die Kitson-Meyer, ebenfalls durch Kitson-Patente geschützt. North British wollte nicht aus einem grossen potentiellen Markt gedrängt werden und unternahm grosse Anstrengungen. Die modifizierte Fairlie hatte eigentlich mit der Fairlie-Bauart nicht mehr gemeinsam als die Tatsa-

che, dass sie auch eine Dampflokomotive mit zwei Drehgestellen war. In allen wesentlichen Teilen war sie eine Kitson-Meyer, aber mit ihrem auf die ganze Länge durchlaufenden Hauptrahmen und den Wassertanks an den Rahmenenden vor der Rauchkammer hatte sie das Aussehen einer Garratt!

Ein gutgläubiger Kunde wurde in Col Collins gefunden, dem leitenden Maschineningenieur der Südafrikanischen Eisenbahnen. Er war ein begeisterter Anhänger von Gelenklokomotiven und bereit, alles zu kaufen, was mit Dampf getrieben und sich in der Mitte durchbiegen konnte. Beginnend mit der Prototype 1C1 1C1 Klasse FC im Jahre 1925 folgte schon kurz nach ihrer Inbetriebsetzung der Auftrag auf vier grössere Lokomotiven Klasse FD. Kaum waren diese Loks aus dem Werk geliefert, als Henschel einen Auftrag für 11 Exemplare Klasse HF mit Achsanordnung 1D1 1D1 erhielt.

Die Mängel der modifizierten Fairlie wirkten sich um so schwerer aus, je grösser die Maschinen wurden. Bei Fahrt in Gleisbögen mit überhängenden Wassertanks vorn und hinten ergaben sich erhebliche Zusatzbeanspruchungen für die Drehzapfen durch Biegen mit der Folge von Schwierigkeiten im Betrieb und teurer Instandhaltung. Um Collin's sein Recht zu geben, bemühte er sich wohl den Eindruck der Bevorzugung zu vermeiden, alle seine Gelenklok bei Beyer-Peacock zu beziehen, weshalb die SAR es auch anderswo versuchte. Die reinrassigen Fairlie's, zu welchen die Klassen FA und FB der SAR nachträglich erklärt wurden, waren damals schon lange veraltet und eine der sonderbaren und früheren Bauarten der Kitson-Meyer, die ohne Erfolg erprobt wurden. Eine Anzahl von kleinrädrigen Mallets waren im Einsatz, welche sich durch gute Zugkraft auszeichneten, aber für höhere Geschwindigkeiten nicht eigneten. Eine davon war eine Heissdampfmaschine mit einfacher Expansion und die erste ihrer Art in der Welt, während eine andere einmalig und niemals mehr ausgeführt an der Niederdruckeinheit grössere Triebräder besass als an der Hochdruckeinheit. So experimentierte Collins als einziger erfolglos mit Modified Fairlie's, wobei er besser getan hätte, sich nicht mit dieser modernen Form der Kitson-Meyer zu beschäftigen. Die Modified Fairlie fuhr nicht lange und sobald nach dem 2. Weltkrieg neue Garratts verfügbar waren, wurden jene ersetzt. Die Klasse FC war schon 1939 völlig verschwunden.

Die letzte Lokomotivbauart, welche im engeren Sinne als Kitson-Meyer Type angesprochen werden kann, stellt die umstrittene Leader Klasse von Bulleid der britischen Southern Railway dar. Ob diese jemals mit Hilfe ihres Konstrukteurs erfolgreich im Betrieb war oder nicht, sie wird immer ein Rätsel bleiben. Nach sorgfältiger Prüfung dieser Lokomotiven und ihren

Die klassische Verbund-Mallet-Lokomotive ist hier repräsentiert von der Lok Nr. DD 5208 der Indonesischen Staatsbahn PNKA, eine 1DD vor einem Reisezug im Bahnhof Tjitjalenka auf Java im Jahre 1971. Man beachte die grossen Niederdruckzylinder der vorderen Maschineneinheit.
A. E. Durrant

Zeichnungen kam der Autor zum Schluss, dass sie nicht betriebstauglich waren. [1.50]

Nachdem wir uns mit den anderen Gelenkbauarten befasst haben, kommen wir nun zur Mallet-Type. Rein zahlenmässig zählte sie als die erfolgreichste gebaute Gelenktype. Genaugenommen stellt sie nur eine halbgelenkige Bauart dar. Der Schweizer Anatole Mallet erfand das System, welches als Nebenprodukt seiner Erfahrungen mit Verbundlokomotiven entstand, welche er zunächst an kleinen B1- und C-Tenderlok der Bayonne und Biarritz Eisenbahn in Südwestfrankreich ausführte. Bei der Anwendung seines Verbundverfahrens auf Schmalspur-Gelenklokomotiven fürchtete er um den möglichen Erfolg durch die flexiblen Dampfleitungsverbindungen zum Drehgestell mit der Hochdruckmaschine, und als Ergebnis verschiedener Überlegungen nahm er das französische Patent Nr. 162836 vom 18.06.1884, das seinen Namen trägt. [1.11]

Das Mallet-Prinzip ist dadurch gekennzeichnet, dass der Kessel in üblicher Weise fest auf dem Hauptrahmen der Lokomotive montiert ist und die Dampfleitungen zu den Zylindern der Hochdruckmaschine am Hauptrahmen ohne Gelenkverbindung einfach und betriebssicher ausgeführt sind. In Verbindung mit dem Vorderende des Hauptrahmens ist der zweite Rahmen mit dem zweiten Zylindersatz der Niederdruckmaschine angeordnet. Dieser vordere Rahmen ist nicht als Drehgestell wie bei anderen Gelenkbauarten ausgeführt, sondern als in Form eines radial einstellbaren Laufgestells mit dem Drehzapfen hinter seinem Rahmen zwischen den Hochdruckzylindern. Die Last des Überbaues mit Kesselvorderteil stützte sich auf ein Gleitlager für freie seitliche Bewegung mit Rückstellfedern. Der grosse Vorteil bestand in der Anordnung fester Dampfleitungen auf der Hochdruckseite, nur auf der Niederdruckseite waren flexible Verbindungen nötig.

Die 1887 gebaute erste Mallet war eine kleine B B Tenderlok für eine Schmalspurlinie. Diese Bauart erwies sich als sehr brauchbar und hunderte Exemplare wurden für verschiedene Spurweiten und zahlreiche Bahnen in und ausserhalb Europas hergestellt. Auch grössere Tenderloktypen mit den Achsanordnungen 1BB, BB1 und C C wurden ebenso gebaut wie seltenere Anordnungen unter Einschluss ungleicher Zahl von gekuppelten Achsen der beiden Triebgestelle z. B. eine bis heute im Einsatz befindliche 1B C Tenderlok in Portugal. Die grössten Mallet-Tenderlok waren die 25 D D Maschinen für den Steilstreckenschiebedienst, gebaut 1914 und 1923 für die bayerische Staatsbahn (Gattung Gt 2 × 4/4 bzw. DR Reihe 96 001–025). Im Gegensatz zu den meisten anderen Gelenk-Typen eignete sich die Mallet-Bauart sowohl für Tenderloks als auch für Loks mit Schlepptender. 1893 wurden die ersten Lok mit Tender der Bauart B B für die Preussische (G9 Reihe) und die Badische Staatsbahn (Gattung VIIIC) gebaut. Einige wenige

Einfachexpansion-Mallets sind charakterisiert durch 4 gleich grosse Zylinder wie hier an der Lok Nr. 204 der Donna Teresa Cristina-Bahn in Brasilien gezeigt. Es ist die letzte Lok ihrer Art, welche weltweit noch in Dienst stand.

A. E. Durrant

Mallet Loks mit Tender wurden noch nach da und dort geliefert, aber nur 2 Länder Europas besassen solche Loks in grösserer Zahl. Ungarn entwickelte sie bis zur 1C C Type im Jahr 1914 und Jugoslawien, das viele der ungarischen Lokomotiven übernahm, stellte ausserdem 50 Loks Bauart 1C C für 760 mm Spur in Dienst.

Mittlerweile erkannte die Baltimore & Ohio Bahn in den USA, dass diese kleinen europäischen Lokomotiven für sie nützliche Merkmale aufwiesen angesichts des betrieblichen Engpasses ihrer Kohlestrecke durch die Alleghenies. Deshalb wurde 1904 eine gewaltige C C Mallet-Lokomotive mit Tender in Betrieb genommen, welche sogleich den Titel «grösste Lokomotive der Welt» für sich in Anspruch nahm. Der Erfolg dieses von Alco gebauten Giganten bewirkte, dass bald aus allen Teilen der USA die Aufträge hereinstürmten. Darunter waren verhältnismässig wenige Loks mit voller Adhäsion, d. h. nur Triebachsen, wie eine D D Type mit einem Kamelrücken-Führerhaus in Kesselmitte für die Erie-Bahn, übrigens die einzige so ausgerüstete Mallet. Die meisten Loks hatten vorauslaufende Lenkgestell-Laufachsen in der Achsanordnung 1C C und 1D D1. Die Santa Fe Bahn experimentierte mit zwei 2B C1 Schnellzugloks mit 1854 mm Triebraddurchmesser, die grössten jemals an einer Gelenklok ausgeführten Räder. Damals wurden eine Zeitlang auch Umbauten konventioneller Loks in Mallet betrieben. Man fügte vorn eine Niederdruckeinheit an und verlängerte den Kessel entsprechend. Bei einem solchen Umbau entstand die erste 2 × fünffach gekuppelte Gelenklok, die 1E E1 für die Santa Fe. Der grosse Haken bei diesen gewaltigen Verbund-Mallets war die relativ kleine Masse des vorauslaufenden Maschinengestells, so dass im Betrieb die hin und her gehenden Massen der Niederdruckmaschine mit ihren grossen Zylindern bis zu 1219 mm Durchmesser einen sehr unruhigen Lauf zur Folge hatten. Das Niederdruck-Triebgestell sprang hin und her wie ein Elefant im St. Vitus Tanz mit der Folge raschen Verschleisses der Maschine, des Gleises und anderer Teile im Einflussbereich der Schläge. Den Abbau dieser negativen Eigenschaften versuchte die Santa Fe mit grosser Energie beim Bau von weiteren zwei 1C C1 Loks mit flexiblem Kessel. Der vordere Kesselteil war als Vorwärmer und Überhitzer ausgebildet und direkt auf dem vorderen Triebgestell aufgebaut worden, um dessen Masse zu vergrössern und es besser auf dem Gleis zu halten. Eine der beiden Loks hatte zur Verbindung der beiden Kesselhälften ein riesiges Kugelgelenk, während die andere Lok eine übergrosse Metallmembranhülse besass. Beim Betriebseinsatz füllte sich der Raum der Gelenkverbindungen mit rotglühender Asche und ruinierte diese natürlich, so dass man bei Santa Fe sagte «zur Hölle mit Mallets» und daran ging, statt dessen die grössten und gigantischen 1E2 Loks zu entwickeln.

Andere Bahnen erzielten unter Vermeidung der von Santa Fe angewandten mehr exotischen Bauformen mit Mallet-Loks für den unteren Geschwindigkeitsbereich durchaus Erfolg, bis nach 1920 die Heissdampfausführung mit einfacher Expansion zur Regelbauart in den USA wurde. Durch Anwendung ebener Stützlager mit Rückstelleinrichtung für die Kesselauflage auf dem vorderen Triebgestell entstand eine gute Konstruktion für Hochleistungslokomotiven. Mit den Achsanordnungen 2C C2 und 2D D2 wurden Geschwindigkeiten bis 128 km/h erreicht. Dabei stiess man an die Grenze des Erreichbaren. Die Rostfläche der grössten Typen reichte auch bei Verwendung eines 2-Achsen-Schleppgestells noch über die Kuppelräder, was die Feuerbüchstiefe begrenzte und die Ausbildung eines genügend geräumigen Aschkastens erschwerte. Die Firma Lima baute eine 1C C3 Type, wobei die Feuerbüchse noch weiter vergrössert werden konnte. Es war aber offenkundig, dass in dieser Richtung keine grossen Fortschritte mehr möglich waren – möglicherweise mit einer 1D D4 da auch bei grösseren Kesseln mit deren Länge die Schwierigkeiten für ausreichende Bogenläufigkeit zunahmen.

Der Autor bemerkt hierzu, dass die Garratt eine Lösung anbot, wie dies in den entsprechenden Kapiteln behandelt wird.

2 Die Garratt-Lokomotive

Wir kommen nun zu der Lokomotive, welche den Hauptgegenstand dieses Werkes bildet. In diesem Kapitel werden die Entwicklung und die wesentlichen Merkmale der Garratt behandelt, ebenso Vergleiche zwischen ihr und anderen Lokbauarten sowohl in normaler als auch in Gelenkbauweise.

Die Garratt war das geistige Kind von Herbert William Garratt, welcher aber im Gegensatz zu manchen irrtümlichen Feststellungen kein Australier war. Es ergab sich aber, dass er zu der Zeit als Inspektor für die australische Regierung tätig war, da er seine grosse Idee ausarbeitete, deren erstes praktisches Ergebnis in Tasmanien in Betrieb kam. Deshalb ist es nicht überraschend, dass sich die Meinung mit der australischen Herkunft gebildet hat. Garratt war aber ein 1864 geborener Engländer, der seine Lehrzeit von 1879 bis 1882 in den alten Werkstätten der North London Railway in Bow abgeleistet hat. Anschliessend ging er zu den bekannten Doxford Marine Werften nach Sunderland und später zur Mitarbeit bei Inspektion und Abnahme für Sir Douglas Fox und Sir Alexander Rendel. Es folgte ab 1889 eine Tätigkeit bei der argentinischen Centralbahn, wo er 1892 Locomotive Superintendant wurde. Ab 1900 wanderte er weiter zu verschiedenen Bahnen – zur kubanischen Centralbahn, der Regierung von Lagos und nach Lima in Peru, bis er 1906 nach England zurückkehrte.

Im Laufe seiner weiteren Tätigkeit war er bei der Bauüberwachung von Gelenkfahrzeugen für schwere Artillerie beschäftigt. Dabei kam ihm der Gedanke, dass auch Lokomotiven in dieser Art gebaut werden könnten. Er befasste sich weiter mit dieser Idee, die bis 1907 zu einer ersten praktischen Anwendung durchgearbeitet war und worauf er ein Patent erhielt.

Ein Patent ist von nur geringem Wert bis ein Geldgeber zu interessieren ist, welcher mit ausreichendem Mitteleinsatz die Entwicklung und praktische Anwendung übernimmt, es sei denn, der Erfinder ist selbst in einer solch glücklichen Lage. Dies war bei dem armen Garratt nicht der Fall und er warb notgedrungen bei den vielen Lokomotivwerken Grossbritanniens für seine Idee. Niemand war aber anscheinend daran interessiert und es war offenbar ein grosser Glücksfall, als er sich bei Beyer Peacock zu der Zeit bemühte, als dort eine Anfrage für eine Lok zum Einsatz auf der North East Dundas Tramway in Tasmanien vorlag. Auf dieser Linie war bereits eine Gelenklok, besser gesagt eine teilweise gelenkige Lokomotive in Form einer Hagans Tenderlok 1C B in Betrieb, eine aussergewöhnliche Konstruktion. Die beiden Zylinder trieben die im festen Rahmenteil angeordneten Radsätze in normaler Art an, während die in einem hinteren Lenkgestell gelagerten beiden Kuppelradsätze durch das Hagans-Patent-Triebwerksgestänge in kinematisch einwandfreier Form auch bei Bogenfahrt ebenfalls von den beiden Zylindern getrieben wurden [1.16]. Während der Antrieb mit 2 Zylindern und ohne bewegliche Dampfleitungen einfach ausgeführt war, verursachte das vielteilige Übertragungsgestänge mit seinen Dreh- und Gelenkpunkten einen relativ hohen Instandhaltungsaufwand und sein rascher Verschleiss war ein chronisches Problem.

Wie Garratt die Firma Beyer Peacock für seine Konstruktion interessieren konnte, erscheint in keinem Bericht, da er schon im Jahre 1913 im Alter von nur 49 Jahren starb, ohne über seinen Lebenslauf irgendwelche Aufzeichnungen zu hinterlassen. Bis dahin sind erst wenige seiner Lokomotiven in Dienst gestellt worden. Möglicherweise dachte er, dass er für den Lokomotivbau nichts sehr Wesentliches beigetragen hatte, einfach so, ohne grosse Mühe. Auch jene Mitarbeiter von Beyer Peacock, die damals tätig waren, starben ohne über die Zusammenarbeit mit Garratt irgendwelche Erinnerungen zu hinterlassen. Heute wäre dies für uns von grösstem Interesse. Wie es auch gewesen sein mag, Tatsache ist, dass Garratt Beyer Peacock für seine Idee interessieren konnte. Es ist möglich, dass diese noch unerprobte Konstruktion, welche in Tasmanien einer kleinen Bahn mit geringem Geschäftsumfang angeboten wurde, Garratt einerseits positiv gestimmt hat und anderseits die Gewissheit, dass sie keinen Auftrag für zwei einzelne Lokomotiven in Sonderbauart angenommen hätten, wenn diese schwierig zu konstruieren und zu bauen gewesen wären. Der Auftrag traf ordnungsgemäss ein und das Zeichenbüro in Gorton hatte das Ding zu konstruieren. Jene beiden ersten Garratts wurden im Gegensatz zu den später gebauten als B B mit den Zylindern an den inneren Drehgestellenden und mit Verbundwirkung hergestellt, wobei die Niederdruckzylinder am vorderen Drehgestell sassen. Sie wurden konstruiert, gebaut und verschifft. Die damalige Technik- und Eisenbahnpresse brachte darüber mehrere Berichte (ZVDI / 53 (1909 II) Nr. 50 S. 2065).

Bald danach wurde ein weiterer Auftrag hereingenommen, diesmal für die Darjeeling Himalaya Railway, eine Bahn mit ebenfalls 610 mm Spurweite. Diesmal wurde die eigentliche Garratt-Prototype hergestellt mit 4 Einfachexpansionszylindern, angebaut an den äusseren Drehgestellenden. Diese Anfang 1911 verschiffte Maschine erregte beträchtliches Aufsehen. Die Zeitschrift «The Locomotive» 17 (1911) S.

Die drei Hauptbaugruppen der Garratt-Lokomotive: Die vordere Maschineneinheit, der Kessel auf seinem Brückenrahmen und die hintere Maschineneinheit (Triebgestelle) von Beyer Peacock als eine Art Montagebaukasten illustriert. In diese Hauptbaugruppen zerlegt verschiffte man die Garratts normalerweise nach Übersee. Am Bestimmungsort war allerdings noch eine Werkstattmontage nötig, es genügte nicht, die Teile einfach am Entladehafen zusammenzusetzen und dann unmittelbar ins Landesinnere abzudampfen!
                                                            Beyer Peacock

Die erste Garratt-Lokomotive Klasse K für das Verkehrsministerium von Tasmanien, Eisenbahnabteilung

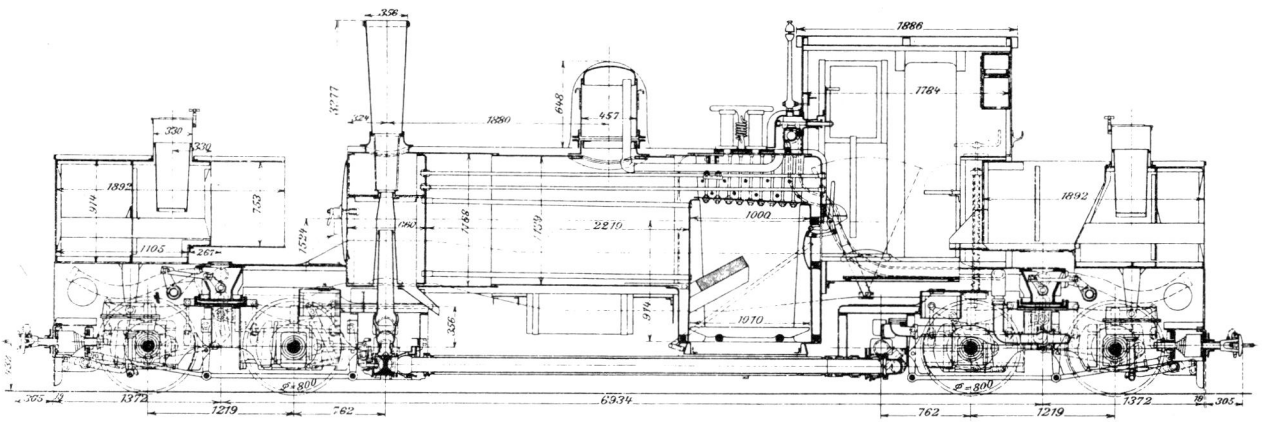

Zylinderdurchmesser	Hochdruck	280 mm
	Niederdruck	432 mm
Kolbenhub		406 mm
Triebraddurchmesser		800 mm
Drehzapfenabstand		6934 mm
Kesselmitte über SO		1524 mm
Rohrlänge		2133 mm
Heizflächen	Rohre	52,77 m²
	Feuerbüchse	5,57 m²
	Verdampfung	68,34 m²

Wassertankinhalt	vorn	2320 l,
	hinten	1500 l
Kesseldruck		13,65 kg/cm²
Rostfläche		1,375 m²
Kesseldurchmesser	aussen	1295 mm
	innen	1197 mm
Schornsteinhöhe über SO		3276 mm
Dienstgewicht		33,46 t
Anfahrzugkraft		8140 kg
Anhängelast auf Steigung		1:25 (40‰) 70 t

50 brachte einen Artikel über diese Bahn mit Foto und Zeichnung der Garratt und die Zeitschrift «The Engineer» eine ausführliche Beschreibung mit einer genauen Zusammenstellungszeichnung. Dies war das erste und für lange Zeit das letzte Mal, dass Beyer Peacock eine vollständige Zusammenstellungszeichnung an die Presse gab. Diese Lok zeigte in der Praxis ihre Brauchbarkeit und die Firma Beyer Peacock bemühte sich, möglichen Konkurrenten keine Einblicke in wichtige von aussen nicht sichtbare Bauteile wie Drehzapfen und flexible Dampfrohrgelenke zu verschaffen.

Diese zwei frühen Garratt-Konstruktionen waren beides Schmalspurlok und Beyer Peacock nahm ursprünglich wohl an, dass das Entwicklungspotential dieser Bauart auf diesen Markt begrenzt sei. Man schloss sehr bald einen Lizenzvertrag mit der Societe Anonyme de Saint Leonard in Lüttich, Belgien, wohl in der Absicht, in den damals bedeutenden Markt für kleine B B Mallet Tenderloks einzubrechen.

Es war jedoch nicht der Markt in Europa, wo St. Leonard einbrach, sondern in Afrika. Heute sind wir geneigt, die Garratt mit Afrika zu verbinden. Dies trifft auch voll zu, da mehr Garratts nach Afrika gingen als in die übrige Welt zusammen, wobei die noch vorhandenen Garratts sich in noch höherem Prozentsatz in diesem Kontinent befinden. Es war nicht einmal Beyer Peacock mit ihrem Hausmarkt der britischen Kolonien, die diesen als erste belieferten. Die erste Lieferung von B. P. nach Afrika erfolgte 1919 für die Südafrikanischen Bahnen, obwohl der Auftrag bereits 1914 erteilt wurde. Der erste Weltkrieg verursachte die Lieferverzögerung, die Belgier gingen voran. Die erste Lieferung in 1911 umfasste 4 niedliche kleine B B Garratts mit 600 mm Spur für die Chemins de Fer Vicinaux du Mayumbe in Belgisch-Kongo. Diese 23,5 t schweren Lokomotiven blieben die kleinsten jemals gebauten Garratts, abgesehen von Modellen und Miniaturloks. Im gleichen Jahr wurde eine C C Maschine mit 750 mm Spur für die Compagnie du Chemins de Fer du Congo geliefert, welche sich als Prototype für eine namhafte Zahl ähnlicher Lokomotiven erwies. Dann nahm 1912 die Societe Anonyme des Mines Zaccar in Algerien ebenfalls für 750 mm Spur eine B B Garratt in Betrieb von ähnlichem Aussehen wie die in Mayumbe, nur grösser.

Inzwischen verkaufte Beyer Peacock Garratts und hatte eine Broschüre herausgebracht, worin die Vorzüge dieser Type angepriesen wurden. Man glaubte damals noch, es sei nur eine Güterzuglokomotive für schweren Dienst und diese frühe Publikation zeigte Fotos der Garratts von der Dundas Tram und der Darjeeling Bahn als den einzigen bis dahin gebauten Typen. Ein Künstlerbild gab jedoch einen Eindruck von einer normalspurigen C C Maschine auf einer Steigung mit 25‰ Tafel am Gleis in voller Aktion mit einem Zug aus Drehgestellwagen und einer Ladung Mineralien, vermutlich Kohle. Ein beigefügtes Diagramm dieser Lokomotive zeigt für 18 t Achslast eine Auffahrzugkraft von 22 680 kg. Weiterhin stellt ein zweites Diagramm einer Normalspur D D Garratt innerhalb des britischen Fahrzeugprofils bei 5,57 m² Rostfläche eine Zugkraft von 32 660 kg vor. Eine D D Garratt war bis dahin noch nicht hergestellt, dieser Vorschlag warf jedoch seinen Schatten für die sehr ähnliche 1D D1 Type voraus, welche man später an die LNER-Bahn tatsächlich lieferte.

Diese Lokomotive befördert Züge mit 530 t auf Bergstrecken mit langen Steigungen von 1 : 60 (16,6‰) bis 1 : 42 (23,8‰)

Beyer Peacock als Inhaber der Garratt-Hauptpatente war natürlich zurückhaltend mit der Veröffentlichung von Schnittzeichnungen ihrer Garratts. Solche Hemmungen bestanden bei Henschel nicht, weshalb diese Firma den gezeigten Längsschnitt einer Garratt für Siam (heute Thailand) veröffentlichte, um potentiellen Kunden Aufbau und Funktion zu zeigen. Henschel & Sohn

Die Garratt zeigte sich gegenüber anderen Gelenklok in mehrfacher Hinsicht überlegen. Ihre Vorteile gegenüber ihren Wettbewerbern werden nachfolgend beschrieben. Das Prinzip der Garratt-Lok ist grundsätzlich einfach. Sie umfasst zwei Maschineneinheiten, welche wahlweise mit den verschiedenen Achsanordnungen ausgerüstet sein können. Die vordere Einheit trägt den grossen Hauptwassertank, während auf der hinteren Einheit der Brennstoffbunker und ein kleiner Wasserraum untergebracht sind. Die Kesseleinheit mit Führerhaus befinden sich auf der Verbindungsbrücke zwischen den beiden Triebdrehgestellen und stützen sich an ihren Enden jeweils über Drehzapfen ab.

Diese Bauart hat viele Vorteile, deren erster ist, dass die Konstruktionen genügend Raum für die meisten Komponenten bietet.

Die Maschinen lassen sich für jede gewünschte Achsanordnung herstellen und das Fehlen von Einschränkungen gilt auch für die Zylinder. Die Triebräder sind nicht so beschränkt in ihrem Durchmesser wie bei früher entstandenen Gelenktypen, da sie weder unter dem Kessel noch unter der Feuerbüchse angeordnet sind. Weiter haben die Maschinentriebgestelle durch die Anordnung der Vorratsbehälter direkt auf denselben eine genügend grosse Masse zur Gewährleistung guter Laufeigenschaften.

Ebenso kann der Kessel durch seine Lage nicht vom Rahmen und Laufwerk her eingeengt das verfügbare Fahrzeug-Umgrenzungsprofil voll ausnutzen, was jedoch selten nötig wurde. Insbesondere kann die Feuerbüchse mit einem geräumigen Aschkasten darunter von ausreichender Grösse vorgesehen werden. Die Feuerbüchse kann einfach und mit geraden Wänden gestaltet werden ohne die Notwendigkeit einer teuren Verbrennungskammer von komplizierter Form, wie sie eine tiefere Feuerbüchse erfordert, um das erforderliche Brennraumvolumen für die notwendige Strahlungsheizfläche zu erreichen. Auch der Langkessel kann die für günstige Dampferzeugung beste Form erhalten, kurz und von grossem Durchmesser. Die Garratt-Lokomotive erbringt ihre Leistung wie andere Gelenktypen, jedoch effektiver. Nimmt man die beiden Hauptaufgaben einer Gelenklok, nämlich die Verteilung ihres Gewichts auf zahlreiche Achsen und guter Bogenlauf, so zeigt sich, dass die Garratt-Type diese Bedingungen vorteilhaft erfüllt. Die Gewichtsverteilung ergibt sich nicht nur durch die Vergrösserung der Achszahl, sondern auch durch deren Aufteilung in zwei Gruppen mit einem relativ grossen Abstand zwischen denselben, was sich vorteilhaft auswirkt. Dort wo vom Gleis her Beschränkungen vorliegen durch schwache Brücken oder leichte Schienen, zeigt sich die Garratt im Metergewicht gegenüber anderen Lokomotiven gleicher Grösse und Leistung technisch überlegen. Sie befindet sich mit nur einer Maschineneinheit auf einem Gleisabschnitt in einer bestimmten Zeit im Vergleich zu anderen Gelenkloks

gleicher Achszahl, die ihr Gewicht auf eine relativ geringe Länge wegen ihres vergleichsweise kurzen Achsstandes verteilen.
Wenden wir uns nun der Frage der Flexibilität im Einsatz zu. Die Garratt ist in ihrer Grösse vergleichbar mit einer grossen Mallet-Lok mit Tender. So kann man eine 1C C1 Mallet mit 4-achsigem Tender als eine Vergleichslok mit begrenztem Triebraddurchmesser betrachten, geeignet für den Güterzugdienst bei nicht besonders guten Laufeigenschaften. Mit der gleichen Zahl an Trieb- und Laufachsen lässt sich eine 2C1 1C2 Garratt darstellen, d. h. eine doppelte Pacific Type. Diese hat nicht nur die guten gleisschonenden Laufeigenschaften einer Pacific, sondern kann wegen der freieren Wahl der Triebraddurchmesser höhere Geschwindigkeiten gegenüber der Mallet fahren. Bei gleicher Triebachszahl sowie wegen des gleichen Reibungsgewichts entwickelt die Garratt auch eine ebenso hohe Zugkraft wie die Mallet. Solch eine Maschine ist in Theorie und Praxis der Wunsch der Betriebseisenbahner – eine Universallokomotive.
Im Vergleich zu anderen Gelenktypen hat die Garratt keine wesentlichen Überhangprobleme. In der Tat tritt der grösste Überhang in der Mitte der Kesseleinheit auf, welche durch ihre Drehzapfenauflagerung an beiden Enden auch dabei stabil bleibt im Gegensatz zum freien Überhang einer Mallet vorn oder den Vorratsbehälter einer Modified Fairlie vorn und hinten. Auch bei leeren Vorratsbehältern ist deren Gewicht zusammen mit der Gewichtsverteilung der Garratt-Type insgesamt ausreichend für einwandfreie Radsatzlasten. Verglichen mit der Mallet-Lok mit Tender erweist sich die Einbeziehung der Tenderradsätze in die Triebgestelle der Garratt als stabilisierender Einfluss und sehr positiv für gute Laufeigenschaften. Dies führt uns zu einem weiteren Tatbestand, der manchmal der Garratt-Type vorgehalten wird, dem Rückgang des Reibungsgewichts mit abnehmenden Wasser- und Brennstoffvorräten. Dies kann nicht bestritten werden, ist aber kein grosses Problem wie bei einer normalen Tenderlokomotive. Andererseits besitzt die Garratt mit ihren vielen angetriebenen Radsätzen auch dann noch ausreichende Reibungszugkräfte, um dies zu kompensieren. Es ist bezeichnend, dass diese Kritik hauptsächlich aus den USA kam, wo die Bahnen nur sehr wenig Tenderlokomotiven und überhaupt keine Garratts in Dienst hatten, obwohl letztere dort ernsthaft studiert wurden.
Eines der wesentlichen Merkmale der Garratt, welches auch für die Kitson-Meyer teilweise gilt, war die Möglichkeit den Kessel mit optimalen Proportionen, d. h. grosse Durchmesser, kurze Rohrlänge und grosse Feuerbüchse mit günstigem Anteil an Strahlungsheizfläche bei geräumigem Brennraum. Auch für den Aschkasten ist genügend Raum darunter vorhanden, ein sehr wichtiges Merkmal für einige Einsatzgebiete der Garratts, wo Kohle bis zu 40% Aschgehalt verfeuert wird.

Beyer Peacocks Kataloge und Druckschriften über Garratts enthielten stets den Hinweis darauf, dass die Feuerbüchse in ihrer Grösse bis zu einer Handbreit innerhalb der Fahrzeugumgrenzung gebaut werden kann, jedoch auch einige Beschränkungen zu beachten sind. Letztere betreffen die aussen rund um den Kessel angeordneten Bauteile, welche zahlreich und manchmal auch voluminös sind. Es handelt sich um die Hauptdampfleitung zur hinteren Einheit, Abdampfleitung von der hinteren Einheit, Bremsleitungen zwischen den Triebgestellen, Ausgleichsleitungen zwischen den Wassertanks, Dampfheizungsleitungen zwischen den Triebgestellen bei Bedarf (Reisezuglok),
Übertragungsgestänge zum Einstellen der Steuerung für das Triebgestell vorn mit Handverstellung und hinten mit Kraftverstellung,
Übertragungsgestänge für vordere Zylinderentwässerungshähne und Kabelrohre für elektrische Beleuchtung (wenn eingebaut).
Viele dieser Teile sind verhältnismässig klein und leicht am Kesselrahmen anzubringen, aber Teile wie Dampf- und Abdampfrohre sind nicht leicht rund um die Feuerbüchse herum zu verlegen. Je grösser die Lokomotive, die Feuerbüchse sowie Dampf- und Abdampfleitungen, um so grösser ist das Problem. Die Verlegung dieser Rohre unter der Feuerbüchse hindurch als Abhilfe ist allenfalls ein Kompromiss, da er das Opfern Aschkastenvolumens bedeutet, welches bei grossen Lokomotiven ebenfalls sehr wertvoll ist. Diese Beschränkung wurde zwar kein unüberwindliches Problem, aber wäre etwa eine sehr grosse Garratt jemals für das britische Fahrzeugumgrenzungsprofil vorgeschlagen worden, so wäre die Unterbringung dieser Leitungen um die Feuerbüchse herum letztlich der bestimmende Faktor geworden.
Die Garratt-Bauart eignet sich besonders gut für eine Vereinheitlichung von Zylindern, Radsätzen, Triebwerken etc. mit den vorhandenen Lokomotiven einer Bahn, was öfters bei der Konstruktion berücksichtigt wurde, wenn auch nicht in dem Masse, als erwartet. Möglicherweise gaben frühere Erfahrungen mit den ungünstigen sich auswirkenden Forderungen der LMS Beyer Peacock gewichtige Argumente in die Hand, um eine Bahn von der Notwendigkeit einer völligen Neukonstruktion zu überzeugen. In gleicher Weise verleitete die Garratt in höherem Masse als andere Typen zum Umbau zweier vorhandener Loks in eine Garratt. Solche Umbauten sowohl in als auch an Mallet Typen waren damals in den USA häufig. Überraschenderweise gelangte der Umbau konventioneller Loks in Garratts niemals über das Projektstadium hinaus, während lediglich ein Fall bekannt ist, in dem eine nicht zufriedenstellende Garratt abgebrochen und Teile daraus für konventionelle Lokomotiven verwendet wurden.
Verbundtriebwerke wurden in zwei Fällen erprobt, allerdings mit den Hoch- und Niederdruckzylindern an getrennten Triebgestellen. In diesem Fall wirkte das in Form der langen Verbindungsleitung vorhandene und von Chapelon empfohlene grosse Aufnehmervolumen mehr als Kondensator als ein Aufnehmer. Die auf der Hand liegende günstige Anordnung mit der Verbundmaschine innerhalb eines Triebgestells wurde jedoch nie ausgeführt.
Garratt-Loks mit Turbinen und auch mit Kondensation wurden zwar patentiert, aber nach Kenntnis des Autors nie ausgeführt. Die Garratt hätte günstige Voraussetzungen für eine Kondenslok geboten. Die letzten in neuerer Zeit gebauten Kondenslok, Bauart Henschel, waren die SAR Klasse 25 und als konventionelle Maschinen ausgeführt. Die Mehrzahl der Garratt-Lokomotiven waren mit einfacher Expansion und Zwillingstriebwerken ausgerüstet und abgesehen von den erwähnten wenigen Verbundmaschinen gab es zwei Konstruktionen mit Drillings- und eine mit Vierlingstriebwerken. Eine in den 1920er Jahren vorgeschlagene und patentierte «Super Garratt» oder «Mallet-Garratt» hatte unterteilte Triebgestelle innerhalb einer Maschineneinheit in der Art wie eine Mallet-Lok. Glücklicherweise auch für das Ansehen von Beyer Peacock verliess diese Konstruktion niemals das Zeichenbrett, obwohl sie für die SAR und die USA ernsthaft in Betracht gezogen war.
Das USA-Projekt war ebenso wie der Entwurf für die SAR eine 1C C1 Type von besonderem Interesse insoweit als es die übliche Meinung in den USA von der Nichteignung der Garratt wegen ihrer begrenzten Wasser- und Kohlevorräte für deren Verhältnisse widerlegt. Es ist interessant, die Hauptdaten dieses Entwurfs mit denen der damals beiden grössten in den USA in Betrieb stehenden Lokomotiven zu vergleichen, der 1E E1 Mallet der Virginia und der 1D D D1 Triplex Lok der Erie Railroad, welche eine Mallet mit einem weiteren Triebwerk unter dem Tender bildete. Der «Super-Garratt» Entwurf übertraf in allen Abmessungen und Daten diese beiden vorhandenen Loktypen, ohne jedoch die festgelegte Achslast von 30 481 kg zu überschreiten. Rostfläche und Zugkraft übertrafen die Werte der grössten zuletzt gebauten Lokomotive, der «Big Boy» der Union Pacific Railroad, welche 20 Jahre später entstanden ist. Zweifellos wäre eine Garratt-Lok von grösserer Leistung als ein «Big Boy» einwandfrei ausführbar ohne die einer Mallet anhaftende Beschränkung, eine grosse Feuerbüchse über 1700 mm Räder einzubauen. Eine geeignete Achsanordnung für eine so grosse Garratt für den allgemeinen Einsatz in den USA könnte 2E2 2E2 sein, wobei die Union Pacific Railroad mit dem erfolgreichen Betrieb von 2F1 Loks (Klasse 9000) sogar zur Bauart 2F2 2F2 hätte gehen können. Die Tabelle zeigt die Hauptdaten der vorgeschlagenen Garratt und der anderen erwähnten Lokomotiven.

Bahn		Garrat-Projekt	Virginian	Erie	Union Pacific
Type		1CC1 1CC1	1E E1	1DD D1	2D D2
Zugkraft bei 85% p_K	kg	92 078	66 768	72 574	61 404
Rostfläche	m²	14,86	10,03	8,63	13,96
Dienstgewicht	t	468,1	407,4	386,9	508
Reibungsgewicht	t	366,5	280	345,4	247,2
Kohlenvorrat	t	16,3	10,9	14,5	25,4
Wasservorrat	m³	72,67	49,2	37,85	94,6

Der Beyer Peacock-Patent-Drehkohlebunker in offener und geschlossener Stellung (Füllen und Betrieb). Obwohl dieses Teil auch für Loks normaler Bauart angeboten wurde, kam es nur bei Garratts zum Einbau.
Beyer Peacock

Das Super-Garratt Projekt für die SAR war mehr eine Modesache und nicht so gross wie die später nachfolgende GL-Klasse, aber für 13 t zulässige Achslast bemessen. Beide Super-Garratt-Projekte hatten den Kohlenbunker mit auf dem Kesselrahmen aufgebaut, um den Einbau einer mechanischen Rostbeschickung ohne flexible Verbindungen zwischen Kohlenbunker und Feuerbüchse zu gestatten. Dieses Konstruktionsmerkmal wurde bei den Neuseeland-Garratts ebenso wie bei den «Union Garratts» für die SAR ausgeführt. In der Praxis zeigte sich bald, dass eine mechanische Rostfeuerung (Stocker), welche erfolgreich über die nach allen Richtungen bewegliche Verbindung zwischen Lok und Tender normaler Bauart arbeitete, bei der exakten Gelenk-Führung einer Garratt noch besser funktionierte. Deshalb konnte auf die Anordnung von Kessel und Kohlenbunker auf einem gemeinsamen Rahmen verzichtet werden. Bei Garratt-Loks wurden auch die jeweils verfügbaren Hilfsmittel zur Erhöhung des Wirkungsgrades eingesetzt. Ventilsteuerung, Rollenlager an Achsen und Triebwerk, Stahlgussrahmen, Thermosyphone und Speisewasservorwärmer, um nur die wichtigsten zu nennen, wurden alle angewandt. Von den auch anderswo erprobten Konstruktionsmerkmalen fehlen nur vollständig geschweisste Kessel und Boxpock-Triebräder. Moderne Blasrohranlagen wie die Bauart «Kylchap» wurden auch an einigen neueren Garratts verwendet. Neuerdings wurden eine grössere Zahl Giesl Ejektoren in vorhandene Lokomotiven eingebaut, besonders bei den Ostafrikanischen Bahnen.

Garratts wurden mit Erfolg gebaut für die Feuerung mit Holz, Kohle oder Öl, aber keine Anwendung wurde bekannt mit Kohlenstaubfeuerung. Abgesehen von mechanischen Feuerungen wurden einige grössere handgefeuerte Lok mit Kohlennachschieber ausgestattet. Eine andere interessante Einrichtung war der rotierende Kohlenbunker nach Beyer Peacock. Dieser besteht aus einem an beiden Enden drehbar gelagerten konischen Rundbehälter, angetrieben von einer kleinen Dampfmaschine. Die Drehbewegung fördert die Kohle nach vorn in Richtung des sich vergrössernden Behälterdurchmessers und schliesslich auf das Schaufelblech. Die Kohlen füllt man durch verschliessbare Klappen am Behältermantel nach Drehung des Behälters so, dass die Füllklappen oben waren. Diese Einrichtung war ebenso komplex wie eine mechanische Rostbeschickung, jedoch nicht so wirkungsvoll wie jene. Eingebaut wurden rotierende Kohlenbunker in die von der Midland-Bahn nachbestellten Garratt-Loks der LMS und in die mit allen Raffinessen ausgestatteten Schnellzuglokomotiven, welche für Algerien in Frankreich hergestellt wurden. Im Betrieb füllte sich der Raum unter dem drehbaren Kohlenbunker allmählich mit Kohlenstaub und Kleinkohle, bis das ganze Ding blockierte.

Für die Handhabung der beiden Maschinensteuerungen wurde von Beyer Peacock eine Kraftumsteuerung entwickelt, bekannt nach ihrem Konstrukteur als Hadfield Kraftumsteuerung. Sie umfasst einen Verstellzylinder mit Dampf- oder Druckluftbetätigung und einen ölgefüllten Positionierzylinder, der die gewählte Steuerungslage ohne Kriechen exakt einhält. Im Prinzip arbeitet diese Einrichtung ähnlich wie andere Kraftumsteuerungen und durch besonders sorgfältige Konstruktionen und Herstellung stellt sie ein recht zuverlässiges Gerät dar, welches bei den meisten modernen Garratts Anwendung fand.

Beim Grossteil der gebauten Garratts kam die Walschaerts-(Heusinger-)Steuerung zur Anwendung, aber auch verschiedene Ventilsteuerungs-Typen, einige davon mit Antrieb durch Getriebe und Übertragungswellen. Interessanterweise erhielten auch die älteren Typen keine Stephenson-Steuerung, sogar die wenigen frühen Typen mit Flachschiebern hatten Walschaerts-Steuerung. Die älteren Garratts waren in ihrer Steuerung so gebaut, dass bei Fahrt mit Schornstein voraus die vordere Maschine in Vorwärtsstellung und die hintere Maschine in Rückwärtsstellung lief, Schieberschubstangen und Schwingenstein in der unteren Schwingenhälfte vorn und in der oberen Schwingenhälfte hinten. Bei den später gebauten Loks traf man die Anordnung so, dass bei Fahrt mit Schornstein voraus beide Maschinen mit ihren Schwingensteinen nach unten gesenkt wurden und umgekehrt bei Rückwärtsfahrt.

Es bleibt noch die Zerstörung einer Vorstellung über Garratts, die sich in vielen Leuten gehalten hat. Die Vorstellung besteht darin, dass die beiden Triebgestelle einer Garratt angeblich in Takt laufen, wenn die Lokomotive einmal fährt. Jeder der mit Garratts sich auskennt weiss natürlich, dass dies völliger Unsinn ist, der Gleichlauf kommt nur gelegentlich durch Übereinstimmung zustande. Die beiden Maschineneinheiten sind in keiner Weise gekuppelt und die Räder jedes Triebgestells drehen sich frei und unabhängig voneinander. Der Ursprung dieser Vorstellung scheint von den älteren Garratts zu stammen mit Z-förmigen Dampfkanälen zwischen Schieberkasten und Zylinder und kleinen Schieberüberdeckungen. Während der Fahrt ging der gedämpfte Auspuff der hinteren Maschine in der langen Abdampfleitung weitgehend verloren, so dass nur das Auspuffgeräusch der vorderen Einheit deutlich zu hören war. Vergleichsweise sind die Auspuffschläge moderner Garratts wie der Klasse GMAM der SAR oder AD60 der NSW bei beiden Maschineneinheiten laut und klar zu hören. Wie erwartet ist dabei deutlich zu unterscheiden, wie die beiden Maschinen einer Lok ständig in den Synchronlauf hinein und wieder heraus laufen. Abgesehen vom unterschiedlichen Radschlupf oder verschiedenen Gleisverhältnissen zwischen vorderem und hinterem Triebgestell in Gleisbögen gibt es eine sehr einfache technische Erklärung für den weiten Bereich von unsynchronem Lauf wie er von Beobachtern bei Garratts wahrgenommen wird. Es ist der mittlere Triebraddurchmesser eines Triebgestells, der mit dem Mass des anderen nicht übereinzustimmen braucht. Jeder mit Maschinen Vertraute wird wissen, dass nichts mit einer absoluten Grösse angefertigt werden kann, Maschinenteile werden im Bereich einer Plus- und Minustoleranz hergestellt. Dies wirkt sich natürlich auch bei Trieb- und Kuppelrädern von Lokomotiven aus und ist Anlass für die SAR Toleranzvorschriften als grösstem Betreiber von Garratt-Loks und damit typisch. Aus diesen Vorschriften sei zitiert:

Punkt 6.2.1: Die Differenz im Durchmesser zwischen zwei beliebigen Rädern innerhalb einer Kuppelradsatzgruppe darf 0,787 mm nicht überschreiten.

Punkt 6.3.1.3: Die Differenz zwischen dem durchschnittlichen Durchmesser der gekuppelten Räder eines Triebgestells und die entsprechende Dimension des anderen Triebgestells einer Garratt Lokomotive darf 25,4 mm nicht überschreiten.

Daten der Lokomotiven				Daten der Kessel			
Type und Klasse		Mallet MH	Garratt GA			Mallet MH	Garratt GA
Achsanordnung		1CC1	1CC1	Rostfläche	m²	4,94	4,81
Anfahrzugkraft	kg	21 940	21 495	grösster Innendurchmesser	mm	1892	2057
grösste Achslast	t	18,5	18	Rohrlänge	mm	6705	3562
Dienstgewicht	t	182,5	136	Feuerbüchsvolumen	m³	9,25	8,8
Reibungsgewicht	t	107,2	106,9	Feuerbüchsheizfläche	m²	23,25	19,63
Kohlenvorrat	t	10	9	Rohrheizfläche	m²	275	217,7
Wasservorrat	m³	19,3	20,9	Überhitzerheizfläche	m²	57,2	48,9
Länge über Puffer	mm	24 460	19 964	Leergewicht	t	36,1	24,9
				Dampfdruck	bar	14	12,6

Mit anderen Worten bedeutet dies, dass eine Radsatzgruppe 25,4 mm kleiner sein darf wie die andere. Bei einer normalen Garratt mit Zweizylindertriebgestellen bringt schon eine achtel Umdrehung die beiden Einheiten völlig ausser Tritt und nach einer weiteren achtel Umdrehung kommen sie genau in 90° Abstand vom Gleichlauf, aber hörbar wieder zurück zum Gleichlauf. Bei einer Lok mit 1372 mm Triebraddurchmesser an einem Triebgestell werden die beiden Einheiten in 27 Radumdrehungen auf 116 m Fahrstrecke völlig ausser Gleichlauf zu hören sein und nach Zurücklegung der gleichen Distanz wieder synchron laufen, sofern kein Radschlupf eintritt. Mit der grössten Durchmesserdifferenz zulässig nach den SAR-Vorschriften läuft dieser Vorgang schon in einem Viertel dieser Distanz ab. Für jene Leser dieses

Ein vollständiges Stahlguss-Rahmenbett aus einem Stück, wie es für die letzten Garratt-Baureihen der Südafrikanischen Eisenbahnen geliefert wurde. General Steel Castings Inc.

Buches, welche nicht selbst in der Praxis dies hören können, sind nun einige australische und südafrikanische Schallplatten erhältlich. Diese zeigen deutlich die Tatsache, dass Garratt-Lokomotiven tatsächlich keine Neigung zu Synchronlauf aufweisen.

Einige Vergleiche zwischen Garratts und sowohl konventionellen als auch Mallet-Loks sind am Schluss dieses Abschnitts am Platze, wofür von zwei Bahnen ausgewählte Beispiele wichtige Punkte verdeutlichen sollen. Das erste Beispiel ist ein klassischer Fall Südafrikas, wo eine Mallet der Klasse MH 1C C1 mit einer Garratt der Klasse GA 1C C1 verglichen wird. Beide Typen sind in Rostfläche und Zugkraft fast gleich. Das zusätzliche Dienstgewicht der Mallet mit ihrem Tender ist erheblich, davon entfallen allein 11 t auf den schwereren leeren Kessel, wie in der Tabelle ersichtlich. Die gesamte Rohrheizfläche der Garratt ist innerhalb einer Rohrlänge von 3556 mm gerechnet von der hinteren Rohrwand, wogegen nur die halbe Rohrheizfläche der Mallet so nahe beim Feuer angeordnet ist. Die Tabelle zeigt diese Unterschiede deutlich.

Neben wesentlichen gleichen Daten ist die Garratt 46,4 t leichter als die äquivalente Mallet, was eine zusätzlich zu befördernde Last darstellt, so sind dies auf einer Steilstrecke 1:40 (25‰) 10% mehr Zuggewicht. Zusätzlich zeigte die Garratt Ersparnisse an Kohle und Wasser bei Durchführung von Testzügen mit 1000 tons (1016 t) über die Steilstrecke 1:65 (15,4‰) zwischen Estcourt und Stockton.

Das zweite Beispiel, ein Vergleich zwischen konventionellen Loks und Garratt-Typen, wurde bei derselben Bahn durchgeführt. Von 1929 bis 1936 war A. G. Watson dort leitender Maschineningenieur. Er war gegenüber dem Einsatz von Gelenkloks sehr skeptisch, wohl eine Rückwirkung seines Vorgängers, welcher eine zu grosse Vielfalt solcher Bauarten hinterliess. Auf Nebenstrecken mit 27,7 kg/m Schienen wurden stärkere Loks benötigt. Die leistungsfähigste verfügbare Einrahmenmaschine war damals die 2D1-Type der Klasse 18 mit 14 447 kg Zugkraft bei 75% Kesselnenndruck. Watson nahm den Kessel seiner Klasse 15 E (2D1-Type), verlängerte diesen für den Einbau einer weiteren Kuppelachse zu einer 1E2 Maschine der Klasse 21 mit 19 822 kg Zugkraft, erhielt also damit 37% Steigerung der Zugkraft gegenüber der Klasse 19 und eine noch grössere Erhöhung der Kesselleistung. Sein Nachfolger W. A. J. Day war jedoch gegenüber den Gelenkloks nicht so abgeneigt und führte die Garratt Klasse GM mit 27 533 kg Zugkraft ein, beinahe das Doppelte gegenüber der Klasse 19 und 39% mehr als die fünffach gekuppelte Klasse 21. In der Praxis hat sich die Überlegenheit der Garratt dadurch bestätigt, dass die Klasse 21 nicht nachgebaut wurde, wogegen die Klasse GM in den Klassen GMA und GMAM eine Weiterentwicklung erfuhr. Diese Bauart mit einheitlichen Hauptdaten und gleicher Zugkraft erreichten eine Gesamtstückzahl von 136.

Die beiden anderen Beispiele stammen aus Spanien, welches wohl das einzige andere Land der Welt ist, wo konventionelle und Garratt-Lokomotiven ähnlicher Leistungsfähigkeit betrieben wurden, um den unterschiedlichen Gleisbauformen Rechnung zu tragen. Wie bei den Beispielen aus Südafrika zeigte sich auch hier als wesentliches Merkmal, dass die konventionellen Lokomotiven sich den Grenzwerten von Achslast, Gewicht und Profil näherten, während die

Daten der Lokomotiven				Daten der Kessel			
Type und Klasse		1E2 21	Garratt GM			1E2 21	Garratt GM
Achsanordnung		1E2	2D1 1D2	Rostfläche	m²	5,81	5,91
Anfahrzugkraft bei pk = 75%	kg	19 822	27 533	größter Innendurchmesser	mm	1975	2171
größte Achslast	t	15,2	15,2	Rohrlänge	mm	6858	4120
Dienstgewicht	t	175	177*	Feuerbüchsheizfläche	m²	21,55	26,7
Reibungsgewicht	t	74	117	Rohrheizfläche	m²	294	257
Kohlenvorrat	t	10	10	Überhitzerheizfläche	m²	62,8	71,5
Wasservorrat	m³	25,4	7,27*	Leergewicht	t	35,3	32
Länge über Puffer	mm	23 418	28 460	Dampfleistung	t/h	19	21,3
* mit 30,9 m³ Wasserwagen zu	t						

Garratt bei ähnlicher Leistungsfähigkeit weniger Achslast und Gesamtgewicht erforderte und darüber hinaus Entwicklungsreserven für noch grössere Leistungen hatte.

Die in folgender Tabelle angegebenen Zahlen stammen aus offiziellen RENFE Quellen und geben die rechnerischen Zugkräfte bei 65% Kesseldruck und die Leistung ungefähr an.

Garratt-Instandhaltung

Es war bei einigen Leuten üblich, die Garratt als mit hohem Instandhaltungsaufwand belastet abzutun, eine unbewiesene Behauptung ohne realen Hintergrund. Zum Beispiel werden bei der SAR die Instandhaltungskosten in cents je km angegeben, eine reine Zahlenstatistik ohne Angabe so wesentlicher Faktoren wie der geleisteten Zugförderungsarbeit oder der Art des Einsatzes. Somit ergab sich für die GMAM Garratt im Nebenbahndienst mit 86 cents/km hohe Kosten im Vergleich zur Klasse 19 D mit 61 c/km ohne Angabe der Tatsache, dass zwei Lok 19 D nötig sind, um die von einer Garratt beförderten Züge zu übernehmen, was 122 c/km bezogen auf das Leistungsvermögen wäre, anstatt auf die Zahl der Loks. Garratts finden vorzugsweise auf bergigen Strecken bei relativ niedrigen Geschwindigkeiten Verwendung, was natürlich den Nenner in der Kostenrechnung besonders klein ausfallen lässt. Somit erscheinen die 86 c/km für die Klasse GMAM reichlich hoch im Vergleich mit 37 c/km der Klasse 25 NC. Die Loks Klasse 25 als 2D2 Typ mit Tender sind zum grössten Teil auf Strecken mit geringen Steigungen und hohem Doppelspuranteil eingesetzt und erreichen deshalb mehr km in der Zeiteinheit. Es ist wohl zutreffend zu sagen, dass dort, wo der Verkehr mit einer konventionellen Lok am Zug bewältigt werden kann, diese wirtschaftlicher arbeiten gegenüber dem hier ungünstigen Einsatz einer Gelenklok. Dort aber, wo zwei normale Loks zur Bespannung eines Zuges nötig wären, ist eine Garratt wirtschaftlich überlegen.

Wurde bisher die Bauart der Garratt mit konventionellen Lokomotiven und anderen Gelenktypen verglichen, so befassen sich die folgenden Abschnitte mit den Details der Garratt-Konstruktionen in aller Welt, ihre Entwicklung und Herstellung, ihren Einsatz und dem Niedergang angesichts der Umstellung auf Diesel- und Elektro-Traktion.

RENFE-Lokomotiven der konventionellen und Garratt-Bauart

Klasse		241.2201	462.0401	151.3101	282.0401
Achsanordnung		2D1	2C1 1C2	1E1	1D1 1D1
Verwendung		Schnellzug	Schnellzug	Güterzug	Güterzug
Dienstgewicht	t	204	184	213,2	161,5
Reibungsgewicht	t	84	93	105,1	108
größte Achslast	t	21	15,3	21	13,5
Rostfläche	m²	5,3	4,92	5,3	4,2
Anfahrzugkraft	kg	17 690	18 540	25 000	22 225
Leistung	kW/PS	2000/2700	1750/2380	2000/2700	1470/2000

3 Europa

Obwohl die Garratt-Lokomotive in Europa entwickelt und in ihrer Mehrzahl dort gebaut wurde, nutzten nur wenige europäische Länder ihre vorteilhaften Möglichkeiten. Besonders günstige Einsatzbedingungen sind starke Steigungen, kurvenreiche eingleisige Strecken und beschränkte Achsdrücke. Diese kommen in Skandinavien und Südosteuropa sowie auf der Iberischen Halbinsel vor, wobei nur auf letzterer Garratts in Gebrauch kamen. Andere Einsatzgebiete entstanden in nicht erwarteten Regionen.

Britannien

Die grösste Zahl von Garratts war überraschenderweise in Grossbritannien, das das wohl unwahrscheinlichste Einsatzfeld unter allen war. Ein Land, wo ein Güterzug aus einer Kette von ungebremsten kleinen Wagen (Zündholzschachteln auf Rädern) bestand, die im Schneckentempo die Strecke entlang rumpelte, ist als Anwendungsfeld für eine Maschine wie die Garratt schwer vorstellbar. Geeignete Einsatzmöglichkeiten waren vorhanden, allerdings verwendete man nur in wenigen dieser Fälle jemals eine Garratt.

Der wohl erste Vorschlag für eine Garratt kam von der Great Central Railway um 1910 für eine Schiebelok auf der Worsborough Rampe in der direkten Güterstrecke Barnsley-Penistone. Das Great Central Gorton «tank», wie die Werke genannt wurden, lag genau gegenüber den Beyer Peacock Werken auf der anderen Seite der Bahnstrecke mit nur 2 Minuten Fussweg über die hölzerne Fussgängerbrücke, welche sich über das Gleis spannte. Es war aber trotzdem überraschend, wie rasch die Kunde über die Neuentwicklung den Great Central Männern zu Ohren kam. Ob dies auf offiziellem Wege geschah oder bei einem Bier in einem örtlichen Lokal ist heute nicht mehr bekannt, aber der Vorschlag beinhaltete eine Maschine mit 2 vierfach gekuppelten Triebgestellen, die den Robinson-Güterzuglokomotiven mit Tender entsprachen. Das Projekt blieb längere Zeit in der Schwebe und wurde dann wegen des 1. Weltkrieges zurückgestellt. Nach dem Kriege wurde es unmittelbar vor dem Zusammenschluss der 4 Gruppenbahnen wieder aufgegriffen. Nach der Gruppenbildung wurde Gresley der leitende Maschineningenieur der neuen London & North Eastern Bahn, und zweifellos zu seiner Überraschung fand er ein Garratt-Projekt vor. Weder eine Garratt noch irgendeine andere Gelenklokomotivbauart entsprach seinen Vorstellungen, wie eine Lokomotive gestaltet sein soll. Dies stellte er bei einem Vortrag vor der Institution of Locomotive Engineers in Leeds 1920 klar, wo er zum Ausdruck brachte, dass die Verhältnisse in Grossbritannien Gelenkloks unnötig erscheinen liessen. Dies war allerdings vor der Übernahme der Great Central durch die LNER und es dauerte nach der Bildung der Gruppenbahnen nicht lange, bis das Garratt-Projekt wieder hervorgeholt und abgestaubt wurde. Die Neuplanung erfolgte nun unter Verwendung der Triebgestelle von Gresleys Great Northern 1D Maschine. Beyer Peacock erhielt den Bauauftrag für die LNER-Lok Nr. 2395 Klasse U1, welche 1925 geliefert wurde. Als die grösste für britische Bahnen gebaute Lokomotive, sowohl damals als auch später, wurde sie bei der 1925 abgehaltenen Hundertjahrfeier der Stockton & Darlington Bahn für die Besucher ausgestellt und in Betrieb vorgeführt.

Anschliessend nahm sie ihren Dienst auf der Worsborough-Rampe auf und pendelte für ein Vierteljahrhundert jene 4 km-Strecke hinauf und hinunter abseits der grossen Hauptstrecken, und von der Mehrzahl der Fotografen unentdeckt. Dem Autor ist es in der Tat nicht gelungen, irgendein gutes Foto von ihrem Einsatz auf dieser Strecke zu erhalten. Die ankommenden 1219 t-Kohlenzüge wurden von 1D Maschinen Klasse 04 befördert. Über die Rampe 1:40 (25‰) erhielten sie Schub durch die Garratt und eine weitere 04. An sich wäre eine so grosse Schubhilfe für die Steigung nicht nötig, aber wegen Grubenanschlüssen mit kurzen Zwischenwaagrechten ergaben sich tatsächlich wesentliche steilere Neigungen gegenüber der durchschnittlichen Normalsteigung.

Nach dem Krieg wurde die Strecke elektrifiziert und die U1 im März 1949 zur Lickey Rampe nach Bromsgrove umgesetzt, um Schiebedienst auf der Rampe 1:37 3/4 (26,5‰) nach Blackwell zu leisten. Im November 1950 kam sie zur Eastern Region zurück und wurde abgestellt. Im April 1951 wurde der Einbau einer mechanischen Rostfeuerung aus einer Schnellzuglok der Merchant Navy Klasse der Southern Region erwogen, aber als unzweckmässig verworfen. So kam es zum Umbau auf Ölfeuerung im Dezember 1952. Experimente mit verschiedenen Flammenformen wurden so lange vorgenommen, bis eine Verdampfungsleistung von 15 875 kg/h erreicht war. Anschliessend kam die Lok im Juni 1955 wieder nach Bromsgrove in den Schiebedienst. Nunmehr war sie aber nicht mehr beliebt in diesem Dienst. Wegen der grossen Länge zwischen vorderem Pufferbalken und Führerhaus schob man im allgemeinen rückwärts mit Führerstand voraus, um bessere Sicht beim Ansetzen an das Zugende zu haben. Anderseits hatte dies zur Folge, dass mit Rücksicht auf ausreichenden Wasserstand über der (vorauslaufenden) Feuerbüchse der Kessel meist mit Wasser überfüllt war und als Folge Überreissen von Wasser auftrat. Nach Ablauf der Kesseluntersuchungsfrist im November 1955 wurde

Die ehemalige LNER Klasse U 1 und später BR Nr. 69999 schiebt einen kurzen Güterzug die Lickey Rampe hinauf. Als Zuglok dient eine «Big goods» (grosse Güterzuglok) der ehemaligen Midland Railway mit der Achsfolge C.
British Railways

die Lokomotive ausser Dienst gestellt und anschliessend verschrottet.

Die LNER-U1 war unter den ersten Garratts mit vierfach gekuppelten Triebgestellen und die erste mit Drillingstriebwerken. Die Schieber der Mittelzylinder wurden durch Gresley-Hebelgestänge (von der Aussensteuerung her abgeleitet) angetrieben. Die Triebgestelle entsprachen denen einer 1D Maschine Klasse 02. Andererseits hatte die Lokomotive keine besonders interessanten technischen Merkmale. Der grosse Kessel war mit runder Stehkesseldecke entsprechend den Baugrundsätzen sowohl von Gresley als auch Beyer Peacock ausgeführt.

Obwohl zuerst vorgestellt, war die LNER U1 nicht die erste Garratt, welche in Grossbritannien fuhr. Diese Ehre gebührte einer kleinen B B Industrielokomotive, welche Beyer Peacock 1924 für Vivian & Sons Ltd. in Hafod Swansea lieferte. Die Aufgabe bestand hier darin, eine leistungsfähige Lokomotive für die Beförderung von Lasten bis zu 170 t auf einem kleinsten Bogenhalbmesser von 29,6 m zu bauen. Diese kleine Garratt erfüllte die Anforderungen ohne Schwierigkeiten und wurde zum Vorläufer weiterer Industrie-Garratts. Diese erste Lok wechselte den Besitzer bei Übernahme der Firma Vivian durch die British Copper Manufacturers Ltd. sowie ein zweites Mal bei Verschmelzung des zweiten Besitzers mit Imperial Chemical Industries. Letztere Firma überstellte die Lok in ihre Billingham Werke, wo sie verschrottet wurde.

Weitere Industriebahn-Garratts der gleichen Bauart wie diese erste Maschine wurden geliefert 1931 an die Sneyd Kohlengrube in Burslem, Stoke on Trent, 1934 an Fa. Guest Keen & Baldwins Cardiff Works und 1937 an die Baddesley Kohlengrube in der Nähe von Atherstone, Warwickshire. Diese zuletzt gelieferte Maschine blieb auch am längsten im Dienst und beendete ihre Arbeit 1965.

Diese Industriebahn-Garratts wurden wie die meisten anderen Industrieloks ohne Überhitzer mit Flachschiebern und Walschaerts-Steuerung gebaut. Plattenrahmen, Belpaire Stehkessel und Wasserkästen in Rechteckform mit rechtwinkligen Kanten, waren bei diesen früheren Garratts allgemein typisch.

Die nächsten Garratts in Grossbritannien waren die 1C C1 Maschinen, 1927 geliefert an die London, Midland & Scottish Railway (LMS). Zu dieser Zeit litt die LMS am langjährigen Festhalten von relativ kleinen Lokomotiven, als Erbe ihrer grössten und wichtigsten Vorgängerbahn. Dieses Vorgehen fand auch Ausdruck in der Normung von unterbemessenen Achslagern der C-Tenderloks, welche durch die Garratts ersetzt wurden, sowie den Gebrauch von kurzen Schieberüberdeckungen, wie sie die in grösserer Zahl vorhandenen 1D Loks der ehemaligen Somerset & Dorset Bahn hatten. Diese Geschichte ist von E. S. Cox in seinem ausgezeichneten Buch Locomotive Panorama [1.7] sehr gut dargestellt, und es genügt hier der Hinweis, dass die LMS Garratts zwar nicht so gut waren wie gross und eindrucksvoll, leisteten aber doch die Arbeit von zwei C-Maschinen bei Einsparung einer Mannschaft. Beyer Peacock versprach auch eine Kohlenersparnis von 15–20% im Vergleich mit den beiden C-Loks, was aber Cox widerlegte. Nach aller Wahrscheinlichkeit sparten die Garratts Kohle im Neuzustand, fielen aber auf das übliche Verbrauchsniveau bei Erreichen der normalen Abnutzung. Die Zugkraft, der in dieser Maschine mit ihren 20,66 t Achslast eingebaut wurde – sie erreichte die grösste in eine Garratt eingebaute Achslast – war bescheiden. Tatsächlich könnte mit ihrem Kessel bei 21,3 t Achslast auch eine 1D Lok mit der gleichen Zugkraft gebaut werden.

Drei dieser Garratts wurden 1927 gebaut und vor Kohlenzügen der Strecke zwischen Toton Yard (bei Nottingham) und Brent Yard, Cricklewood (im Nordwesten Londons) mit 203,6 km Länge eingesetzt. Auf dieser hügeligen Strecke mit Steigungen bis 1:132 (7,57‰) beförderte sie 1524 t. Diese 3 Maschinen mit den Nr. 4997–4999 wurden mit nur 3886 mm Maximalhöhe gebaut und hatten ausser den bereits erwähnten Merkmalen Plattenrahmen, Belpaire-Stehkessel, Überhitzer sowie das Aussehen der vom damaligen Chefingenieur Fowler bei der LMS konstruierten Ma-

Die Garratts der LMS waren infolge ungünstiger Auslegung der Steuerung und zu knapp bemessenen Lagern für hohe Geschwindigkeiten nicht geeignet. Trotzdem unternahm man optimistisch Testfahrten. Die als erste ihrer Reihe gebaute Lok Nr. 4999 mit kurzem Schornstein und normalem Kohlebunker zeigt sich hier mit Expresszugstirnlampensignal auf Probefahrt mit Messwagen und einem Leerzug um 1930.
F. G. Carrier

In ihrem letzten Bauzustand mit der British Railways Nr. 47974, kleinem Schornstein, drehbarem Kohlenbunker und Schutzblechen gegen auf das Gestänge herabfallende Kohlenstückchen rumpelt die ehemalige LMS Garratt mit kleinen ungebremsten Kohlenwagen die Midland-Hauptstrecke entlang.
British Railways, LMR

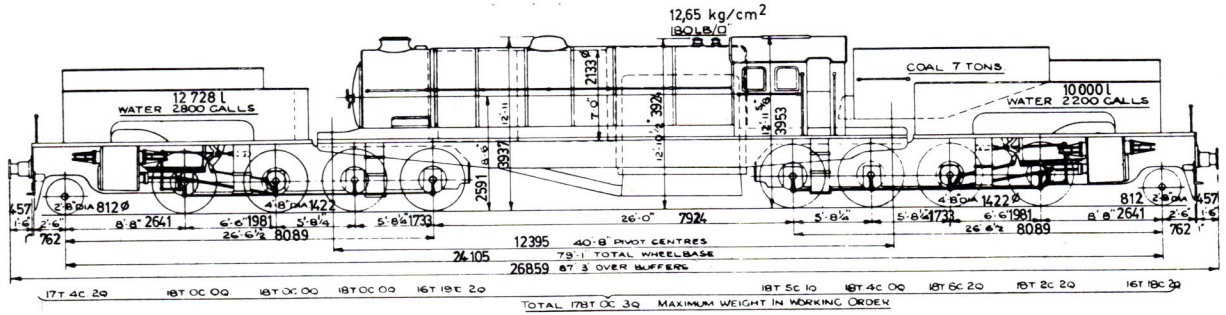

LNER 1DD1 Garratt-Lokomotive Reihe U 1

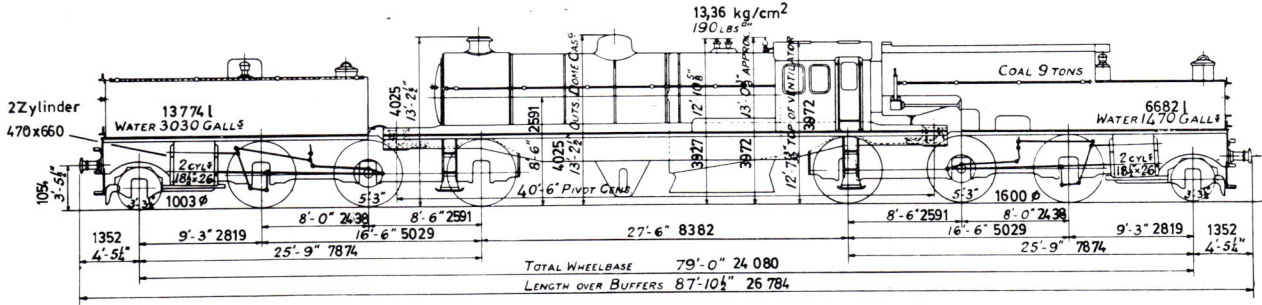

LMS 1CC1 Garratt-Lokomotive Reihen Nr. 4967–4996 im Lieferzustand.

schinen durch Verwendung eines passenden Doms und Schornsteins. Obzwar für Kohle- und Erzzüge bestimmt, die damals natürlich keine durchgehende Bremse besassen, erhielten diese 3 ersten Maschinen Saugluftbremse, aber die alte 3-fach Kupplung wurde beibehalten. Eine Laufradbremse war ebenfalls vorgesehen.

Im Jahre 1930 wurden weitere 30 Loks an die LMS geliefert und erhielten die Nr. 4967–4996, Unterschiede bestanden in höherem Schornstein und Dom mit der Maximalhöhe von 4025 mm. Die Wassertanks und Kohlebunker waren von grösserem Fassungsvermögen und Trick-Kolbenschieber mit doppelten Auslasskanälen wurden eingebaut. Um den Heizern die Arbeit zu erleichtern, sah man Kohlenschieber vor, die sich aber offenbar nicht bewährten, so dass in fast alle Loks schliesslich Beyer Peacocks drehbare Kohlenbunker eingebaut wurden mit Ausnahme der Nr. 4998 und 4999.

Die Garratts kamen hauptsächlich vor den Kohlenzügen zwischen Toton und Brent zum Einsatz und waren grösstenteils in Toton und Wellingborough stationiert. Im Jahre 1935 waren einige in Hasland und Westhouses stationiert, beide Depots sind bei Chesterfield gelegen. Von hier aus erstreckte sich ihr Einsatz über die Hope Valley Linie und auch darüber hinaus nördlich bis York.

Die Lok Nr. 4984 war zeitweise mit Saugluftbremse ausgerüstet als eine Vorstufe zum projektierten Bau von Schnellzug-Garratts.

1938/39 wurden die 33 Loks umgenummert in 7967–7999 und später 1948 nach Bildung der British Railways in deren Nummernplan als 47967–47999. Zuletzt unternahm man noch zweimal den Versuch, die Garratts der LMS im Schiebedienst auf der Lickey-Rampe einzusetzen. Sie waren dort aber auch nicht erfolgreicher als LNER Garratt. Von Zeit zu Zeit kamen sie hinab bis Gloucester oder Bristol über diese Strecke, wobei die Rückfahrt über die Lickey Rampe nötig wurde. Auf einem erwähnenswerten Foto ist ein kurzer Zug gezeigt, gezogen von einer LMS Garratt und geschoben von der LNER Garratt, wobei letztere aus unbekanntem Grund zum Stehen kam. Die fünffach gekuppelte Lickey-Schiebelok Nr. 2290 rettete die Situation und brachte den Zug mit nach oben.

Sowohl im Hauptstreckendienst als auch in den übrigen Gelegenheitsdiensten wurden sie schliesslich durch die gut gelungene BR-Einheitslok Klasse 9 des Chefingenieurs Riddles ersetzt, eine 1E-h2 Type. Beginnend im Juni 1953 mit Nr. 47985/47990 wurden sie aus dem Dienst zurückgezogen, die letzte überlebende im April 1958 war die Lok 47994.

Von Zeit zu Zeit untersuchte die LMS Bahn den erweiterten Einsatz von Garratts, worüber Cox in seinem Buch «Locomotive Panorama» [1.7] Einzelheiten mitteilt. Bei den Projektentwürfen handelte es sich um eine Type mit 2B1 1B2, deren Triebgestelle, und Dreizylinderverbundmaschinen den «Midland Compounds» entsprachen. Beyer Peacock arbeitete hierzu einen Gegenvorschlag für eine 2C1 1C2 Lok ähnlich der ersten Garratt für Algerien aus. Diese Projekte stammen natürlich aus der Zeit vor den später tatsächlich gebauten Loks, und kurz nach dem 2. Weltkrieg arbeitete man Pläne aus für 2C1 1C2 Typen mit unterschiedlichen Triebraddurchmessern für Personen- und Güterzugdienst.

Keines dieser Projekte kam jedoch zur Ausführung, aber es dürfte trotzdem interessant sein zu zeigen, welche Möglichkeiten die Garrat innerhalb des Fahrzeugprofils L2 der BR geboten hätte. Bei Verwen-

Industriebahn-Garratt im Schnee. Grossbritanniens letzte im regulären Dienst stehende Garratt ist hier an einem Januarmorgen bei der Ausfahrt aus der Kaianlage Atherstone zur Baddesley-Kohlengrube zu sehen. Diese Lokomotive ist nun auf einem Spielplatz aufgestellt und dürfte wohl kaum wieder zum Einsatz kommen. A. E. Durrant

dung eines Kessels mit 9,29 m² Rostfläche und 2E1 Triebgestellen bei Zylindern mit 533 mm Durchmesser, 863 mm Hub und 18,63 bar Schieberkastendruck sowie 21,3 t Achslast liesse sich eine Lokomotive für gemischten Dienst mit 46 433 kg Anfahrzugkraft und einer indizierten Leistung von 6000 HP/4474 kW bauen. Diese Werte liegen weit über denen anderer Lokomotiven, welche damals von den British Railways gebaut und projektiert wurden, sowohl Dampf- als auch Diesel- oder Elektroantrieb. Sie zeigten auch, dass die Dampftraktion in Grossbritannien nicht bis zur Grenzleistung entwickelt wurde. Folgende Tabelle enthält die Baudaten der britischen Garratts, zusammen 38 Loks:

Bahn	Nr./Name	Zahl	Beyer Peacok Fabrik-Nr.	Baujahr
Vivian & Sons British Copper Imp. Chemical Industries	10/23	1	6172	1924
LNER/BR	2395/9999/69999	1	6209	1925
LMS/BR	4997–4999/7997–7999 47997–47999	3	6325–6327	1927
LMS/BR	4967–4996/7967–7996 47967–47996	30	6648–6677	1930
Sneyd Collieries	3	1	6729	1931
Guest, Keen & Baldwins	12	1	6779	1934
Baddesley Colliery	William Francis	1	6841	1937

Garratt Nr. 101 der FC Catalanes im Depot Mortorell 1961. R. Payne

Spanien

Das andere europäische Land mit einer bedeutenden Anzahl von Garratts war Spanien, wo schon im Jahre 1922 die meterspurige Ferrocarril Catalanes vier 1C C1 Lokomotiven von der Societe Leonard aus Lüttich geliefert erhielt. Als Nr. 101–104 bezeichnet waren sie ausgerüstet mit Belpaire Feuerbüchse, Überhitzern, Kolbenschiebern und Innenrahmen. Die Dampfleitung von Dom zum Überhitzer fand sich ausserhalb der Kesseltrommel wie bei manchen französischen Lokomotiven. Ein ungewöhnliches und kennzeichnendes Merkmal war der runde vordere Wassertank. Weitere 4 Loks gleicher Bauart wurden 1925 geliefert und als Nr. 105–108 bezeichnet. Diese Garratts besorgten den schweren Güterverkehr über die nichtelektrifizierten Abschnitte dieser Bahn bis in die 1950er Jahre, als sie allmählich durch Diesellok ersetzt wurden. Drei von ihnen blieben noch bis 1967 in Sallent hinterstellt, jedoch erschien es unwahrscheinlich, dass sie jemals wieder unter Dampf gesetzt wurden. Baudaten enthält die nebenstehende Tabelle Verschiedene Bahnen führten um 1930 Garratts ein, angefangen von der Rio Tinto im Süden bis zur FC de

Bahn Nr.	St. Leonard Fabrik Nr.	Zahl	Baujahr
101–104	1960–1963	4	1922
105–108	2035–2038	4	1925

Robla im Norden. Die Rio Tinto hat eine Spur von 1067 mm und die beiden von Beyer Peacock gelieferten 1C1 1C1 mit den Bahn Nr. 145 und 146 entsprachen in ihrer Konstruktion jenen schon früher an die Industriewerke nach Südafrika gelieferten Loks, deren Einzelheiten in Kapitel 8 zu finden sind. Die 83,7 km lange Strecke mit einer Maximalsteigerung 1:50 (20‰) wurde für den Transport von Schwefelkies und Markasit von den Rio Tinto Gruben im Inland zum Hafen Huelva benutzt, wo diese Mineralien verschifft wurden. Die Zuglasten betrugen beladen bis 2000 t in Talrichtung und die Leerzüge 550 t in Bergrichtung. 1970 waren beide Loks schon eine Reihe von Jahren ausser Dienst und durch Dieselloks ersetzt, wobei diese Bahn in leichteren Diensten noch Dampfloks einsetzte. Die beiden Garratts wurden von Beyer Peacock unter Fabrik-Nr. 6560 und 6561 im Jahre 1930 gebaut.

Oben: Spaniens Rio Tinto Bahn beförderte 2000 t-Züge mit Garratts auf Meterspur, mit Saugluftbremse und vor allem talwärts. L. G. Marshall

Unten: Die von Hanomag gebaute Garratt Nr. 81 «Jose J. de Ampuero» der La Robla-Bahn 1956 in Valmaseda. L. G. Marshall

Lok 502 der Sierra Menera vor einem Erzzug von Teruel nach Puerto del Escandon mit einer CC-Mallet als Schiebelok im Jahre 1962. Diese Garratt wurde 1965 auf Ölfeuerung umgebaut und im Schiebedienst eingesetzt. A. E. Durrant

1C1 1C1 Garratt-Lokomotive für die La Robla Bahn (Spanien) Nr. 80 Venancio de Echeverria Hanomag Fabrik-Nr. 10646/1929

Die La Robla-Lokomotiven waren wie andere spanische Schmalspurloks für Meterspur gebaut. Sie wurden von Hanomag konstruiert und die beiden ersten auch gebaut. Die beiden anderen stellte Babcock & Wilcox in Bilbao nach Hanomag-Zeichnungen her. Die Konstruktion bestand aus einer 1C1 1C1 Achsanordnung von grosser Länge mit Überhitzer und einfacher Expansion. Im äusseren Aussehen hatte sie einige Ähnlichkeiten mit der schon früher von Hanomag für die Südafrikanischen Bahnen gebaute Klasse GF. Für das Durchfahren der scharfen Kurven waren die Mittelradsätze der Triebgestelle ohne Spurkranz ausgeführt, wobei die inneren Radsätze angetrieben wurden, die Höchstgeschwindigkeit war 50 km/h. Nach der bei La Robla üblichen Praxis wurden diese Loks wie folgt mit Namen versehen:

Der nordwärts fahrende Expresszug Sevilla–Barcelona verlässt Vinaroz im Mai 1962 hinter einer majestätischen Doppelpacific-Garratt. A. E. Durrant

Nr.	Name	Hersteller	Fabrik Nr.	Baujahr
80	Venancio de Echeverria	Hanomag	10646	1929
81	Jose J. de Ampuero	Hanomag	10647	1929
82	Enrique de Borda	Babcock	421	1931
83	Jose Ma. de Basterra	Babcock	422	1931

Die Loks sind alle seit einigen Jahren ausser Dienst und wurden verschrottet.

Als dritte private Bahn hat die meterspurige Compania Minera de Sierra Menera zu dieser Zeit Garratts eingeführt. Sie betrieb eine etwa 200 km lange Strecke zum Transport von Eisenerz von den Ojos Negros Gruben bei Teruel zu den Altos Hornos Stahlwerken an der Küste bei Sagunto. In Lastrichtung verläuft die Strecke grösstenteils bergab und die Züge wurden von 2D Loks mit Tender gefahren. Auf eine Entfernung von etwa 20 km von Teruel bis Puerto de Escandon steigt die Linie von 875 auf 1200 m Meereshöhe an, wobei die beladenen Züge über die Steigung zu fahren sind. Gleichzeitig mit 2D Maschinen wurden vier CC Mallets für diesen Abschnitt als Schiebelok gebaut. Zur weiteren Leistungssteigerung baute die Euskalduna Company zwei 1C1 1C1 Garratts unter Lizenz von Beyer Peacock. Sie entsprachen der Konstruktion für Industriebahnen Südafrikas mit einigen kleinen Änderungen, Anpassung an Meterspur sowie Druckluft- statt Saugluftbremse.

Der Betrieb auf dieser Strecke war interessant, als der Autor diese 1962 besuchte. Die aus grossen 2-achsigen Selbstentladewagen bestehenden Züge wurden ab Teruel von einer Garratt gezogen und von einer Mallet geschoben. In Escandon gingen die beiden Loks vom Zug und eine 2D übernahm diesen. Die beiden Gelenkloks übernahmen im Vorspannbetrieb einen Leerwagenzug zurück nach Teruel hinab, wobei sich die seltene Gelegenheit ergab, eine Garratt und eine Mallet im Vorspannbetrieb zusammen vor dem Zug zu sehen. Nach 1965 bedienten vorzugsweise dieselhydraulische Loks den Hauptteil der Strecke von Escandon nach Sagunto. Es war aber interessant fest-

Oben: Ein Paar der 1931 gelieferten Güterzug-Garratts der ehemaligen Central Aragon verlässt 1965 den Fuente Higuera Tunnel mit einem Früchtezug für nördliche Länder.
A. E. Durrant

Unten: Ein ungewöhnlicher Garratt-Dienst! Die RENFE-Lok 282.0422 aus der Nachkriegslieferung zieht einen defekten Leichttriebwagenzug zwischen Jativa und La Encina, wobei sich der Triebzug recht winzig gegenüber der grossen Lokomotive ausnimmt.
A. E. Durrant

zustellen, dass die Dampftraktion noch harte Arbeit auf der Bergstrecke versah und nach dem Ausscheiden der Mallets die Züge mit 2D Lok, unterstützt durch eine Garratt als Schublok, bergwärts fuhren. Nach Lieferung weiterer Diesselloks sind die Garratts nicht mehr länger im Einsatz. Als Baudaten können genannt werden:

Bahn Nr.	Euskalduna Fabrik Nr.	Zahl	Baujahr
501–502	189–190	2	1930

Hauptlinien-Garratts

Wir kommen nun zu den grössten Garratts für den Hauptstreckendienst in Spanien, die für die Centralbahn von Aragon gebaut wurden, welche sich von Zaragoza und Calatayud durch das bergige Aragon nach Sagunto und Valencia an der Mittelmeerküste erstreckte. Von Teruel bis Sagunto läuft die Strecke parallel mit der Meterspurbahn Sierra Minera, aber mit Breitspur 1676 mm. Die später gebaute Hauptstrecke mit eigenem Gleiskörper kreuzt die Meterspurbahn an mehreren Stellen.

Abgesehen vom Eisenerzverkehr, welcher schon von der Sierra Menera Bahn bedient wird, ist der Verkehr in dieser Region schwach. Die ersten Gelenkklok waren CC Mallet Tenderloks, später umgebaut in 1CC mit Tender sowie zwei Typen von CC-Mallets, deren letztere bis 1928 gebaut wurden. Die Lage der Bahn im Zuge der durchgehenden Verbindung von Valencia nach Zaragoza erforderte den Einsatz leistungsfähiger Lokomotiven. Dafür wurden 2 Klassen Garratts von spanischen Herstellern unter Lizenz von Beyer Peacock 1931 geliefert.

Der Stolz der Bahn waren die 6 Schnellzuglokomotiven, prächtige 2C1 1C2 Maschinen mit 1752 mm Triebraddurchmesser und 28 550 mm Gesamtlänge. Diese gut aussehenden Maschinen waren zu dieser Zeit mit die grössten und leistungsfähigsten Personenzuglokomotiven Europas trotz auf 15 t beschränkter Achslast. Nur mit der Garratt Type konnte eine solche Leistung unter diesen Bedingungen erreicht werden. Das konstruktiv festgelegte Leistungsprogramm sah die Beförderung von 300 t- Zügen in der Ebene mit 100 km/h und auf der Steigung 1:46 (21,7‰) im 300 m Halbmesser mit 40 km/h vor.

Bauartmerkmale waren Plattenrahmen, Kolbenschieber mit geraden Kanälen und Walschaert Steuerung. Die Kessel hatten Belpaire Feuerbüchsen, Überhitzer und ACFI-Speisewasservorwärmer.

Diese Lokomotiven besorgten den Reisezugdienst auf dieser Linie bis zu deren Eingliederung in das Staatsbahnunternehmen RENFE 1941 und blieb dann noch weitere 10 Jahre in ihrem angestammten Territorium in Betrieb beim alten Depot Valencia (Alameda) der Centralbahn von Aragon. Schliesslich wurde in den 1950er Jahren ein weiterer Einsatz für sie gefunden mit der Beförderung des täglichen Expresszuges zwischen Sevilla und Barcelona von Valencia nach Tarragona. Diese Strecke ist zwar nicht so schwierig als die Centralbahn von Aragon, schliesst aber nichtsdestoweniger Steigungen bis 1:75 (14,3‰) mit ein. Die Züge dieser Strecke hatten bis zu 17 Wagen und viele Halte, was bis dahin Vorspannlokomotiven erforderte. Die Garratt führte man als erfolgreiche Alternative hierzu ein bis zur Ablösung durch Dieselloks in den Jahren 1966/67. Trotz ihres Alters von 35 Jahren wurden diese Lokomotiven auch Ende 1967 noch als so brauchbar angesehen, dass sie weiter im Dienst blieben. Sie fuhren hauptsächlich im Güterzugdienst von Valencia zum Verzweigungsbahnhof La Encina. Auf dieser Strecke verläuft der Abschnitt von Carcagente bis La Encina über 74 km ständig in Steigungen bis 1:75 (14,3‰). In ihren ursprünglichen Einsätzen und später von Tarragona aus waren sie die einzigen Garratts in Europa im regulären Reisezugdienst. Diesen Dienst leisteten sie mit grossem Erfolg 36 Jahre lang, was eine aussergewöhnliche Leistung darstellt. Keine andere Gelenktype blieb so lange im Expresszugverkehr und ein Exemplar wurde für das spanische Eisenbahnmuseum zurückgestellt.

Für den Güterzugdienst baute man 6 Loks 1D1 1D1, leider nicht als eine der Schnellzuglok entsprechende Güterzugbauart, sondern in ihrer Gesamtkonzeption wesentlich kleiner. Nichtsdestoweniger leisteten diese von Babcock & Wilcox gebauten Maschinen sehr gute Arbeit. Sie besassen im allgemeinen die Bauartmerkmale der grösseren Maschinen mit Ausnahme der Z-förmigen Dampfkanäle in der Steuerung und der runden Stehkesseldecke. Überraschenderweise baute man noch 1961 weitere 10 Stück dieser Type mit nur geringen Änderungen gegenüber der Ursprungsbauart von 1931 nach. Sie wurden schon neu für Ölfeuerung eingerichtet und alle anderen RENFE-Garratts baute man auch auf Öl um. Diese 10 Loks waren die letzten neuen in Spanien gebauten Dampflokomotiven. Die RENFE bearbeitete auch ein Projekt für eine grosse Super Garratt, aber nähere Einzelheiten darüber waren nicht mehr auffindbar.

Die 1D1 1D1 fuhren zuerst natürlich auf der Centralbahn von Aragon bis zur vollen Umstellung auf Dieselbetrieb 1966/67. Sie arbeiteten auch im Abschnitt Valencia–La Encina, und zwei von ihnen waren ständig in Jativa, wo schwere Anfahrten in der Steigung zu bewältigen waren. Auf diesem Abschnitt war es gelegentlich möglich, Züge mit 2 Garratts im Vorspann zu sehen. Weiter fuhren sie hinauf zur Nordküste nach Tarragona, wo auch einige für den Dienst nach Lerida stationiert waren. Alle diese Loks sind nun ausser Dienst.

Einige Angaben für die RENFE-Garratts können wie folgt gemacht werden.

Bahn-Nr. Centralbahn von Aragon	RENEE	Herstellerangaben Hersteller	Zahl	Fabr. Nr.	Baujahr
101–106	462.0401–0406	Euskalduna	6	191–196	1931
202–206	282.0401–0406	Babcock & Wilcox	6	402–407	1931
–	282.0421–0430	Babcock & Wilcox	10	730–739	1960–61

Eine ungewöhnliche Garratt. Innenzylinder und seitlich tief herabgezogene Wassertanks waren typische Merkmale holländischer Tramway Lokomotiven, wie sie noch heute in Java anzutreffen sind. Sammlung des Autors

Die beiden Vicinaux CC-Tramway-Garratts im Juli 1953, sie rosten in ihrem Depot in Lanaeken still vor sich hin.
L. Rutgers v. Rozenburg

Belgien und Holland

Zwei ungewöhnliche Anwendungen der Garratt-Bauart kommen in diesen Ländern bei Dampfstrassenbahnen vor. Beide waren mit C C Achsanordnung gleichzeitig eingeführt worden und stellen aussergewöhnliche Loks dar.

Die beiden belgischen Loks waren für die Societe National des Chemins de Fer Vicinaux (SNCV) Meterspur gebaut worden. Sie waren die einzigen Garratts, welche als Tramway-Lokomotiven mit verkleidetem Triebwerk und vollständigem Kastenaufbau gebaut wurden. In ihrer äusseren Erscheinung waren sie einem älteren Eindeck-Motoromnibus ähnlich, der vordere Wassertank sah wie eine Motorhaube aus. Unter der Verkleidung befand sich eine moderne Lokomotive in Heissdampfausführung mit Kolbenschiebern. Sie bedienten die Strecken von Vroenhoven nach St. Trond und auch Tongres-Maaseik und fuhren Güterzüge mit Zuckerrüben, Tonerde und Kohle. Im Jahre 1953 standen sie verlassen im Schuppen in Lanaeken Tourne-bride und dürften inzwischen abgebrochen worden sein.

Die holländische Lokomotive war ebenfalls eine Tramwaylok für die damalige N. V. Limburgsche Tramway Maatschappij oder Limburg Tramway. Für den Güterverkehr auf der Strecke Maastricht-Vaals mit Wagenübergang von der NS benötigte man eine zugkräftige Lok. Wegen der zu befahrenden kleinen Bogenhalbmesser entschied man sich für eine Garratt-Type Bauart C C. Bei dieser Normalspurbahn beförderte die Maschine Kohlenzüge von Bassenge nach Glons. Diese Linie eröffnete man 1922 und stellte sie bereits 1937 wieder ein, anschliessend wurde die Lok zunächst abgestellt. Während des 2. Weltkrieges wurde sie nach Deutschland gebracht und wieder in Betrieb genommen. Dem Autor gelang es nicht, über den weiteren Verbleib und Einsatz Näheres zu erfahren.

Diese kleine Maschine war von Hanomag in Auftrag genommen, aber durch Henschel nach Übernahme

Garratt-Lokomotiven in Europa

Bahn	Spurweite mm	Klasse	Zahl	Achsanordnung	Zylinderdurchmesser x Kolbenhub mm	Triebraddurchmesser mm	Kesseldruck bar	Zugkraft bei 75% Kesseldruck kg	Rostfläche m²	größter Kesseldurchmesser mm	Heizflächen m² Feuerbüchse	Rohre	Überhitzer	Dienstgewichte t größte Achslast	Reibungsgewicht	Gesamtgewicht	Vorräte Wasser m³	Brennstoff t	Bemerkungen	Literaturhinweise
London & North Eastern Railway LNER/BR	1435	U1	1	1D D1	3 x 470 660	1422	12,65	29188	5,25	2133	20,81	245,5	60,4	18,6	146,3	180,8	22,7	7		Organ 1925 S. 514 Organ 1930 S. 153 ZVDI 1926 S. 331 Loco 1925 S. 204 Engg 1925 I S. 791 u. II S. 12 Ry Eng 1925 S. 267
London, Midland & Scottish Railway LMSR/BR	1435		33	1C C1	470 x 660	1600	13,36	18257	4,13	2057	17	181,5	46,4	20,6 21,3 20,6	118,3 123,4 121,3	151,1 158 155,2	20,45 20,45 20,45	7 9 9	Lok Nr. 4997 – 4999 bei Lieferung Lok mit Dreh-Kohlebunker Lok Nr. 4067 – 4996 bei Lieferung	VW 1931 S. 268 Organ 1928 S. 138 Loco 1927 S. 176 Loco 1930 S. 330 Ry Eng 1927 S. 277
Britische Industriebahnen	1435		4	B B	343 x 508 355 x 508	1016	12,65 13	11158 12337	2,11	1524	9,94	120,7	–	16,7	62,5	62,5	6,27 6,82	1,5	Vivian & Sons, Guest, Keen & Baldwin, Baddesley Colliery Sneyd Collieries	Loco 1924 S. 74 + 234 Loco 1932 S. 106 BPQ 1931 S. 30
Centralbahn von Aragon RENFE	1676	4620401 2820401 2820421	6 6 10 / 22	2C1 1C2 1D1 1D1 1D1 1D1	482 x 660 440 x 609 440 x 609	1752 1200 1200	14,06 15 15	18540 22225 22225	4,92 4,2 4,2	2016 1930 1930	25,55 15,89 15,7	273,4 180,9 181,3	68,9 68,4 69,4	16 13,7 14,8	93,8 109,7 116	183,4 164 173	22 22 25,5	7,6 9 13,5		Loco 1931 S. 188
La Robla	1000		4	1C1 1C1	420 x 550	1073	13	17690	3,21	1701	12	132	36	12,8	75	108	15	8	Nr. 80 – 83	HN 1958 Nr. 1/2
FF CC Catalanes	1000		8	1C1 1C1	360 x 490	1000	12	11660	2,75		10,64	123,5	27	10,8	64	78	6,5	3,5	Nr. 101 – 108	
Com. Minera de Sierra Menero	1000		2	1C1 1C1	430 x 560	1085	12,65	18210	3,9	1867	15,9	170,5	41,6	14,4	84,4	120	16	6,9	Nr. 501 u. 502	Loco 1931 S. 188 BPQ 1931 S. 42 u. 1932 S. 57
Rio Tinto	1067		2	1C1 1C1	430 x 560	1085	14,06	20234	3,87	1867	15,9	170,1	41,6	13,7	82,3	121	18,2	7	Nr. 145 u. 146	Ry Gaz 1935 S. 975
N.V. Limburgsche Tramweg Maatschappij	1435		1	C C	360 x 560	900	14	10500	2	1665		86,7	41,8	12	71,5	71,5	7	3	Nr. 51 der LTM Verhoop-Steuerung	1.34 S. 157 HR 1932 S. 27 ZVDI 1932 I S. 323 Organ 1933 S. 250
Societe Nationale des Chemins de Fer Vicinaux SNCV	1000		2	C C	360 x 350	900	14	10200	2			83,24	20,2	10	60	60			Nr. 850 u. 851	Loco 1930 S. 300 BPQ 1930 S. 46
Sovjetskije Zeleznyje Dorogi SZD	1524	Я	1	2D1 1D2	570 x 710	1500	15,5	35700	7,94	2286	31,86	300	90,1	19,75	156	262,5	36,8	16		Loco 1933 S. 4 Ry Eng 1933 S. 3 Ry Gaz 1933 II S. 605
zusammen			80																	
Verteilung auf die Spurweiten	1000 1067 1435 1524 1676		16 2 39 1 22																	

43

Die grösste jemals gebaute Garratt, das Einzelstück Я-01 der SZD, welches aber nur kurz in Betrieb stand.
Beyer Peacock

des Lokomotivgeschäftes im Jahre 1931 fertiggestellt worden. Sie war ungewöhnlich als einzige Garratt mit Innenzylindern in den Triebgestellen und genauer gesagt eine Union-Garratt, da der Kohlenkasten mit auf den Kesselrahmen aufgebaut war. Das Triebwerk war auf ungewöhnliche Art verkleidet und die schmalen seitlichen Wassertanks ausserhalb der Räder nach unten bis Achsmitte herabgezogen, so dass die Kuppelstangen nur schwer zugänglich waren, allerdings ergab sich dabei eine tiefe Schwerpunktlage. Auf dem Triebgestellrahmen befanden sich nur Werkzeugkästen und Geländer, während der Kessel in normaler Bauart ohne Kastenaufbauverkleidung blieb. Die Lok konnte maximal 45 km/h fahren.

Diese drei Flachland-Lokomotiven wurden wie folgt gebaut:

Bahn	Bahn-Nr.	Hersteller	Fabrik Nr.	Baujahr
SNCV	850	St. Leonard	2121	1929
SNCV	851	St. Leonard	2140	1930
		(Hanomag	17758	1931)
Limburg	51	Henschel	22063	1931

Russland

Die grösste in bezug auf Gewicht und äussere Abmessungen jemals gebaute Garratt-Lokomotive war die von Beyer Peacock 1932 für die Sowjetischen Eisenbahnen. Obwohl im Reibungsgewicht von der Klasse 59 der Ostafrikanischen Bahnen übertroffen und in der Zugkraft von der Klasse GL der Südafrikanischen Bahnen erreicht, kann der Anspruch auf die grösste gebaute Garratt für die russische Я-01 begründet werden, da der Kessel von unübertroffenen Ausmassen war.

Aussergewöhnlich solide und einfach in der Konstruktion war diese 2D1 1D2 Garratt ausgestattet mit Barrenrahmen, moderne gerade Dampfkanäle zu den Zylindern und Antrieb der 3. Kuppelachse an jedem Triebgestell durch lange Treibstangen. Der Kessel war auch über der Feuerbüchse mit runder Decke gebaut, die Feuerung erfolgte durch einen mechanischen Stocker und entsprechend den zu erwartenden Aussentemperaturen bis -30^0 C erhielten alle Dampfrohre Entwässerungsventile, damit sich bei abgestellter Lok kein Wasser darin ansammeln und einfrieren konnte.

Ihre immense Grösse kommt in den Abbildungen nicht deutlich zum Ausdruck, da das russische Fahrzeugprofil mit 5181 mm Höhe den Aufbau eines hohen Schornsteins und Domes erlaubte. Bei einer Achslast von maximal 20 t und einer Auslegung für die Beförderung von 2500 t Zügen kann die Я-01 als

Gebaut als Miniaturbahn-Garratt für die Surrey Border & Camberly-Bahn ist die Lok Jason für 260 mm Spur nach dem Umbau in einer bei Schmalspurbahnen üblichen Form hier dargestellt.
R. Roberts

Wettbewerber für die in Russland selbst gebaute 2G2 Lok angesehen werden. Aufgrund umfangreicher Erfahrungen der Russischen Bahn mit Fairlie – und Mallet – Gelenklok sollten keine Schwierigkeiten erwartet werden, aber irgendwie entsprach sie doch nicht den Erwartungen und es wurde berichtet, dass sie 1937 demontiert worden sei.

Bei Probefahrten im Raum Swerdlowsk hauptsächlich um Chelyabinsk im südlichen Ural wurden Temperaturen von -41^0 C registriert. Dies sind wahrscheinlich die tiefsten Temperaturen, bei welchen eine Garratt jemals betrieben wurde, die im allgemeinen eine Maschine für warme Länder war. Die Russen konnten sich nicht für die Einführung der Garratt Lok entscheiden und begrenzten ihre Güterzuglasten soweit, dass diese mit 1E1 Maschinen der FD-Klasse (eigener Konstruktion) zu fahren waren. Bei dieser Entscheidung dürfte neben der Bevorzugung der einfacheren in eigenem Land hergestellten Bauart auch die Abneigung gegen ausländische Importe und Lizenzen einschliesslich der damit verbundenen Abhängigkeiten und Devisenaufwendungen eine Rolle gespielt haben. Auch andere Beispiele vom Import aussergewöhnlicher Lokomotiven bestätigen dies wie die Henschel Kondenslok und deren Nachbau ohne Vereinbarung mit der Urheberfirma, die Importe deutscher Diesellokomotiven 1924/25 und 1963, der Kauf der britischen Diesellok «Kestrel» sowie Elektrolokomotiven aus Deutschland und Frankreich. Auch der Nachbau von im Rahmen der Kriegshilfe aus den USA gelieferten Diesellok nach 1945 ohne Lizenzabkommen ist hierfür ein Beispiel. Als viele Jahre später nach leistungsfähigen Güterzuglokomotiven unmittelbar vor dem Ende der Dampftraktionsentwicklung Ausschau gehalten wurde, kehrte man für den Bau einiger Prototypen zur Mallet mit einfacher Expansion zurück.

Die Я-01 war Beyer Peacock's Fabrik Nr. 6737 von 1932.

Miniatur-Lokomotiven

Während Modell-Lokomotiven nicht zum Thema dieses Buches gehören, sind die Miniatur-Garratts erwähnenswert, welche für die Surrey Border & Camberley Bahn gebaut wurden. Es handelt sich um eine Vergnügungsbahn mit 10 $\frac{1}{4}$" Spur (260,3 mm), die nie im öffentlichen Personenverkehr gegen Entgelt tätig war.

1938 lieferte die Firma Kitson zwei 1C C1 Garratts für diese Bahn. Diese dürften auf der Bauart der LMS Garratts beruhen, sind diesen aber äusserlich nur wenig ähnlich. Sie trugen die Nr. 4012 und 4013 und waren wegen des Krieges nur kurze Zeit in Betrieb. Diese Bahn hatte ohnehin keine Bedeutung und war auch vom übrigen Bahnnetz nur durch eine Busverbindung erreichbar, so dass sie später geschlossen wurde. Lok Nr. 4013 wurde an den Maharadscha von Baroda verkauft und nach Indien verschifft, während die Nr. 4012 nach mehrmaligem Besitzerwechsel zu der Landwirtschaftsbahn von Sir Thomas Salt nach Shillingstone Dorset, auf dessen Schweinefarm kam.

Diese Maschine wurde durch Aufbau eines hohen Schornsteins, Domes und Führerhauses umgebaut, so dass sie nun einer richtigen Schmalspur-Garratt ähnlich sah. Sie trug die Nr. 4 und den Namen Jason. Wegen ihrer massstäblichen verkleinerten Radreifen und Spurkränze neigte sie zu Entgleisungen und wurde deshalb selten zum Schweinefuttertransport benutzt. Im Jahre 1980 kam nach Verkauf der Shillingstone Linie die Nr. 4012 an einen Privatmann nach Wimborne, Dorset, während die Nr. 4013 sich in einer privaten Sammlung in Norfolk wiederfand. Zwei neue Miniatur-Garratts wurden in den 1970er Jahren für 7 $\frac{1}{4}$" (184,15 mm) Spur gebaut. Sie sind hier erwähnenswert wegen ihrer hohen Leistungsfähigkeit und ihrem harten Einsatz im kommerziellen Personenverkehr. Die beiden ölgefeuerten Loks sind annähernde Nachbildungen im Massstab 1:5 der Klasse 59 der East African Railways EAR und von Neil Simkins konstruiert. Eine baute Coleby-Simkins in Leicestershire, die andere Milner Engineering in Chester. Auf ebener Strecke können die beiden Maschinen 150 Personen befördern. Eine befindet sich auf einer Privatbahn in North Wales mit Steigungen 1:22 (45,5‰) und Bogenradien von 50 ft (15 m) an einem Berghang – ein ideales Garratt-Einsatzgebiet!

In der Tabelle «Garratt-Lokomotiven in Europa» sind die Miniatur-Lokomotiven nicht mit aufgeführt und auch in den anderen Tabellen bei den Stückzahlen nicht berücksichtigt worden.

4 Asien

Asien war bei allgemeinem Fehlen von Schwerindustrie kein Kontinent, wo Güterzüge mit grossem Fassungsvermögen in grösserem Umfang beschäftigt werden konnten. Demnach reichten vierfach gekuppelte Lokomotiven üblicher Art mit Tender normalerweise für den Güterverkehr aus und nur selten kam es vor, dass Lokomotiven grösserer Leistungsfähigkeit nötig waren. Deshalb gab es dort relativ wenige Garratts. In den Hauptteil des Bestandes teilten sich Indien und Burma.

Indien

Im Rahmen dieses Buches umfasst der Name Indien die Bahnen des früheren Britisch-Indien, da alle Garratts dieses Subkontinents während der Zeit der britischen Herrschaft geliefert wurden. Einige Garratts waren in heute zu Pakistan gehörenden Gebieten im Einsatz, wobei dieses Land keine Gelenkloks irgendwelcher Art mehr besitzt. Indien war das zweite Land, welches die Garratt-Type eingeführt hat. Die erste echte Garratt mit Einfachexpansionszylindern an den äusseren Triebgestellenden war für dieses Land bestimmt.

Darjeeling-Himalaja Bahn

Diese kleine Linie mit 610 mm Spur ist eine der am schwierigsten zu betreibenden in der Welt. Im Anschluss an die Meterspur in Siliguri klettert diese Strecke auf 82 km Länge in die Berge bis Darjeeling über lange Steigungen 1 : 30 (33,3‰) und durch Kurven bis zu 27,4 m Radius herab. Trotz dieser schwierigen Linienführung mussten zur Gewinnung der notwendigen Höhe noch zusätzlich mehrere Schleifen und Spitzkehren vorgesehen werden. Es wird eine maximale Höhe von 2257 m erreicht.

Die meisten Aufgaben auf dieser Strecke wurden stets mit kleineren zweiachsigen Tenderloks verschiedener Typen erfüllt. 1910 stellte Beyer Peacock für

Die erste echte Garratt der Darjeeling Himalaya Bahn. Beachte die ungewöhnliche Steuerungsbetätigung für die Expansionseinstellung mittels Übertragungswelle und Kreuzgelenken; offensichtlich war für Beyer Peacock noch manches zu verbessern, nachdem diese Maschine gebaut war. Bemerkenswert ist auch die Aufgleisstange, welche seitlich am Kesselrahmen entlang aufgehängt ist.

W. H. C. Kelland

Garratt Klasse GA Nr. 480 der indischen Nordwest-Bahn.
Beyer Peacock

diese kleine Bahn seine zweite Garratt-Konstruktion her, diese war gleichzeitig die erste echte Garratt. Es war eine B B Type mit den wichtigen Daten entsprechend den von zwei der grössten B-Tenderloks, welche diese Bahn besass.

Die Garratt erhielt Aussenrahmen und Flachschiebersteuerung mit Antrieb nach Walschaerts. Der Belpaire-Kessel war ohne Überhitzer, und unter dem Langkessel war am Rahmen ein Wasserkasten aufgehängt. Der Führerstand war beiderseits offen und mit einem einfachen Dach versehen, das vorne mit einer Brille (Wand mit Stirnfenstern) sowie hinten von Stützen getragen wurde.

Aus mehreren Gründen wurde diese Maschine nicht als Erfolg angesehen. Obwohl erst 1954 ausser Dienst gestellt, kam sie wenig zum Einsatz. Zweifellos ergaben sich aus dem Vorhandensein einer Maschine mit der doppelten Leistung gegenüber den normalen Loks dieser Bahn Schwierigkeiten, passende Zuglasten zu finden. Die mit der Garratt möglichen Züge waren für die Ausweichgleise zu lang und die Wagenkupplungen hätten den größeren Zugkräften angepasst werden müssen. Eine solch frühe Garratt enthielt eine Anzahl von Details, welche noch nicht so perfekt durchgebildet waren und die Schwierigkeiten bereitet haben dürften. Nichtsdestoweniger überdauerte die Maschine 44 Jahre, eine beachtliche Betriebszeit.

Baudaten: Beyer Peacock Fabrik Nr. 5407/1910,
Darjeeling Himalaya Bahn Klasse D Lok Nr. 31

North Western Railway NWR

Die Nordwestbahn war Indiens grösstes Bahnsystem und umfasste mehr als 10 626 km Strecke, nunmehr aufgeteilt zwischen den Bahnen Pakistans und der Nordbahn Indiens. Im nördlichen nun zu Pakistan gehörenden Netzteil waren einige sehr schwierige Abschnitte, unter anderem die Quetta Linie, wo über den Bolan Pass Steigungen von 1 : 25 (40‰) zu überwinden waren. Als normale Zugkraft diente auf diesem Abschnitt die 1D Lok Klasse HG/S, wovon bei schweren Zügen bis zu 4 Stück benötigt wurden. Diese Mehrfachbespannung war natürlich keine wirtschaftliche Arbeitsweise, und so wurde 1923 eine von Baldwin gebaute 1C C1 Verbund-Mallet Klasse MA/S Nr. 490 in Dienst gestellt, um damit 2 Loks HG/S zu ersetzen. Dann kam eine 1925 von Beyer Peacock gebaute 1C1 1C1 Garratt Klasse GA/S Nr. 480 zum Testbetrieb im Vergleich sowohl mit der Mallet als auch einem Paar der 1D Lok.

Entsprechend dem Beyer Peacock Katalog war die Garratt imstande, 360 t zu befördern im Vergleich zu 162 t einer 1D Lok. Die Hauptabmessungen der Garratt waren für einen direkten Vergleich mit der Mallet gewählt, weniger mit zwei Consolidations. Der Gedanke hierbei war, eine Entscheidung herbeizuführen, welche Gelenktype in Indien eingeführt werden sollte, wenn die verlangten Zuglasten für konventionelle Loks zu gross waren.

Beyer Peacock nahm natürlich für seine Garratt Erfolge in Anspruch. Es war jedoch klar, dass es bei schwierigen Wetterbedingungen unmöglich ist, 8 gekuppelte Achsen durch 6 zu ersetzen. Als Ergebnis der Tests wurden weder die Mallet noch die Garratt von der NWB als voller Erfolg betrachtet und keine Nachbauaufträge erteilt. In späteren Jahren setzte man die beiden Gelenkloks auf dem Rawalpindi-Ab-

Die Garratt Klasse N der Bengal Nagpur Bahn in ihrer ersten und letzten Bauform mit Kolbenschiebern. Die Lok Nr. 38810 der Indian Railways fährt hier im Jahre 1970 mit einem 2400 t-Erzzug für das Stahlwerk Bhilai aus dem Überholungsgleis des Bahnhofs Kusumkasa aus.

A. E. Durrant

schnitt ein, wo bei einer massgebenden Steigung von 1 : 100 (10‰) die Zuglasten gegenüber den vorher dort eingesetzten Loks verdoppelt werden konnten.

Zweifellos hätte sich eine 2 × 4fach gekuppelte Garratt, wie an die Bengal Nagpur Railway (BNR) geliefert, als effektiver gezeigt und wäre wohl beschafft worden. Die Tatsache aber, dass die Great Indian Peninsular Railway (GIP) wegen Elektrifikation ihrer Ghat – oder Gebirgsabschnitte 30 grosse 1E – h4 Güterzugloks Klasse N/1 überzählig und diese etwa die Leistungsfähigkeit der Garratt bzw. Mallet hatten, liessen Neubeschaffungen bei der NWR zurücktreten. Zu günstigem Preis erworben, blieben diese 1E-Maschinen die Zugkraft der NWR für schwere Güterzüge bis zum Ersatz durch Diesellok.

Die Garratt und Mallet verschrottete man als Aussenseiter nach ziemlich kurzer Einsatzzeit, die Garratt 1937.

Die Bauartmerkmale der Garratt waren durchaus vernünftig und dem Einsatz angemessen; sie hatte Plattenrahmen an den Triebgestellen, gerade Dampfkanäle, und der Antrieb erfolgte jeweils auf die 3. Achse. Der Heissdampfkessel mit Belpaire-Feuerbüchse entsprach den indischen Normen. Es dürfte kein Zweifel darüber bestehen, dass die Konstruktion, welche sich anderorts als sehr brauchbar zeigte, hier einfach für die gestellte Aufgabe zu klein war. Die Auslegung war zu sehr von einem direkten Vergleich mit der konkurrierenden Mallet bestimmt. Es ist interessant, die Daten der hier im Wettbewerb stehenden 4 Typen zu vergleichen, weshalb diese in folgender Tabelle zusammengestellt sind.

Die NWR Garratt Klasse GA/S erhielt die Bahn-Nr. 480 und wurde 1925 von Beyer Peacock als Fabrik-Nr. 6203 gebaut.

Bengal Nagpur Railway BNR

Während die NWR mit einer 2 × 3fach gekuppelten Garratt experimentierte, erprobte auch die BNR diese Type. Der schwere Kohlenverkehr der BNR mit 1625 t-Zügen musste mit zwei 1D Standardloks im Vorspann gefahren werden. Der hier wiederum beab-

Lokomotiven der indischen Nordwestbahn im Vergleich

Klasse		HG/S	Mallet MA/S	N/1	Garratt GA/S
Achsanordnung		1 D	1 C C 1	1 E	1 C 1 1 C 1
Triebraddurchmesser	mm	1435	1320	1435	1295
Anfahrzugkraft	kg	27 277*	21 046	22 543	21 368
Rostfläche	m²	5,95 *	5,23	4,18	5,25
Reibungsgewicht	t	130,5 *	106,5	95,8	117,3
Dienstgewicht	t	278,4 *	190,7	177,2	181,2
Zylinderdurchmesser und Hub	mm	(2) 560 × 660	(4) $\frac{482}{750}$ × 762	(4) 520 × 660	(4) 470 × 660

* Angaben gelten für 2 Loks. Alle Zugkräfte sind für 75% Kesseldruck angegeben

Eine bemerkenswerte Gruppe von Männern mit einem Armeeoffizier unter ihnen posiert vor der mit Caprotti-Ventilsteuerung ausgerüsteten BNR-Garratt Nr. 825 der Klasse N. W. H. C. Kelland

sichtigte Ersatz führte nach sorgfältigen Untersuchungen zur Wahl einer Garratt entsprechend der Leistungsfähigkeit von 2 Loks der Type 1D, wobei Lauf- und Triebwerk mit diesen einheitlich ausgeführt wurden. Die Garratt in Heissdampfausführung war trotz ihrer Grösse handgefeuert und erhielt Plattenrahmen nach damaliger britisch-indischer Praxis. Die beiden gebauten Garratts der Klasse HSG kamen im Abschnitt Chakardarpur-Jharsuguda in Betrieb und übernahmen mit Erfolg die bisher mit zwei 1D-Loks gefahrenen Züge. Diese Strecke ist nun elektrifiziert und die arbeitslos gewordenen 2 Maschinen wurden verschrottet.

Der Erfolg mit diesen beiden HSG-Maschinen führte zu einem Auftrag über weitere 16 Garratts, die 1929 und wesentlich grösser gebaut wurden. Es kam die Achsanordnung 2D D2 zur Ausführung, die sonst nirgends mehr bei irgendeiner Bahn ausser der BNR zu finden war. Bei einer zulässigen Achslast von etwas über 20 t wurde die Gelegenheit wahrgenommen, Zugkraft und Wasservorrat erheblich zu steigern gegenüber den beiden Vorläufern. Der Wasservorrat ist mit 45,4 m³ der grösste bei irgendeiner Garratt. Der Kessel der 1D D1 Lok hat sich sehr gut bewährt und wurde für die Neukonstruktion etwas vergrössert.

Die Zylinderkonstruktion erfuhr eine vollständige Überarbeitung für die Klasse N. Die 10 Loks Nr. 810–819 erhielten Kolbenschieber und gerade Dampfkanäle von gegenüber den 1 D Loks der früheren BESA Einheitslokbauart für Indien wesentlich verbesserter Ausführung, auch gegenüber der den 1 D Maschinen entsprechenden Garratts Klasse HSG. Ob sich aber die verbesserte Konstruktion der Dampfmaschinensteuerung im Betrieb mit schweren Zügen bei niedrigen Geschwindigkeiten günstiger auswirken kann, ist umstritten. Zum Vergleich wurden von den übrigen 6 Lok die Nr. 820–822 mit Ventilsteuerung mit umlaufender Nockenwelle und die Nr. 823–825 mit Caprotti-Ventilsteuerung ausgerüstet. Alle diese 6 Loks wurden später auf Kolbenschieber mit Walschaerts-Steuerung umgebaut. Als Höchstgeschwindigkeit sind 72 km/h zugelassen.

Diese waren die grössten jemals in Indien eingesetzten Lokomotiven. Ursprünglich waren sie im Kohlenverkehr zwischen Chakardhapore und Jharsuguda, Anara und Tatanagar und auch nach Asansol tätig und zuletzt bis 1970/71 zogen sie 2438 t Erzzüge von Dalli Rhjhara nach Bhilai.

Wegen ihrer hohen Achslast war die Klasse N auf Hauptstrecken und Zweiglinien mit 44,64 kg/m Schienen beschränkt. Ihre Leistungsfähigkeit 2438 t auf der Steigung 1:100 (10‰) zu befördern und 72 km/h Höchstgeschwindigkeit zu fahren setzte Massstäbe, die auch auf Nebenstrecken mit leichtem Oberbau sehr geschätzt worden wären.

Aus dieser Erkenntnis kamen 1931 weitere 10 Garratts einer modifizierten Bauart Klasse NM zur Ablieferung. Zum Unterschied von der Klasse N erhielten diese Lentz-Ventilsteuerung und erheblich reduzierte Brennstoff- und Wasservorräte, so dass die Achslast

Eine BNR-Lok Klasse N im Einsatz. Es ist noch die ursprüngliche Ventilsteuerung mit umlaufender Nockenwelle eingebaut, welche später durch Kolbenschieber ersetzt wurde. W. H. C. Kelland

auf 17,4 t vermindert werden konnte. Die ursprüngliche Klasse N war reichlich schwer ausgefallen, jedoch war bei der Klasse NM nur eine geringe Einbusse an Zugkraft nötig geworden. Die Feuerbüchse wurde jedoch als Hilfsmittel für noch höhere Leistungen mit Wasserkammern und Feuerschirmtragrohren ausgestattet. Die Klasse NM wurde in Sahdol stationiert für den Einsatz auf der Strecke von Bilaspur nach Katni und auch auf der Zweiglinie Anuppur–Chirmiri, welche die Kohlenfelder dieser Region erschliesst. Obwohl später gebaut als die Klasse N, wurde die Klasse NM bereits in den späten 1960er Jahren ausser Dienst gestellt, wahrscheinlich wegen ihrer Ventilsteuerung. Auf der letztgenannten Zweiglinie mit ihren schwierigen Linienführungen war es günstig, eine Garratt mit Laufachsen auch an der Innenseite der Triebgestelle zu haben. Deshalb wurde 1939 als letzte Garratt der BNR die Klasse P hergestellt. Diese 2D1 1D2 Type stellte eine direkte Ableitung aus den Klassen N und NM dar mit der Kolbenschiebersteuerung der älteren N-Maschinen und dem Kessel der NM mit etwas vergrösserten Wasserkammern. Kohle- und Wasservorräte wurden gegenüber der NM erhöht, aber nicht so weit wie bei der Ns, während die beiden zusätzlichen Laufradsätze neben besseren Laufeigenschaften auch die Einhaltung der 17 t Achslast wie bei der NM erlaubten. Damit konnte diese Lok auf Gleisen mit 37,2 kg/m Schienen verkehren. Auf der vorgenannten Zweiglinie wurden normal 1524 t bei Steigungen bis

1:91 (11‰) befördert, gelegentlich auch 1778 t. Die Klasse P beendete im Jahre 1971 ihre Tage ebenfalls in Bhilai nach Dauereinsatz. Von den beiden Klassen N und P wurde je ein Exemplar für das indische Eisenbahnmuseum in New Delhi reserviert.
Nachstehend die Daten aller BNR Garratts, welche später bei der South Eastern Railway der Indian State Railway fuhren:

Klasse	BNR Nr.	ISR/SER Nr.	Beyer Peacock Fabrik Nr.	Zahl	Baujahr
HSG	691–692	38691–692	6261–6262	2	1925
N	810–825	38810–825	6583–6598	16	1929
NM	826–835	38826–835	6705–6714	10	1931
P	855–858	38855–858	6931–6934	4	1939

Die Assam Bengal Railway

Diese Bahn befindet sich in einem klimatisch rauhen Land in der Nordostecke Indiens mit Grenzen nach Burma, China und das heutige Bangladesh. Von Badarpur nahe der Grenze zu Bangladesh führt eine Strecke mit Meterspur zum Anschlussbahnhof Lumding durch die Berge. Zwischen Jatinga und Harangajao beträgt die massgebende Steigung 1:37 (27‰). Im Jahre 1927 beschaffte die Assam Bengal Railway (ABR) für diese Linie 5 Garratts der Bauart 1C1 1C1. Ihre Leistung war bescheiden, aber entsprechend dem

Oben: Die grösste BNR-Garratt war die Klasse P. Eine von ihnen ist hier in Bhilai während der Monsunzeit zu sehen, wie sie sich im eigenen Spiegelbild sonnt. A. E. Durrant

Unten: Die Meterspur-Garratt Nr. 401 der Assam Bengal Railway fertig zur Abfahrt auf die Bergstrecke.
W. H. C. Kelland

Eine BNR-Lok Klasse NM mit Lentz-Ventilsteuerung im Depot Bhojudih Junction. Diese Loks behielten ihre Ventilsteuerung und wurden vor der älteren Klasse N ausser Dienst gestellt.
W. H. C. Kelland

grosszügigen Fahrzeugumgrenzungsprofil der indischen Meterspur eine Lok von massiver Erscheinung. Bauartmerkmale waren Plattenrahmen, moderne Kolbenschiebersteuerung, Belpaire-Kessel und Überhitzer. Die Einführung dieser Maschine erlaubte die Erhöhung der Zuglasten von 230 t der bisher üblichen 2D-Type auf 300 t für die Garratt. Über den steilsten Abschnitt erhielten beide Typen Schubhilfe. 1942 stellte die Bahn ihren Namen um auf Bengal Assam Railway BAR. Während des Burma-Feldzuges wurden der BAR eine Anzahl von Garratt Loks des Kriegsministeriums zugewiesen. Nähere Einzelheiten über diese Kriegslok sind im Kapitel 11 über Kriegs-Garratt enthalten. Neun dieser 2D1 1D2 Loks verblieben dort auch nach dem Krieg.

Bei der Aufteilung von Indien und Pakistan wurde die Bahn für einige Zeit zur Assam Railway und ist nun die North East Frontier Railway of India (NEFR). Die ursprünglich 5 Loks 1C1 1C1 reduzierten sich auf 4, da wegen Unfallschäden durch Zusammenstoss eine Lok zerlegt und mit noch brauchbaren Teilen die andere Maschine wiederhergestellt wurde. Weiter kamen in den Bestand 9 ehem. Kriegsloks, ergänzt mit vier neuen ursprünglich für Burma gebauten 2D1 1D2 Loks, welche aber bald an die NEFR zum Verkauf gelangten. Nachstehend sind die Daten dieser NEFR-Garratts zusammen mit ihren verschiedenen Nummernwechseln angegeben.

ABR Klasse T	Nr. 401–405, gebaut 1927 von Beyer Peacock unter Fabrik Nr. 6385–6389, wurde 1942 in BAR Klasse GT Nr. 191–195 umbenannt, Nr. 191 nach Unfall ausgemustert, und Teile von Ihr für Lok Nr. 194 verwendet, Umnummerung in 671 bis 674 der Assam Railway, dort erhielten sie bei NER Nr. 971–974 und zuletzt bei NEFR Nr. 32078–32081.
BAR Klasse MWGX	(Ehemalige Kriegslok) siehe Kapitel 11. Neun Loks erhielten NER Nr. 975–983 und zuletzt Nr. 32082–32090 bei NEFR
Ehemalige Burma-Lokomotiven	Vier Stück erhielten die NER Nr. 984–987 und zuletzt NEFR Nr. 32091–32094.

Burma
Burma Railways

Die Burma Railways (BR) besitzen einen extrem schwierigen Gebirgsabschnitt auf der Nebenstrecke von Mandalay nach Lashio. Zwischen Sedaw und Thondaung besteht eine massgebende Steigung von 1:25 (40‰). Wegen unkompensierter Gegenkurven von 106 m Halbmesser entspricht der Streckenwiderstand tatsächlich der Steigung 1:21,4 (46,7‰).

Die ersten für diese Strecke gelieferten Gelenklokomotiven waren 7 von Vulcan Foundry 1901 und 1906 gebaute CC Fairlies. Diesen folgten nach dem 1.

Die erste Garratt Klasse GA der Burma Railways steht hier für eine offizielle Fotografie bei einer Spitzkehrenstation auf dem Steigungsabschnitt 1:25 (40‰). Beyer Peacock

Weltkrieg fünf Lieferungen von Standard CC Mallet Loks mit Tender von North British Locomotive Company. Alle diese Lokomotiven waren durch die 10 t Achslastgrenze auf 60 t Reibungsgewicht beschränkt. Die Fairlies hatten mehr Zugkraft, die Mallets aber den grösseren Kessel, der später noch Überhitzer erhielt. Somit war die Leistungsfähigkeit der beiden etwa gleich. Die Mallets waren benachteiligt weil sie 36 t Tendergewicht bergauf schleppen mussten.

Zu der Zeit, wo der Verkehrsanstieg gross genug war um 2 × 4-fach gekuppelte Gelenkloks zu erfordern, erschien die Garratt auf der Bildfläche. 1924 lieferte Beyer Peacock eine 1D D1 Probemaschine, welche gleichzeitig die erste Garratt mit vierfach gekuppelten Triebgestellen war.

Die Konstruktion war typisch für die damalige Baupraxis, ein Heissdampfkessel nach Belpaire versorgte die an Plattenrahmen angebrachten Zylinder. Die Wassertanks waren allseitig kantig ausgebildet. Innerhalb des gleichen Gesamtgewichts wie die Mallet einschliesslich Tender war die Garratt in der Lage, über ein Drittel mehr Zugkraft, Reibungsgewicht und Kesselleistung zu bieten, aber um den Preis verminderter Kohlenvorräte. In der Praxis nahm die Garratt 210 t im Vergleich zu 145 t der Mallet, was besser als aufgrund der Datenunterschiede zu erwarten war. Überdies sparte die Garratt noch 18,5% Brennstoff.

Nach diesem Erfolg wurden weitere 4 Garratts ähnlicher Leistung bestellt und 1927 gebaut. Die wesentlichen Unterschiede gegenüber der Vorauslok bestanden in verlängertem Führerhaus, höhergelegte Kohle- und Wasserbehälter mit genügend Abstand zu den Lauf- und Triebwerken und abgerundete obere Längskanten am vorderen Wassertank. Drei dieser Maschinen erhielten gleiche Abmessungen als die erste Garratt, eine Lok dieser Lieferung war abweichend als Verbundmaschine gebaut, die zweite und auch letzte gebaute Verbund-Garratt.

Wie bei der früheren Verbund-Garratt für Tasmanien befanden sich die Hochdruckzylinder am hinteren, die Niederdruckzylinder am vorderen Triebgestell. Die Zylinderanordnung entsprach im übrigen der normalen Bauweise an den äusseren Triebgestellenden. Die Verbundlok besass wegen ihrer grossen Niederdruckzylinder ein grösseres Gesamtgewicht gegenüber der Schwestermaschine mit Einfachexpansion trotz reduzierter Kohle- und Wasservorräte. Im praktischen Einsatz zeigte die Verbundlok keine Vorteile gegenüber den Einfachexpansionsmaschinen, so dass bei weiteren Aufträgen die Verbundmaschine nicht mehr ausgeführt wurde.

Beim nächsten Auftrag über 8 Garratts entschloss man sich, den Kohlenvorrat um ca. 1 t zu vergrössern. Dies wurde durch Neufestlegung und Neuanordnung der Vorratsbehälter erzielt, wobei auch auf eine gleichmässige Gewichtsverteilung zu achten war. Die Gesamtlänge dieser Klasse GA IV betrug 23774 mm, die Höchstgeschwindigkeit 45 km/h.

Den Auftrag erhielt die Firma Krupp, Essen, sehr zum Missvergnügen von Beyer Peacock. Der Vorstandssprecher von Beyer Peacock, Sir Sam Fay, kommentierte diesen Fall und die deutschen Garratts für die SAR bei der Jahreshauptversammlung der Firma 1931. Er sagte «während britische Anbieter für Lieferungen in Kolonialmärkte anzugeben haben, ob sie in des Königs Rolle für Beschäftigung von im Krieg 1914–18 versehrten Männern eingetragen seien oder nicht, werden Aufträge dem Land zuerkannt, das jene Kriegsversehrten verursacht hat». Ob diese Warnung wirklich beachtet wurde oder nicht ist unbekannt, da die folgende Wirtschaftskrise Lokomotivbeschaffungen in der ganzen Welt auf einen Tiefpunkt absinken liess. Es ist jedoch Tatsache, dass deutsche Hersteller keine weiteren Garratts in britische Besitzungen mehr lieferten, jedoch weiterhin erfolgreich am Wettbewerb für konventionelle Lokomotiven teilnahmen.

Als nach der Wirtschaftskrise die Beschaffung weiterer Garratts in Aussicht stand, entschloss man sich im Interesse verminderter Spurkranzabnutzung zur 1D1 1D1 Bauart überzugehen. Bevor jedoch diese Absicht realisiert werden konnte, war bereits ein neuer Krieg ausgebrochen.

Für den Kriegsschauplatz im Fernen Osten, wo die Meterspur vorherrschte, entstand 1943 ein dringender Bedarf für Meterspur-Garratts. Die 1D D1 der Burma Railways wurde als Grundlage für den Neubau gewählt, und zwar die 3. Lieferung mit ihrem kleinen Kohlenvorrat auch deswegen, weil dies die letzte von Beyer Peacock hergestellte Serie war. Die früheren Garratts aller 4 Ausführungen wurden als Klasse GA bezeichnet, unterschieden in die Lieferungen I, II, III und IV. Die nächsten 10 Maschinen kommen in Kapitel 11 zur Darstellung und erhielten die Klasseneinteilung GB.

Während der Herstellung der GB-Loks bereitete man konstruktiv die geplante 1D1 1D1 Type vor, welche anschliessend gleich gebaut werden konnte und schliesslich die BR Klasse GC wurde. Eine weit grössere 2D1 1D2 mit grösseren Rädern und mehr Kohle

Die sehr niedliche Garratt für die ehemalige Buthidaung-Maungdaw-Tramway in Burma. Beyer Peacock

Garratt-Lokomotiven der Burma Railways (48 Stück)

Klasse	Achsanordnung	Betriebs-Nr.	Zahl	Hersteller	Fabrik-Nr.	Baujahr
GA I	1D D1	21	1	Beyer Peacock	6180	1924
GA II	1D D1	208	1	Beyer Peacock	6354	1927
GA III	1D D1	209–211	3	Beyer Peacock	6411–6413	1927
GA IV	1D D1	485–492	8	Krupp	1077–1084	1929
GB	1D D1	821–830	10	Beyer Peacock	siehe Kapit. 11	1943
GC	1D1 1D1	831–842	12	Beyer Peacock	siehe Kapit. 11	1943
GD	2D1 1D2	851–854	4	Beyer Peacock	siehe Kapit. 11	1943
		865–869	5			
GE	2D1 1D2	861–864	4	Beyer Peacock	7286–7289	1949

und Wasservorrat wurde ebenfalls damals mit entworfen und gebaut. Die von dieser Type in Burma verbliebenen Exemplare wurden als Klasse GD eingereiht. Abschliessend kam 1949 nochmals eine modifizierte Klasse GD mit abgerundeten Wassertankstirnseiten für Burma zum Bau. Mit Rücksicht auf die politischen Umbrüche zur damaligen Zeit im Lande kamen 6 Loks aus dieser Lieferung direkt nach Ostafrika und die übrigen 4 endeten oben auf der Indian North Eastern Railway, nachdem sie in Burma nur wenig eingesetzt waren. Der Grund für die unzureichende Beschäftigung für diese Garratts waren terroristische Aktivitäten, welche verhinderten, dass auf den betreffenden Strecken der Betrieb wieder aufgenommen werden konnte.

Im Jahre 1946 waren alle Lieferungen der Klasse GA wegen Schäden aus der Kriegszeit ausser Dienst. Ein Bericht von 1955 zeigte, dass alle GB, GC und GD-Garratts wieder in Dienst standen. Burma wurde nur langsam auf Dieseltraktion umgestellt im Verlauf vieler Jahre. Die damalige mangelhafte Zuverlässigkeit der Diesellok führte zur Beibehaltung vieler Dampfloks, darunter auch einiger Garratts. Sie wurden allerdings nicht mehr auf den Bergstrecken eingesetzt, sondern für Gelegenheitsdienste auf ebenen Abschnitten herangezogen wie Bauzugeinsätze. In einem Bericht findet sich sogar ein Fall, in welchem eine Garratt nur mit einem Triebgestell arbeitete, da das andere ausgefallen war.

Gegen Ende ihrer Dienstzeit im Jahre 1972 steht hier eine Lok Klasse GC im Depot Thazi Junction der Burma Railways. R. A. Kingsford-Smith

Buthidaung – Maungdan Tramway

Diese kleine Trambahn mit 762 mm Spur gehörte der Arakan Flotilla Company und begann ihren Betrieb mit 2 kleinen von Beyer Peacock 1913 hergestellten C C Garratts. Diese aus dem üblichen Rahmen fallenden Nassdampfloks gelten als die zweitkleinsten Garratts, die gebaut wurden. Sie sind allerdings eine halbe Tonne schwerer als jene für die Congo Mayumbe Railway, während die Achslast von 4 t unter den leichtesten ausgeführten Werten war. Die Trambahn selbst hatte nur ein kurzes Leben, und die beiden Garratts standen nach dem Ende ihrer Dienstzeit herrenlos herum, bis sie zu Schrott verrostet waren.
Die Daten sind:

Bahn-Nr.	Name	Hersteller	Fabrik-Nr.	Baujahr
1	Buthidaung	Beyer Peacock	5702	1913
2	Maungkan	Beyer Peacock	5703	1913

Sri Lanka (früher Ceylon)

Die Bahnen Sri Lankas sind interessanterweise überwiegend in 1676 mm Breitspur angelegt, obwohl die dort gebräuchlichen Lokomotiven in ihrer Grösse mehr denen entsprechen, die im benachbarten Indien auf Meterspur laufen. Die normal gebauten Loks waren 2C Typen und für hügelige Strecken wurden einige 2D gebaut. Die allgemeine Achslast beträgt 10 t.

Im Jahre 1927 wurde probeweise eine 1C1 1C1 Garratt für den 21 km langen Streckenabschnitt Rambukkana–Kadugannawa in den Vorbergen der Kandyan Mountains mit einer massgebenden Steigung von 1:45 (22,2‰) in Dienst gestellt.

Die Maschine hatte Plattenrahmen, moderne Kolbenschieber und einen Belpaire-Kessel mit Überhitzer. Im Dienst fuhr sie erfolgreich den 283 t schweren Zug anstelle der normal eingesetzten beiden 2C Loks bei Einsparung von 20,5% Kohle, 15,5% Wasser und natürlich ein Lokpersonal.

Da diese Maschinen ebenso wie die schweren 2D Loks mit 15 t Achslast nur auf begrenztem Teil der Strecken eingesetzt werden konnte, wurden keine weiteren Exemplare gebaut. Erst 1946 lieferte Beyer Peacock 8 neue Garratts (22605 mm lang), nachdem durch Streckenausbau weitere Einsatzmöglichkeiten geschaffen waren. Diese neuen Loks erfuhren mehrere Änderungen gegenüber dem Vorläufer, wovon die wichtigsten der Einbau von Feuerbüchswasserkammern und der Hadfield Kraftumsteuerung waren. Trotz fortlaufender Umstellung auf Dieselbetrieb in Sri Lanka hielten sich die Garratts in einigen Diensten auf der Gebirgsstrecke nach Kandy, so dass die letzten erst gegen Ende der 1970er Jahre zurückgezogen wurden.

Ceylon hatte auch eine winzige 1B B1 Garratt mit 12625 mm Länge für seine Nebenstrecke mit 762 mm Spur in das Kelani Tal hinauf von Colombo nach Opanake mit einer massgebenden Steigung von 1:24 (41,7‰). Diese kleine Maschine wurde als Ersatz für

zwei der bisher auf dieser Strecke verkehrenden B1 Tenderlok konstruiert und erhielt aussenliegende Plattenrahmen. Die kolbenschiebergesteuerten Zylinder wurden von Belpaire-Kessel mit überhitztem Dampf versorgt und die vorderen Wassertanks hatten wie die Breitspurmaschinen die oberen Längskanten abgerundet. Die für Ceylon gebauten Garratts waren:

Spur mm	Klasse	Bahn Nr.	Hersteller	Fabrik Nr.	Zahl	Baujahr
1676	C1	241	Beyer Peacock	6410	1	1927
1676	C1A	343–350	Beyer Peacock	7160–7167	8	1945
762	H1	293	Beyer Peacock	6629	1	1929

Nepal

Hoch oben im Himalaya-Gebirge hat die Nepal Government Railway (NGR) mit ihrer 762 mm Spur natürlich auch mit einigen schwierigen Steigungen zu tun. 1932 wurde eine Garratt von ähnlicher Konstruktion gekauft, wie sie für die Sierra Leone Government Railways in Westafrika gebaut wurde.

Die Strecke führte von Birgeni (in Indien) nach Simra. Nach Überwindung sehr starker Steigungen bis 1:30 (33,3‰) trifft sie in Amlekhganj auf den Anfangspunkt der Strasse und Seilbahn nach Katmandu. 1947 wurde eine weitere Garratt gebaut und kurz bevor Beyer Peacock sein Werk schloss, schickte die NGR eine Anfrage für eine dritte Maschine, die aber nicht mehr in Auftrag gegeben wurde.

Die Hauptbeschäftigung dieser beiden Garratts bestand in der Traktion des täglichen Güterzuges über die ganze Strecke. Gelegentlich des monatlichen Marktes in Amlekhganj leisteten die Garratts Vor-

Die zweite und letzte Garratt-Konstruktion mit Verbundmaschine, welche gebaut wurde, war diese 1D D1 für die Burma Railways. Die Niederdruckzylinder befinden sich am vorderen Triebgestell.
Beyer Peacock

Die Prototyp-Garratt-Klasse C1 der Ceylon Government Railways, welche später als Klasse C1A nachgebaut wurde und noch die Umbenennung des Landes in Sri Lanka erlebte.
W. H. C. Kelland

Ceylon's aussergewöhnliche Schmalspur-Klasse H1 1B B1. Beyer Peacock

spann für die C1 Tenderlokomotive bei den schweren Personenzügen, die nun nicht mehr über die Steilstrecke von Simra fahren. Die beiden Lokomotiven waren mit folgenden Daten gebaut:

Bahn Nr.	Name	Hersteller	Fabrik Nr.	Baujahr
4	Mahabir	Beyer Peacock	6736	1932
6	Sitarama	Beyer Peacock	7243	1947

Thailand (früher Siam)

Für den Einsatz auf den schwierigsten Streckenabschnitten der Royal State Railways of Siam (RSM) lieferte 1929 die Firma Henschel 6 Garratts der Bauart 1D1 1D1 für Holzfeuerung, welches die leistungsfähigsten Dampf-Lokomotiven im Land waren. Ausgelegt für 530 t Zuglast auf Steigungen bis zu 1:42 (23,8‰) wiesen diese Loks folgende Merkmale auf: Barrenrahmen, Kolbenschiebersteuerung mit Z-Dampfkanälen, Überhitzer, runde Stehkesseldecke aber keine Wasserkammern oder Rohre in der Feuer-

Nepal Government Railways Garratt-Lok Nr. 6 Sitarama in Simra im April 1958. Derek Cross

Garratt Nr. 454 der Königlich Siamesischen Staatsbahn 1952 in Bangkok. Eine dieser von Henschel gebauten Loks ist erhalten geblieben. A. Elyard Brown

büchse. Aufgrund des Erfolges mit diesen ersten 6 Loks wurden 1936 zwei weitere geliefert (Seite 24/25).
Nach dem Krieg wurde allmählich die Dieseltraktion eingeführt, unter deren Opfer auch die Garratts waren, welche man zwischen 1950 und 1964 ausser Dienst stellte. Glücklicherweise blieb die Lok 457 als letzte noch im Dienst gewesene unter einer Anzahl von Dampfmaschinen erhalten und befindet sich in der Bahnwerkstätte Bangkok. Die Baudaten sind:

Bahn Nr.	Hersteller	Fabrik Nr.	Zahl	Baujahr
451–456	Henschel	21618–21623	6	1929
457–458	Henschel	23109–23110	2	1936

1D1 1D1 Garratt-Lokomotive für die Thailändische Staatsbahn, 1. Lieferung 1929. Henschel Werkfoto

1D1 1D1 Garratt-Lokomotive für die Thailändische Staatsbahn, 2. Lieferung 1936 Henschel Werkfoto

Der Drehgestellbarrenrahmen der Thailändischen Garratt-Lokomotiven, 1. Lieferung 1929. Henschel Werkfoto

Das vordere Triebdrehgestell der Garratt-Lokomotive für Thailand, Ansicht von oben, 1. Lieferung 1929. Henschel Werkfoto

Türkei

Für den Betrieb in der Türkei wurde nur eine Garratt für die in britischem Besitz befindliche Ottoman Railway Company (ORC) durch Beyer Peacock nach den Vorschriften der Bahn gebaut. Ihre Einsatzstrecke war von Smyrna (Izmir) bis Aidin und zuletzt verlängert bis Egridir. Von Selcuk nach Camlik kletterte diese Linie durch den Azizieh Pass mit Steigungen bis 1:36 (27,8‰). Die Garratt wurde für Vorspann- und Schiebedienst auf dieser Bergstrecke beschafft. Infolge der konservativen Beschaffungspolitik der ORC war diese Lok zwar mit Plattenrahmen und Belpaire-Kessel ausgerüstet, aber ohne Überhitzer und mit Flachschiebern, etwas ganz ungewöhnliches für diese 1D D1 Maschine des Jahres 1927. Erst zwei Jahre da-

nach erhielt die ORC ihre erste Heissdampflok. Am 1. Juni 1935 wurde die ORC von der Türkischen Staatsbahn (TCDD) übernommen und die Garratt dürfte wohl bald danach verschwunden sein, es gibt keinen Hinweis, dass sie eine TCDD-Nr. erhalten hat. ORC Nr. 225 wurde von Beyer Peacock unter Fabrik Nr. 6324 im Jahre 1927 gebaut.

Der Kessel wird auf den Rahmen gesetzt (Garratt-Lokomotive Thailand), 1. Lieferung 1929. Henschel Werkfoto

Die stattliche aber wenig leistungsfähige Nassdampflok 1D D1 der Ottomanischen Bahn, einzige Garratt in der Türkei. Beyer Peacock

Eine Aufnahme aus der Zeit des 2. Weltkrieges von einer iranischen Garratt auf dem Nordabschnitt der transiranischen Staatsbahn im Bahnhof Sorkhabal.
Sammlung des Autors

Iran

Die andere Bahn in Kleinasien war die Iranische Staatsbahn, welche Garratts verwendete. Sie erhielt vier 2D1 1D2 Loks für den Einsatz im Nordabschnitt ihrer Hauptstrecke über das Elbrus Gebirge geliefert. Auf der Nordrampe steigt diese Strecke für 64,4 km ständig mit Steigungen bis zu 1:36 (27,8‰) auf eine Höhe von fast 2133 m. Bei gutem Wetter konnten Züge bis 400 t über diesen Abschnitt gefahren werden, aber unter den üblichen eisigen Verhältnissen betrug die normale Last 350 t.

Die Maschinen waren von moderner Konstruktion mit Plattenrahmen, Kolbenschiebern und geraden Dampfkanälen. Der Kessel mit runder Stehkesseldecke war mit Überhitzer, Feuerschirmwasserrohren und Ölfeuerung ausgerüstet.

Die vier unter Fabrik Nr. 6787–6790 von Beyer Peacock 1936 gebauten Lokomotiven erhielten zuerst die Bahn-Nr. 418–421 und später 86.01–86.04. Dabei bedeutet 8 = Zahl der gekuppelten und 6 = Zahl der Laufachsen. Obwohl diese Strecke seit einer Reihe von Jahren voll mit Diesellok betrieben wurde, blieb der grösste Teil des Dampflokbestandes als Reserve erhalten einschliesslich der 4 Garratts, welche im Dezember 1966 in Teheran noch zu sehen waren.

Indochina

Die meterspurigen Bahnen Indochinas hatten 1939 von der Kenya-Uganda Railway aus 2. Hand 6 Garratts gekauft und mit den Bahn-Nr. 201–206 versehen. Nähere Einzelheiten über diese Loks sind in Kapitel 10 enthalten, aber über ihr weiteres Schicksal in diesem von Kriegen heimgesuchten Teil der Welt, nun als Vietnam bekannt, war keine Information verfügbar.

Garratt-Lokomotiven in Asien

Bahn	Spurweite mm	Klasse	Zahl	Achsanordnung	Zylinderdurchmesser x Kolbenhub mm	Triebraddurchmesser mm	Kesseldruck bar	Zugkraft bei 75% Kesseldruck kg	Rostfläche m²	größter Kesseldurchmesser mm	Heizflächen m² Feuerbüchse	Rohre	Überhitzer	größte Achslast	Dienstgewichte t Reibungsgewicht	Gesamtgewicht	Vorräte Wasser m³	Brennstoff t/l	Bemerkungen	Literaturhinweise
Darjeeling Himalaya Railway DHR	610	D	1	B B	280 x 355	660	11,25	6137	1,63	1190	5,95	56,02	–	7,5	28,4	28,4	2,7	1 t		Loco 1911 S. 85 1.43 S. 181 Organ 1912 S. 157
North Western Railway NWR	1676	G A S	1	1C1 1C1	470 x 660	1295	12,65	21368	5,25	2082	21,83	229,37	51,10	19,8	117,2	181,2	29,5	11 t		Loco 1925 S. 269 Ry Eng 1925 S. 399 1.43 S. 205
Bengal Nagpur Railways BNR	1676	H S G	2	1D D1	508 x 660	1422	12,65	22743	6,25	2173	24,43	274,43	59,64	19	150,8	183,3	22,7	8 t		Loco 1925 S. 104 Loco 1926 S. 46 Ry Eng 1930 S. 46
		N	16	2D D2	520 x 660	1422	14,76	27877	6,48	2179	26,57	289,66	59,64	20,5	162	237,7	45,4	14 t		Loco 1930 s. 113 Ry Gaz 1930 II S. 785
		NM	10	2D D2	508 x 660	1422	14,76	26535	6,28	2179	30,66	275,08	59,64	17,4	140,7	207,4	27	8 t		Loco 1931 S. 256 Ry Gaz 1940 S. 15
		P	4	2D1 1D2	520 x 660	1422	14,76	27877	6,5	2179	30,94	289,85	61,41	17,3	138,1	233,7	34	10 t		Loco 1940 S. 117
Assam Bengal Railway ABR	1000	T	5	1C1 1C1	355 x 610	1220	12,65	12000	2,79	1333	12,26	120,58	24,9	9,6	57,9	91,6	10,9	6 t		Loco 1928 S. 6
Burma Railways BR	1000	GA I	1	1D D1	394 x 508	990	12,65	15086	4,08	1711	17,05	144,13	33,91	10,2	81,6	100,7	9,1	4 t		Loco 1923 S. 366 + 1924 S. 364 Ry Gaz 1927 S. 562
		GA II	1	1D D1	444 x 673 508	990	14	15671	4,08	1711	17,05	144,13	29,64	10,8	85,7	105	8,1	4 t		Loco 1928 S. 4 Organ 1928 S. 138
		GA III	3	1D D1	394 x 508	990	12,65	15086	4,08	1711	17,05	144,13	29,64	10,7	85,7	103,2	9,1	5 t		
		GA IV	8	1D D1	394 x 508	990	14	16764	4,08	1711	17,05	144,13	38	11	85,9	106,2	9,1	6,2 t		
		GB	10	1D D1	394 x 508	990	14	16764	4,06	1711	17,37	144,46	29,08	10,7	85,1	105	9,1	5 t		
		GC	12	1D1 1D1	394 x 508	990	14	16764	4,06	1749	17,37	144,46	29,08	10,7	84,8	119,7	16,3	6 t		Ry Gaz 1944 S. 187
		GD	9	2D1 1D2	406 x 610	1220	14	17417	4,53	1828	17	168,43	37,07	10,1	81,3	139	19	7 t		Loco 1948 S. 100
		GE	4	2D1 1D2	406 x 610	1220	14	17417	4,53	1828	17	168,43	37,07	10,8	86,1	144	20,4	8637 l		
Buthidaung Maungdan Railway	762		2	C C	216 x 305	610	12,65	4424	1,11	1117	4,65	43,85	–	4	23,9	23,9	2,5	0,75 t		
Ceylon Government Railway CGR	1676	C I	1	1C1 1C1	406 x 558	1092	12,65	16038	4,16	1828	16,16	153,47	32,14	13,6	81	124,8	18,2	7 t		Ry Gaz 1945 S. 394
	1676	C I A	8	1C1 1C1	406 x 558	1092	13	16488	4,17	1828	20,44	152,36	33,63	13,7	82,2	130,8	18,2	7 t		
	762	H 1	1	1B B1	254 x 406	762	12,3	6350	1,38	1168	5,39	40,32	7,62	7,1	28,4	39,6	4,5	2 t		Loco 1931 S. 221 BPQ 1931 S. 37
Nepal Government Railway NGR	762		2	1C1 1C1	254 x 406	711	12,3	6803	1,69		7,11	60,15	11,15	5,1	30,8	48,6	5,9	3 t		Loco 1947 S. 167
Thailand State Railway	1000		8	1D1 1D1	432 x 552	1050	13	18900	3,78		14,03	134	42,5	10,4	82,6	117,2	18	5 t	12 m³ Brennholz	HR 1930 S. 26 1936 S. 93
Ottoman Railway Company ORC	1435		1	1D D1	444 x 660	1282	12,65	19300	4,51	1870	18,77	231,23	–	14,7	117,2	143,1	22,7	8 t		HH 1930 S. 26 HH 1936 S. 93 + 1937 S. 80
Iranische Staatsbahn RAI	1435		4	2D1 1D2	490 x 660	1350	14	24834	6,34	2286	25,83	310	81,2	15	119,7	204,5	25,6	7955 l		Ry Gaz 1936 I S. 954 + II S. 372 Loco 1936 S. 306
zusammen			114																	
Verteilung auf die Spurweiten	610 762 1000 1435 1676		1 5 61 5 42																	

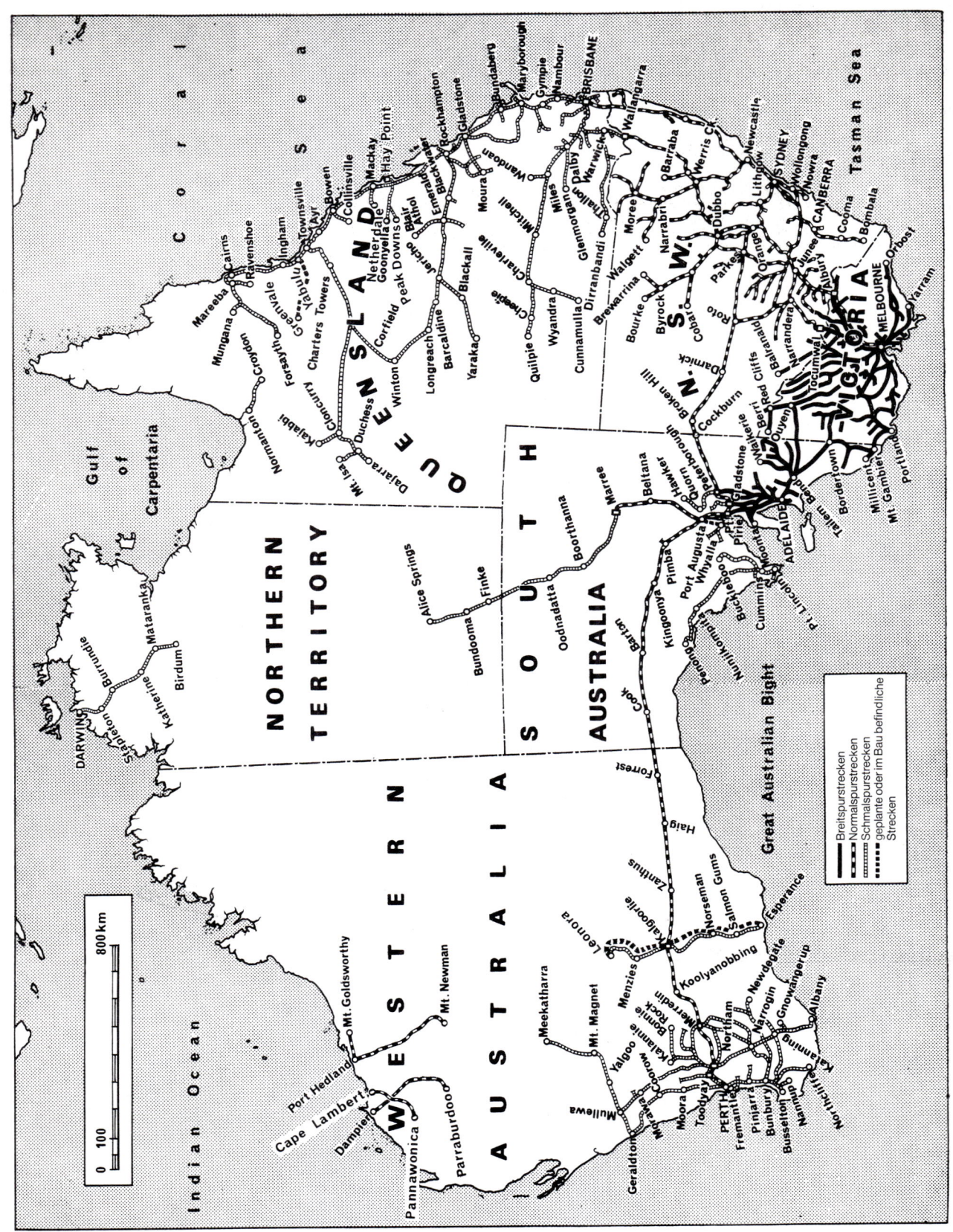

Bahnen in Australien nach dem Stand von 1975

5 Australien und Neuseeland

Dem australischen Kontinent gebührt die Ehre der Einführung der Garratt-Lokomotive, allerdings nicht auf dem Festland, sondern auf der Insel Tasmanien. Zu verschiedenen Zeiten betrieben die meisten Bahnen in diesem Kontinent Garratts, wovon zwei noch betriebsfähig sind. Somit erreichten die Garratts in Australien 70 Jahre Einsatzzeit.

Tasmanian Government Railways

Die allerersten Garratts waren zwei kleine B B Loks aus dem Jahre 1909 für die North East Dundas Tramway. Diese Linie mit 610 mm Spurweite führte von der bedeutenden Bergbaustadt Zeehan nach Williamsford über eine Entfernung von 27,3 km durch ein Gebiet dicht bewaldeter Hügel und Schluchten. Über den Fluss Montezuma führte eine hölzerne Fachwerkbrücke in einem Bogen von 100 m Halbmesser. Die schon vorher vorhandene Gelenklokomotive war eine Hagans 1 C B Tenderlok. Die beiden Garratts wurden von Beyer Peacock wegen des Verkehrsanstiegs gekauft.

Diese Loks unterschieden sich von allen nachfolgenden Garratts durch ihre Zylinderanordnung an den inneren Enden der Triebgestelle, eine für die Verbundmaschine günstige Anordnung wegen des dabei verkürzten Abstandes zwischen Hoch- und Niederdruckzylindern. Die Zylinder hatten Kolbenschieber mit Antrieb durch Walschaerts-Gestänge, weiter hatten die Loks aussenliegende Plattenrahmen und einen Nassdampfkessel mit Belpaire-Feuerbüchse.

Die beiden als K-Klasse bezeichneten Maschinen blieben bis zur Betriebseinstellung der Strecke im Jahre 1930 im Dienst, wo sie still und unbeachtet im verlassenen Lokschuppen von Zeehan stehen blieben. Im Jahre 1947 jedoch kaufte Beyer Peacock die Lok Nr. K1 zurück und sie wurde nach England verschifft. Dort stellte man sie in den Gorton Werken der Firma als Museumsstück aus. Zur Erinnerung an die von der Lokomotive geleisteten Dienste schenkten die Bahnen der Firma Beyer Peacock eine Schmuckplatte aus tasmanischem Schwarzholz, geschnitzt in der Kontur der Insel mit einer Reliefdarstellung der Nummer K1 darauf.

Der erste bescheidene Versuch in Richtung der schliesslich erfolgreichen Garratt-Bauart – Tasmaniens Klasse K noch mit der ungewöhnlichen Verbundwirkung und an den inneren Drehgestellenden montierten Zylinder. Schon an dieser kleinen Maschine zeigt sich deutlich die unzweckmässige innere Zylinderanordnung, so dass keine weiteren Loks mehr in dieser Form gebaut wurden. Beyer Peacock

Als Zugpferd für Güterzüge überlebte die Klasse L der TGR länger als ihre temperamentvolle Expresszugversion.
Tasmanian Railways

Atlantics laufen ebenso wie Vierzylinder-Lokomotiven schnell und ruhig. Die Kombination dieser Merkmale mit den guten Laufeigenschaften der Garratt bescherte Tasmanien 2 so flink und gut laufende Maschinen, dass eine davon wegen überhöhter Geschwindigkeit entgleiste, was dann zur Ablehnung dieser Type führte.
Beyer Peacock

Nach Schliessung der Beyer Peacock Werke im Jahre 1965 war das Schicksal dieser historischen Maschine eine Zeitlang ungewiss, aber glücklicherweise konnte sie dann von der Festiniog Railway in North Wales gekauft werden. Zeitweise bestand dort die Absicht, diese Lok auf ihrem 600 mm Gleis wieder in Betrieb zu nehmen, da dies beinahe der 610 mm Spur entspricht, wofür sie gebaut war. Das sehr kleine Fahrzeugprofil der Festinog Bahn hätte aber umfangreiche Erweiterungsarbeiten an den festen Anlagen der Bahn nötig gemacht, um die Garratt dort einsetzen zu können. Zum Glück siegte die Vernunft und diese historisch so wertvolle Lokomotive wurde von Veränderungen und dem Wiedereinsatz bewahrt. Neuerdings wurde die K1 zum National Railway Museum nach York gebracht, wo ihre Zukunft sicher sein dürfte.

Die andere Lokomotive K2 wurde als Schrott verkauft.

Als Ergebnis des Erfolges der beiden Schmalspurmaschinen entschied sich der leitende Maschineningenieur Mr. W. R. Deeble, Garratts auf der Hauptstrecke der Tasmanian Government Railways mit 1067 mm Spurweite einzuführen. Vier Maschinen wurden bei Beyer Peacock gekauft und 1912 in Betrieb gesetzt, je 2 Stück der Klasse L und M.

Beide Typen waren von gleicher Grösse und hatten gleiche Belpaire-Kessel mit Überhitzern sowie die gleichen Vorräte an Kohle und Wasser. Hier endete jedoch die Einheitlichkeit, denn die Klasse L war eine 1C1 1C1 Type, die erste dieser bewährten Achsanordnung. Mit normalen Zweizylinder-Triebgestellen und kleinen Rädern war sie für den Güterzugdienst bestimmt.

Die M-Klasse jedoch war eine bemerkenswerte 2B1 1B2 Maschine für den Schnellzugdienst. Jedes Triebgestell hatte eine Vierzylinder-Einfachexpansionsmaschine, die einzigen 8 Zylinder Garratts die gebaut wurden. Bei Probefahrten erreichte eine Lok eine Geschwindigkeit von 88 km/h, was als aussergewöhnliche Leistung für eine 1067 mm Schmalspur-Gelenklokomotive angesehen wurde. Der ruhige Lauf bei dieser hohen Geschwindigkeit gab Anlass zu eingehender Diskussion und es darf sicher gesagt werden, dass diese Maschinen viel dazu beitrugen, die Garratt als sehr vielseitige und für alle Dienste geeignete Form der Lokomotive einzuführen.

Der gute Lauf der 8-Zylinder Lokomotive Klasse M wurde wohl mit für die guten Laufeigenschaften ursächlich angesehen, führte aber zur Entgleisung des Schnellzuges «Hobart Mail» im Jahre 1916. Dazu sei allerdings die Anmerkung erlaubt, dass ohne Angaben der näheren Umstände dieses Unfalls noch keine Aussagen über die Eignung dieser Lokomotivbauart für hohe Geschwindigkeiten herzuleiten ist. Wie dem auch sei, aufgrund dieser Entgleisung verloren die Garratts an Gunst insbesonders für den schnellen Personenverkehr, der dort später von Pacifics übernommen wurde. Spätestens bis zum 2. Weltkrieg waren alle 4 Lok ausser Dienst. Die beiden Güterzuglok der Klasse L wurden jedoch für den Verkehr in der Kriegszeit wieder eingesetzt bis zu ihrem Ersatz durch australische Standard-Garratts (ASG)

Die vier ursprünglichen Garratts wurden offiziell 1951 abgeschrieben (vom Bestand abgesetzt) obwohl sie damals schon lange ausser Dienst waren.

Die Emu Bay Railway

Diese Bahn in ebenfalls 1067 mm Spur ist eine Montan-Strecke im Eigentum der Electrolytic Zinc Company of Tasmania. Diese Strecke schliesst Steigungen bis 1:40 (25‰) kombiniert mit Gegenkurven von 100 m Halbmesser ein. Sie führt von der Küste ab Zeehan zu den Hängen des Mount Lyell und wurde für den Abtransport der hier gewonnenen wertvollen Erze wie Kupfer, Zink, Schwefelkies, Blei und Silber gebaut.

Zuerst wurde der Verkehr mit Tenderloks abgewickelt, aber 1930 lieferte Beyer Peacock drei 2D1 1D2 Garratts von sehr ähnlicher Konstruktion wie jene, die an die Kenya Uganda Railway gegangen sind, jedoch mit grösseren Wassertanks. Die Loks arbeiteten sehr zufriedenstellend und wurden schliesslich durch australische Standard Garratts ergänzt, deren Details in Kapitel 11 zu finden sind.

Die Bahn wurde nun voll auf Dieselbetrieb umgestellt und die Garratts zurückgezogen, ihre Baudaten sind wie folgt:

Bahn-Nr.	Hersteller	Fabrik-Nr.	Zahl	Baujahr
12–14	Beyer Peacock	6580–6582	3	1929
16–18	Islington und Clyde	s. Kapitel 11	3	1943

West Australian Government Railways (WAGR)

Diese Bahn mit 1067 mm Spurweite war die erste auf dem australischen Kontinent, die Garratts einsetzte, und ihre Midland Junction Bahnwerkstätten bauten als erste in der südlichen Hemisphäre Garratts. Einige weitere Marksteine sind, dass die Ursprungslieferung im Jahr 1911 die ersten für Hauptstrecken gebauten Garratts waren, die erste Klasse, die aus mehr als zwei Lok bestand und die dritte überhaupt in Dienst gestellte Klasse von Garratts.

Als 1C C1 Type arbeitete diese Erstlieferung mit Sattdampf, hatte aber schon Kolbenschieber mit kurzer Überdeckung und Z-förmige Dampfkanäle. Innenliegende Plattenrahmen und lange Treibstangen mit Antrieb der 3. Kuppelachsen jedes Triebgestells kennzeichnen eine Konstruktionspraxis, die Beyer Peacock nur selten verliess. Der Belpaire-Kessel war mit seitlichen Speiseventilen und Ramsbottom-Sicherheitsventilen ausgerüstet.

Diese Maschinen der Klasse M liefen hauptsächlich in den ländlichen und Waldregionen des Südwestens

Klasse und Bahn-Nr.	Bauart	Beyer Peacock Fabrik-Nr.	Zahl	Baujahr
K1–2	B B	5292 u. 5293	2	1909
L1–2	1C1 1C1	5525 u. 5526	2	1912
M1–2	2B1 1B2	5523 u. 5524	2	1912

Die erste westaustralische Garratt-Type Klasse M ist gleichzeitig die erste Garratt-Reihe, von der mehr als 2 Exemplare gebaut wurden. WAGR

Eine WAGR Klasse Ms, die Heissdampfversion der ursprünglichen Klasse M. WAGR

und hatten Steigungen bis 1:22 (45‰) in Bogenhalbmessern von 100 m zu bewältigen auf leichtem Oberbau mit 22,3 kg/m Schienen. 1913/14 wurde der Bestand durch weitere 7 Lok ähnlicher Konstruktion ergänzt, aber in Heissdampfausführung und als Klasse Ms eingereiht. Eine Lok aus der Klasse M, die Nr. 389, erhielt später einen Überhitzer und kam zur Klasse Ms, die übrigen blieben Nassdampflok bis zu ihrer Ausserdienststellung mit der letzten Maschine im Jahre 1955.

1930 wurden weitere Garratts benötigt und die Midland-Junction-Bahnwerkstätten stellten 10 zusätzliche Lok her. Sie waren ähnlich den vorhandenen, jedoch mit grösseren Kohle- und Wasservorräten 16910 mm Gesamtlänge und mit geraden Schornsteinen statt der hübschen Beyer Peacock Form. Sie waren für 590 t auf der Steigung 1:80 (12,5‰) ausgelegt. 1960 wurden sie ausser Dienst gestellt.

1943 bis 1945 erhielten die WAGR einige noch grössere 2D1 1D2 Garratts nach Entwurf ihres eigenen leitenden Maschineningenieurs und als Australische Standard Garratt bekannt. Einzelheiten darüber enthält Kapitel 11.

Die Baudaten sind:

Klasse	WAGR-Nr.	Hersteller	Fabrik Nr.	Zahl	Baujahr
M	388–393	Beyer Peacock	5477–5482	6	1911
Ms	424–430	Beyer Peacock	5665–5671	7	1912
Msa ASG	466–475	Midland Junction s. Kapitel 11	46–55	10	1930

Victorian Government Railways VGR

Für ihre beiden Zweiglinien mit 762 mm Spur von Colac nach Crowes und Moe nach Walhalla kaufte die VGR 1926 von Beyer Peacock zwei 1C C1 Garratts welche wohl zu den leistungsfähigsten Maschinen gerechnet werden können, die jemals für diese Spurweite gebaut wurden. Mit den dort verlegten schweren Schienen von 29,8 kg/m konnte eine hohe Achslast angewandt werden. Neigungen bis 1:30 (33,3‰) und enge Bogenhalbmesser von 40 m kommen dort vor. Die Triebgestelle einschliesslich der Laufachsen hatten aussenliegende Plattenrahmen, Kolbenschiebersteuerung und Antrieb der jeweils dritten Kuppelachse. Die Kurbelwangen waren mit den Gegengewichten aus einem Stück gefertigt. Die Belpaire-Kessel lieferten Heissdampf und an der rechten Rauchkammerseite war die Dampfluftpumpe für die Druckluftbremse angebaut.

Diese Maschinen ersetzten je zwei 1C1 Tenderlok und konnten 160 t befördern gegenüber 68 t für eine 1C1. Eine Brennstoffersparnis von 40% im Vergleich zu 2 Tenderlok ist grösstenteils der grossen Rostfläche der Garratts zuzuschreiben, die den 2,5-fachen Wert ihrer Vorgängerin erreicht. Diese Linien wurden nun für den Verkehr geschlossen, aber eine der Garratt konnte durch die Puffing Billy Preservation Society erworben werden. Wenn auch gegenwärtig nicht betriebsfähig, ist sie unter guten Bedingungen geschützt abgestellt, so dass sie eines Tages wieder betriebsfähig gemacht werden und fahren könnte.

Von der Bahn als G 41 und G 42 bezeichnet, erhielten die 1926 von Beyer Peacock gebauten Loks die Fabrik Nr. 6267 und 6268.

Australian Portland Cement Co APC

Offensichtlich durch den Erfolg der VGR Garratts beeindruckt, erteilte die Cement Company 1936 den Auftrag für eine Garratt zum Betrieb auf ihrer Strecke

Betriebsaufnahmen von westaustralischen Garratts sind sehr selten. Dieser Schnappschuss der Lok Nr. 499 der Klasse Msa wurde in weiser Voraussicht von einem Besucher aus den Oststaaten aufgenommen. W. A. Pearce

Gross und stämmig für 762 mm Spur zeigt sich hier eine Lok Klasse G der Victorian Railways vor einem Zug mit Papierholz in Colac. Victorian Railways

Garratt Nr. 1 für 1067 mm Spur der Australian Portland Cement in Fryansford, Victoria. W. A. Pearce

von 1067 mm Spur von Fryansfordwerke zu ihrer Kalkgrube in Batesford bei Geelong, ebenfalls in Victoria. Auf dieser Linie mit 5,63 km Länge beträgt die massgebende Steigung 1:36 (27,7‰) und die Bogenradien auf der Strecke 120 m sowie an den Ausweichstellen 80 m. Im Pendelverkehr wurde ein Zug mit 6 Wagen von insgesamt 168 t gefahren, wobei ein Umlauf alle halbe Stunde stattfand.

Die im April 1936 gelieferte 1C C1 Lok ist in den Beyer Peacock Katalogen als den für die VGR gebauten 762 mm Maschinen sehr ähnlich beschrieben. Diese Ähnlichkeit war allerdings nicht so stark, die Achsanordnung war gleich und die äussere Grösse und Leistung etwa vergleichbar. In Wirklichkeit handelte es sich um eine WAGR Klasse Ms mit nur Detailänderungen wie ein besseres Führerhaus, obere Einspeisung und ähnliche Variationen von geringer Art. 1939 wurde eine ähnliche weitere Lok geliefert und zuletzt eine der wenig gelungenen ASG gekauft, wobei diese eine der letzten Garratts war, die 1959 vom Dienst zurückgezogen wurde. Die Nummern waren wie folgt:

APC Co Nr.	Hersteller	Fabrik-Nr.	Baujahr
1	Beyer Peacock	6794	1936
2	Beyer Peacock	6935	1939
3	s. Kapitel 11		1945

Queensland Government Railways QGR

Es war vor allem diese Bahn, welche während des 2. Weltkrieges am meisten von den australischen Bahnen von den Kämpfen in Fernost betroffen war und die Anlass zur Entwicklung der australischen Standard Garratt gegeben hat. Auf 1067 mm Spur waren die zulässigen Achslasten begrenzt und eine leistungsfähige Maschine erforderlich, um mit den Anforderungen des Verkehrs in Kriegszeiten fertigzuwerden. Wie die ASG gebaut war, kann in Kapitel 11 nachgelesen werden, wo auch steht, dass die QGR ihre erste ASG im September 1943 geliefert bekam und schliesslich 23 Stück in Betrieb hatte, aber alle 1945 ausser Dienst stellte.

Dies hinterliess eine Lücke im Lokbestand, weshalb Beyer Peacock den Auftrag für 30 Loks 2D1 1D2 ähnlicher Grösse wie die ASG-Lok erhielt, aber mit etwas grösseren Rädern. Es wurde eine typische Beyer Peacock Nachkriegskonstruktion ähnlich im Aussehen der Klasse 60 der East African Railways, nur etwas kleiner. Beyer Peacock war zu dieser Zeit sehr stark beschäftigt, weshalb 20 Loks dieses Auftrages an die Societe Franco-Belge als Unterlieferanten überlassen wurde als einige der sehr wenigen auf dem europäischen Kontinent gebauten Lokomotiven.

Diese einfach als Beyer Garratt bezeichneten Maschinen hatten innen Plattenrahmen, Rollenlager an den Laufachsen und moderne Zylinder, versorgt aus einem Belpaire-Kessel mit Feuerschirm-Wasserrohren. In roter Lackierung kamen sie zuerst im Raum Brisbane zum Einsatz, später aber hauptsächlich in Rockhampton zur Beförderung der Züge von den Callide Kohlenfeldern. In der Zeit als sie auf der Hauptstrecke nach Toowoomba eingesetzt waren, zogen sie klimatisierte Expresszüge und zeigten gute Leistungen auf starken Steigungen. Nach nur kurzer Einsatzdauer infolge der Einführung von Diesellok

Eine kastanienbraune Queensland Garratt in tadellosem Zustand stellt sich den Fotografen vor einem Sonderzug für Eisenbahnfreunde. R. N. Redman

(Queensland ist nun ein Kohleexporteur!), zog man die Garratts Ende der 1960er Jahre aus dem Dienst. Die Lok Nr. 1009 ist im Redbank Museum zwischen Brisbane und Ipswich erhalten geblieben.

Bahn-Nr.	Hersteller	Fabrik-Nr.	Zahl	Baujahr
1090–1099	Beyer Peacock	7341–7350	10	1951
1000–1019	Franco-Belge	2905–2924	20	1951
Unterlieferung von Beyer Peacock f. Nr. 7433–7452				

South Australian Railways SAR

Für ihren schweren Kohlenverkehr auf dem Schmalspurabschnitt von Cockburn nach Peterborough mit 1067 mm sah sich die SAR in den frühen 1950er Jahren vor die Notwendigkeit gestellt, stärkere Loks als die bis dahin verwendeten 2D Maschinen zu beschaffen. Die Garratt war eine passende Lösung hierfür und als Sofortmassnahme kaufte man Ende 1951 6 ASG-Loks von der WAGR. Einzelheiten sind im Kapitel 11 zu finden.
Gleichzeitig jedoch bestellte man 10 geeignete Garratts von Beyer Peacock, welche wegen der dringenden Lieferung an die Societe Franco Belge in Raismes in Frankreich weiter vergeben wurden, die sie 1953 hergestellt hat. In allen wesentlichen Teilen waren sie identisch mit der Klasse 60 der East African Railways EAR, erhielten die Bahn Nr. 400–409 und waren daher eine Entwicklung der Kriegsministerium-Garratts. Während aber die EAR für Meterspur und umstellbar auf 1067 mm gebaut wurden, sah man bei den Südaustralischen Lokomotiven die 1076 mm Spur vor mit Änderungsmöglichkeiten auf entweder 1435 mm oder 1600 mm, eine Umstellung kam aber nie zustande.

Die 10 Garratts kamen zwischen Juli 1953 und Februar 1954 in Verkehr, wurden aber wegen Umstellung auf Dieselbetrieb vorzeitig 1963 zurückgezogen, jedoch nicht zerschnitten. Im Jahre 1968 stellte man die SAR-Hauptstrecke auf Normalspur um. Die Diesellokomotiven wurden nach und nach zur Umspurung zeitweise zurückgezogen. Während dieser Zeit kamen bis Januar 1970 6 Garratts und eine Anzahl 2D Loks wieder in Betrieb. Der Dampfbetrieb endete mit einem letzten Aufleuchten als die Loks 400 und 401 zusammen einen Zug mit leeren Erzwagen zum letzten Mal von Port Pirie nach Peterborough fuhren. Zwei dieser Maschinen wurden aufbewahrt, die Nr. 409 beim Mile End Museum in Adelaide und die Nr. 402 als ein Ausstellungsstück in Funktion bei der Zig Zag Railway in der Nähe von Lithgow, NSW.
Für die 10 Lok waren von Beyer Peacock die Fabrik Nr. 7622–7631 vorgesehen, die von Franco Belge im Unterauftrag hergestellten 10 Maschinen bekamen die Fabrik Nr. 2973–2982 / 1953.

New South Wales Government Railways NSWGR

Als letzte Bahn Australiens nahm die NSWGR auf ihrem Normalspurnetz Garratts in Betrieb. Hauptsächlich für schwere Kohlenzüge hatte sie mehrere 2D1-Dreizylinderloks vergleichbarer Leistung in den Klassen D 57 und D 58, die zur Vermeidung von Vorspannleistungen bei den älteren 1D-Loks der Klasse

Nicht ganz eine Dreifachbespannung, da die dritte Maschine, eine 2D1 der Silverton Tramway, kalt ist. Die beiden Garratts Klasse 400 der South Australian Railways präsentieren sich hier bei einer gelungenen Fahrt in die Vergangenheit für Eisenbahnfreunde.   W. A. Pearce

D 50, D 53 und D 55 gebaut wurden. Trotzdem musste über die Steilrampe 1:42 (23,8‰) von Lithgow zur Zig Zag Blockstelle für diese 2D1 Loks bei den Kohlenzügen zwei Vorspann- und eine Schublok der älteren 1D-Type gestellt werden, was dies zum eindrucksvollsten Dampfbetrieb in Australien machte. Die sehr kräftigen 2D1 Loks waren wegen ihrer fast 23 t Achslast nur beschränkt verwendbar und wurden durch die in den 1950er Jahren vorgenommene Umstellung auf Elektro- und Dieseltraktion der Hauptstrecken überzählig und verschrottet. Die letzte moderne Einrahmenbauart D 58 verschwand 1957 nach nur 7 Jahren Betrieb.

Noch bevor sich dieser traurige Vorfall ereignete, ergab sich Bedarf für eine ähnlich leistungsfähige Lokomotive auf den Zweigstrecken mit leichterem Oberbau, wo die Achslast auf 16 t begrenzt war. Eine Einrahmenlokomotive für solche Anforderungen hätte 6 gekuppelte Achsen erfordert, was wegen der Krümmungsverhältnisse nicht in Frage kam. Deshalb wurden schon während des Baues der Lok D 58 mit Beyer Peacock Verhandlungen aufgenommen über die Lieferung von 60 Garratts.

Die gewählte Bauart 2D2 2D2 als Klasse AD 60 bezeichnet, war als grösste und leistungsfähigste australische Dampflokomotive bestimmt, ihre Gesamtlänge erreichte 33120 mm. Bei Lieferung war leider die Umstellung auf Dieselbetrieb schon voll im Gange. Mit den 1952 zuerst gelieferten neuen Garratts ergaben sich sowohl in der Instandhaltung als auch im Betrieb Schwierigkeiten. Durch die Unterstützung der amerikanischen Dieselinteressenten, welche sich. (u. a. durch den Lizenznachbau ihrer Loks in Australien)

einen festen Stand verschafft hatten, wurde der Auftrag von 60 auf 50 Garratts reduziert, wovon die letzten 8 in Einzelstücken als Ersatzteile geliefert wurden. Die Ursachen der Schwierigkeiten fand man jedoch und beseitigte diese, zweifellos zur Verwirrung der amerikanischen Provokationsagenten. Viele der Garratts waren noch bis Anfang der 1970er Jahre im Dienst und hielten die Stellung auf diesen Strecken, deren Gleis für die schweren importierten amerikanischen Dieselloks zu leicht war. Diese Linien lagen hauptsächlich im Norden von New South Wales von Orange nach Dubbo sowohl direkt als auch über Molong und von Molong nach Parkes. Die Garratts waren auch in Newcastle anzutreffen, wo sie die Strecken zu den Kohlengruben bedienten und sogar gelegentlich Einsätze bis hinab auf die elektrifizierte Hauptstrecke nach Sydney unternahmen, wenn sehr starker Verkehr herrschte.

Zwischen Webbs und Dubbo wurden maximal 1500 t Last gefahren, auf der Steigung 1:100 (10‰) ohne Hilfe nur mit 1 Garratt, auf der Steigung 1:70 (14,3‰)

Rechts: Drama in Fassifern! Bei der Bergfahrt auf der Rampe 1:40 (25‰) ist die zweite Garratt wegen schlechter Verbrennung der Lok 6039 nicht voll bei Kräften und bricht beim Versuch, den Leistungsmangel auszugleichen in heftiges Radschleudern aus, so dass der Zug stehen bleibt. Ungenügende Instandhaltung während der letzten Monate ihrer Dienstzeit liessen aus den stolzen Gelenkmaschinen der Klasse AD 60 keuchende Kästen werden. Nichtsdestoweniger ging es den Dieselloks auch nicht besser, da auch sie niemals die Kohlenzüge allein weder anfahren noch über die Steigung schleppen können.   A. E. Durrant

mit einer 1D-Schublok. Von Molong nach Orange, wo 1:40 (25‰) Steigungen überwunden werden müssen, wurden 900 t-Züge mit einer 1D Loks als Schub und 1020 t schwere Mineralzüge mit 2 Garratts im Vorspann gefahren.

Die konstruktiven Details waren durchweg modern und umfassten Commonwealth-Stahlgussrahmen für Triebgestelle, SKF Rollenlager auf allen Achsen und auf den Treibzapfen. Neuzeitlich gestaltete Kolbenschieber waren von Walschaerts-Steuerung angetrieben und durch die Hadfield Kraftumsteuerung eingestellt.

Die mit mechanischer Rostfeuerung und runder Stehkesseldecke ausgestatteten Kessel waren bei den ersten 25 Lokomotiven mit 4 Feuerschirmwasserrohren versehen, während die übrigen Loks je 2 Feuerbüchswasserkammern und 2 Feuerschirmwasserrohre erhielten. Handbediente Schüttelroste ergänzten die Ausrüstung.

Nach ihrer Inbetriebnahme erfolgten mehrere Änderungen, eine davon betraf die Vergrösserung des Kohlenvorrates, die andere den Einbau von Bremsen in die inneren Drehgestelle. 29 Loks der Klasse AD 60 erhielten durch Umbau höhere Kuppelachsdrücke und grössere Zylinderdurchmesser zur Erzielung erhöhter Zugkräfte, sie erhielten die Zusatzbezeichnung «++». Viele wurden auch mit einer zweiten Bedienungsmöglichkeit ausgerüstet, so dass der Lokführer auch bei Fahrt mit Führerstand voraus in Fahrtrichtung seine Bedienungsgriffe vor sich hatte. Diese letzte Bauartänderung kam auf eine Gewerkschaftsforderung hin zustande (wahrscheinlich durch die Diesel-Interessenten eingeflüstert), aber in der Praxis fuhren die Führer die Garratt üblicherweise mit dem Gesicht zum Schornstein.

Garratts hielten sich bis zum Ende der Dampftraktion in NSW. Noch 1969, als viele Dampfloks schon abgestellt waren, montierte man eine neue Lok Nr. 6042 aus Ersatzteilen als Nachfolger der ursprünglichen 6042, welche sonst grosse Instandsetzungsarbeiten erfordert hätte. Die letzten 10 Loks der Klasse AD 60 waren im Depot Broadmeadow in Newcastle stationiert, von wo aus sie im Kohlenverkehr der Newdell und Newstan Gruben sowie im allgemeinen Güterzugdienst auf der kurzen nördlichen Hauptstrecke nach Gosford tätig waren. Die «Short North» wies zwei besonders schwierige Rampen in nördlicher Richtung auf, eine Steigung 1:40 (25‰) der Station von Fassifern und eine längere Bergstrecke 1:44 (22,7‰) von Dora Creek nach Hawkmount. Über diese Abschnitte konnten sie hervorragende Leistungen zeigen, manchmal solo, oft aber auch im Vorspannbetrieb mit anderen Lokomotiven oder einer Garratt-Schwestermaschine. Die Kohlenzüge aus der Newstan Kohlengrube wurden regulär mit 2 Garratts bespannt, ein weiteres eindrucksvolles Dampfschauspiel, wenn 536 t Lokomotiven mit voller Anstrengung ihren 1200 t Kohlenzug aus dem Stand in die Steigung 1:40 (25‰) einfahren. Eine zweite Tätigkeit in jenen letzten Tagen war die Bedienung der kurzen Anschlussstrecke von der Awaba Kohlen-Grube zum Wangi-Kraftwerk, wo Garratts noch bis Anfang 1973 arbeiteten, der letzte reguläre Dampfbetrieb bei einem der australischen Staatsbahnsysteme.

Einige australische Publikationen erhoben irrtümlich den Anspruch, die NSW Garratts AD 60 seien die leistungsfähigsten Dampflokomotiven der südlichen Hemisphäre gewesen. Sie waren wohl die schwersten, aber bei weitem nicht die leistungsfähigsten, wie die folgende Tabelle von Vergleichsdaten zeigt. Diese Tabelle gibt für die verschiedenen Vergleichsloks die Anfahrzugkraft bei 85% Kesseldruck an und enthält auch die Rostfläche als Mass für ausreichende Dampferzeugung. Eine oder zwei Klassen mit hohen Zugkräften, aber kleinen Kesseln wurden beim Vergleich nicht berücksichtigt, da eine Ausnutzung ihrer Möglichkeiten unwahrscheinlich ist.

Land	Klasse	Zukraft bei 85% Kesseldruck kg	Rostfläche m^2	Dienstgewicht t	Zahl
Südafrika	GL	40 428	6,92	217	8
Ostafrika	59	37 806	6,69	256	34
Chile (FCS)		35 543	6,39	190	6
Rhodesien	20/20 A	31 448	5,86	228,6	60
Südafrika	GM/GMA/GMAM	31 207	5,9	176,8–195*	136
Australien	AD 60	28 848	5,9	268,2	29**

* einschl. Wasserwagen mit ca. 50 t   **umgebaute Version

Die Klasse AD 60 geht daraus klar als die sechste Maschine in bezug auf ihre Anfahrzugkraft hervor, obwohl sie die schwerste ist. Auf grossen Steigungen war dieses Gewicht allerdings von Nachteil, da die Zughakenkraft stark vermindert ist. So kann auf der Rampe 1:40 (25‰) eine einzelne Lok Klasse GL der South African Railways 950 t ziehen im Vergleich zu 1200 t von 2 Loks Klasse AD 60 der NSWGR. Innerhalb der 268 t Gesamtgewicht der verstärkten AD 60 ++ Variante wäre die Konstruktion einer 1E1 1E1 Garratt mit 22 t Achslast (wie auf den NSW Hauptstrecken ohne Einschränkung zulässig) möglich. Eine solche Lok könnte allein die 1200 t-Züge aus Fassifern nehmen, welche sonst 2 Loks AD 60 benötigten. Wie durch übermässiges Lokeigengewicht nutzbare Zugkraft an der Kupplung verloren geht, soll anhand folgender Tabelle gezeigt werden:

Lokbauart		2 Stück AD60	1 Stück 1E1 1E1
Gesamtgewicht	t	2 × 268 = 536	268
Reibungsgewicht	t	2 × 130 = 260	223
Gesamtzugkraft	kg	57 696	49 894
Rollwiderstand bei 5 kg/t		2 395	1 197
Steigungswiderstand 1 : 40	kg	13 412	6 706
Gesamtwiderstand	kg	15 807	7 903
verfügbare Nettozugkraft	kg	41 889	41 991

Die Klasse AD 60 hatte mit ihrem Gewicht die Entwicklungsmöglichkeit für die leistungsfähigsten Lokomotiven in der südlichen Hemisphäre, aber ihre den damaligen Spezifikationen entsprechende niedrige Achslast verwehrte ihr diesen Spitzenplatz. Sie wurde

Eine neue Garratt für die Bahnen Neuseelands auf Probefahrt am Beginn der Steigung 1:40 (25‰) bei der Ausfahrt aus Wellington Ngaio und Khandallah am 22. Februar 1929.
Evening Post (mit frdl. Erlaubnis von J. D. Wilkinson)

durch 5 andere Bauarten übertroffen, von denen 4 afrikanische Schmalspurloks waren.

Eine Reihe von NSW Garratts wurde erhalten, davon 1 Lok in der offiziellen Sammlung in Thirlmere, ein betriebsfähiges arbeitendes Exemplar in Canberra (Nr. 6029) sowie eine in der grossartigen Hunter River Sammlung in der Nähe von Newcastle. Es ist daher noch möglich eine AD 60 im Betrieb zu erleben, aber der betäubende Donner, welcher in der an der Strecke gelegenen örtlichen Schule von Fassifern die Unterbrechung des Unterrichts zur Folge hatte, ist in die Geschichte eingegangen. Es gibt jedoch einige ausgezeichnete, am Ort des Geschehens aufgenommene Tonaufnahmen. Damit kann man mit entsprechender hi-fi Ausrüstung sich sein Trommelfell mit Geräuschen erschüttern lassen, die Australiens grosses Schauspiel in den Tagen des Dampfbetriebes begleitet haben.

Bahn-Nr.	Beyer Peacock Fabrik-Nr.	Baujahr	Zahl	Bemerkung
6001–6025	7473–7497	1952	25	*nicht mehr montiert, als Ersatzteile geliefert
6026–6042	7528–7544	1952	17	
6043–6047	7545–7549	*	5	
				**Auftrag storniert
6048–6050	(7550–7552)	**	(3)	Fabrik Nr. wurde für SAR GMAM Loks verwendet
		zusammen	47	Loks

New Zealand Government Railways NZGR

Die mit 1067 mm Spur betriebene Bahn Neuseelands hat langjährige Erfahrungen mit Gelenklokomotiven, beginnend 1872 mit einigen kleinen BB Fairlies, welche in der Folge 3 verschiedene Klassen bildeten. Diese waren nicht sehr beliebt und um die Jahrhundertwende schon ausser Dienst gestellt. Einige dieser Loks wurden verkauft und überlebten bis zum Ende des 1. Weltkrieges.

Die nächste Erfahrung ergab sich mit einer 1CC Mallet Tenderlok, welche nach dem Entwurf von G. A. Pearson in den Bahnwerkstätten Petone gebaut wurden. Dieses Monstrum hatte an jeder Achsgruppe übergrosse Vauclain-Verbunddoppelzylinder, die es zu einer 8-Zylinder Maschine machte. Diese Lok litt ständig an Lauf- und Triebwerkschäden und machte schlecht Dampf. 1905 gebaut überlebte sie nur bis 1917 und wurde dann verschrottet.

Der 3. Versuch der NZGR mit Gelenklok, auch nicht erfolgreicher als die beiden vorhergehenden, geschah mit der Garratt Type. Die ersten Überlegungen dafür reichten bis 1914 zurück, aber erst 1928 wurde an Beyer Peacock der Auftrag für 3 Loks 2C1 1C2 nach den Spezifikationen des leitenden Maschineningenieurs der Bahn Mr. G. S. Lynde erteilt. Es waren die zweiten Doppel-Pacific Garratt die je gebaut wurden sowie die zweite und letzte Konstruktion mit Dreizylinder-Triebgestellen.

Die Lokomotiven hatten ein sehr gutes Aussehen und ihr grosser Kessel mit runder Stehkesseldecke füllte die beschränkte Fahrzeugbegrenzung fast aus. Die Plattenrahmen-Triebgestelle hatten stark geneigte Zylinder, wobei der mittlere noch etwas höher lag als die äusseren. Eine Walschaerts-Steuerung trieb die äusseren Kolbenschieber, welche 1 $7/8''$ (47,6 mm) Einlassüberdeckung bei einer Kanalbreite von nur $7/8''$ (22,2 mm) aufwiesen. Dies hatte eine Füllungsbegrenzung zur Folge. Die mittleren Schieber erhielten ihren Antrieb von den äusseren Steuerungen abgeleitet mit einer Hebelübertragung 2:1 nach Gresley. Der Kohlenbunker war auf den Kesselrahmen mit aufgebaut, um den Duplex Mechanical Stocker unterbringen und montieren zu können. Die vorderen und hinteren Wassertanks waren in üblicher Art auf den Triebgestellen aufgebaut.

Im Dienst waren diese Maschinen eine deutliche Verlegenheit. Für die in Gebrauch befindlichen Kupplungen war sie bei weitem zu zugkräftig, während die Züge, die sie befördern konnte, länger waren als sie die Bahnhofs- und Ausweichgleise aufnehmen konnten. Schwierigkeiten ergaben sich auch mit Radschlupf infolge des niedrigen Reibwertes. Ebenso war die Instandhaltung des inneren Triebwerkes und der Gresley-Steuerungsübertragung wie auch die Garratt selbst für das NZGR-Personal ungewohnt.

Aus diesen Gründen wurden die Garratts auf der Hauptstrecke der Nordinsel, wofür sie eigentlich konstruiert waren, nur wenig eingesetzt. Im Jahre 1936 brachte man sie auf die Südinsel, wo sie im folgenden Jahr zerlegt wurden. Die Triebgestelle benutzte man für den Bau von 6 Pacific-Loks, die als Klasse G (Garratts) bezeichnet wurden. Die mechanischen Schwierigkeiten, die schon die Garratts als Handicup trugen, behielten sie bei und waren deshalb wenig beliebt. In den Jahren 1955/56 waren sie die ersten Hauptstreckenloks, welche wegen der Umstellung auf Dieselbetrieb ausschieden.

Als Garratts Klasse G mit Nr. 98–100 der NZGR baute sie Beyer Peacock mit Fabrik-Nr. 6484–6486 im Jahre 1928.

Die mit B1-Tenderlokomotiven und dem Fell-Mittelschienen-Reibungssystem betriebene Rimutaka Steigung erforderte bis zu 5 Lokomotiven an einem Zug! Dies regte zu mehreren Vorschlägen für Garratts an, um diesen Betrieb wirtschaftlicher abwickeln zu können. Diese echte Garratt Bauart CC mit durch eigene Zylinder angetriebene Fell-Reibräder in jedem Triebgestell wäre von gleicher Leistungsfähigkeit wie mehr als 3 der genannten Standard-Tenderloks dieser Bahn

Water	*Wasser*
Coal	*Kohle*
Belpaire Firebox	*Belpaire Stehkessel*
Rocking Firebars	*Schüttelrost*
Hopper Ashpan	*Trichter-Aschkasten*
Pivot Centres	*Drehzapfen-Abstand*
Total Wheelbase	*Gesamt-Achsstand*
Over Buffers	*Länge über Puffer*

Heizfläche	Rohre	123,46 m^2	Gesamtdienstgewicht 91,5 t
	Feuerbüchse	14,49 m^2	
	Verdampfung	137,95 m^2	
	Überhitzer	23,69 m^2	
	zusammen	161,64 m^2	
Rostfläche		3,68 m^2	

spez. Zugkraft kg je kg/cm^2 mittl. indiziertem Druck im Zylinder

in den Aussenzylindern (normales Triebwerk)	2787 kg
in den Innenzylindern (Fell-Reibrad-Triebwerk)	2440 kg
zusammen	5227 kg

Zugkraft bei 80% Kesseldruck im Zylinder (10,12 kg/cm^2)

der Aussenzylinder	12 800 kg
der Innenzylinder (Fell-Triebwerk)	11 208 kg
zusammen	24 008 kg

Verhältnis Zugkraft zu Reibungsgewicht bei $P_k = 0,8$ und vollen Wassertanks = 1 : 7,3 (Reibwertausnutzung 0,137) für die Radantriebe
gesamter Wasservorrat 9092 l

Zylinderabmessungen	innen	4 ×	305 mm ⌀	355 mm Hub
	aussen	4 ×	355 mm ⌀	406 mm Hub

Beyer Peacock
Zeichnung Nr. 101 158

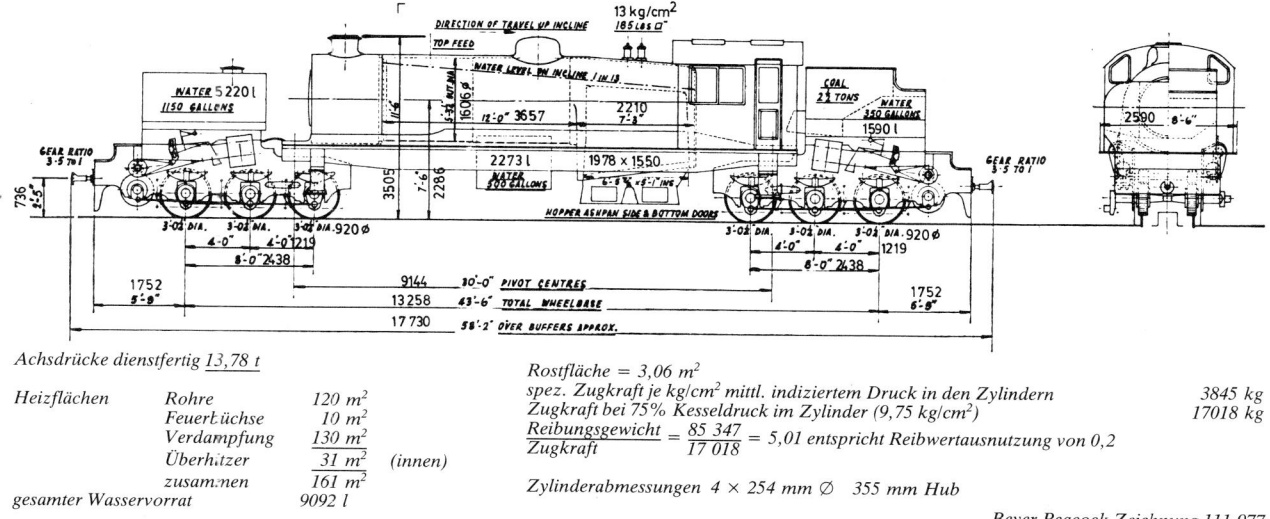

Achsdrücke dienstfertig	13,78 t		

Heizflächen Rohre 120 m²
 Feuerbüchse 10 m²
 Verdampfung 130 m²
 Überhitzer 31 m² (innen)
 zusammen 161 m²
gesamter Wasservorrat 9092 l

Rostfläche = 3,06 m²
spez. Zugkraft je kg/cm² mittl. indiziertem Druck in den Zylindern 3845 kg
Zugkraft bei 75% Kesseldruck im Zylinder (9,75 kg/cm²) 17018 kg
$\frac{Reibungsgewicht}{Zugkraft} = \frac{85\,347}{17\,018} = 5,01$ entspricht Reibwertausnutzung von 0,2

Zylinderabmessungen 4 × 254 mm ∅ 355 mm Hub

Beyer Peacock Zeichnung 111 977

Ein Alternativvorschlag von Beyer Peacock für die Rimutaka-Steigung war diese reine Reibungs-Garratt für höhere Reibwertausnutzung durch gleichmässigeres Drehmoment einer Dampfmaschine höherer Drehzahl mit Getriebeübersetzung

Direction of travel up incline	Fahrtrichtung auf der Steigung
Water level on incline 1:13	Wasserspiegel auf Steigung 1:13
Hopper ashpan side & bottom doors	Trichter-Aschkasten mit Seiten- und Bodenklappen
Gear Ratio 3,5 to 1	Getriebeübersetzung 3,5:1

Der dritte Rimutaka-Vorschlag stammt von Vulcan Foundry aus dem Jahre 1931. Während die Gesamtanordnung nach Garratt aussieht, ist ein wesentliches Merkmal der gemeinsame Antrieb beider Drehgestelle von 2 am Kesselrahmen angebauten Zylindern durch Gelenkwellen. Das Antriebssystem entspricht dem einer Climax-Lokomotive, weshalb dieses Projekt als Mischung aus Climax und Garratt betrachtet werden kann.
Diese 3 mit freundlicher Erlaubnis des Autors und Verlegers aus dem Buch «The NZR Story» abgedruckten Projektskizzen illustrieren einige der nicht genutzten Möglichkeiten des Garratt-Gelenk-Prinzips.

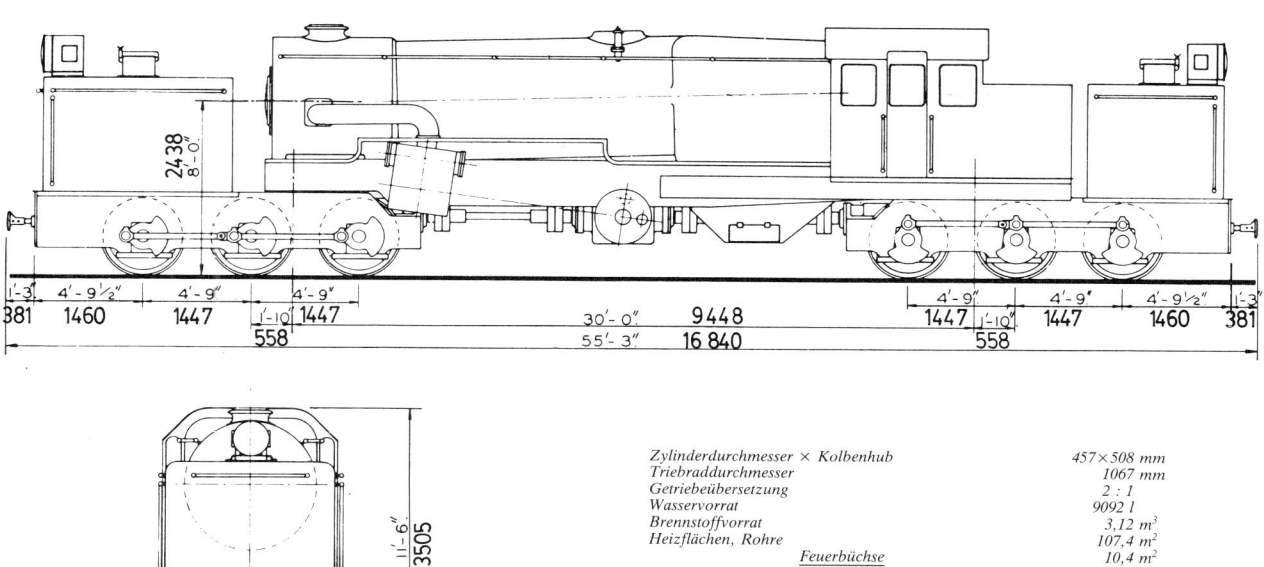

Zylinderdurchmesser × Kolbenhub	457×508 mm
Triebraddurchmesser	1067 mm
Getriebeübersetzung	2 : 1
Wasservorrat	9092 l
Brennstoffvorrat	3,12 m³
Heizflächen, Rohre	107,4 m²
Feuerbüchse	10,4 m²
Verdampfung	117,8 m²
Überhitzer	20,4 m²
Rostfläche	2,37 m²
Kesseldruck	14 bar
Dienstgewicht	81,2 t

Obwohl die Neuseeland-Garratts so wie sie gebaut waren keinen Erfolg hatten, ist dies kein Grund am Wert dieser Bauart zu zweifeln und in dem Buch «The NZR Garratt Story» von E. J. McClaire werden eine Reihe sehr interessanter Vorschläge aufgezählt, die für Garratts zum Betrieb in Neuseeland gemacht werden. Da gibt es eine sehr ordentliche Doppel-Pacific Garratt nach Vorschlag von Beyer Peacock, ziemlich ähnlich den nigerianischen Lokomotiven oder der Südafrikanischen Klasse GF, die zweifellos nützlicher als die gebaute Klasse G gewesen wäre. Für die Rimutaka Steigung, die mit dem Fell-Mittelschienen-System betrieben wird, gibt es mehrere äusserst interessante Garratt-Projekte von spezieller und ungewöhnlicher Konstruktion. Mit freundlicher Erlaubnis des Autors dieses sehr interessanten Buches und seines Verlegers, der New Zealand Railway und Locomotive Society Inc. werden diese Projekte wiedergegeben.

Als normale Adhäsionslok schlug die North British Locomotive Co in Glasgow eine 1C C1 Konstruktion vor, sehr ähnlich der Klasse GA in Südafrika. Der Vorschlag wurde noch weiter entwickelt in eine D D Maschine mit voller Adhäsion mit dem gleichen Kessel, die wahrscheinlich den dortigen Betriebsverhältnissen noch besser entsprochen hätte. Inzwischen war Beyer Peacock nicht untätig und stellte eine Konstruktion für eine C C auf, bei der die Dampfmaschinen höherer Drehzahl jeweils über Getriebe die Achsen der Triebgestelle antrieben, um infolge gleichmässigerem Drehmoment am Radumfang höhere Reibwerte auszunutzen und damit im Vergleich zum üblichen Direktantrieb grössere Zugkräfte ausüben zu können (bei gleichem Reibungsgewicht). Dies folgte einem früheren Vorschlag für eine C C, in der jedes Triebgestell neben dem normalen Direktantrieb noch den Antrieb für die Reibrollen der Fell-Mittelschiene enthält. Somit sollte in einer Lokomotive die Leistung von mehr als 3 der gebräuchlichen B1-Fell-Tenderloks bereitgestellt werden. Ebenfalls 1931 schlug die Firma Vulcan Foundry eine interessante Konstruktion vor, die eine Mischung aus anderen Bauarten darstellt. Die Lokomotive hat den Grundaufbau der Garratt mit Kessel auf dem Brückenrahmen zwischen den beiden Triebgestellen. Die beiden Triebgestelle erhalten ihren Antrieb aber von nur einem Zylinderpaar, das am Brückenrahmen angebaut ist. Von der Kurbelwelle der Dampfmaschine aus gelangt die Antriebsenergie über ein Kegelradgetriebe und Gelenkwellen in Loklängsmitte zu den jeweils inneren Triebgestellachsen, die ihrerseits mit Kuppelstangen verbunden sind. Somit kann dieses Projekt als Mischung der Bauarten Garratt und Climax angesehen werden. Diese verschiedenen Vorschläge zeigen, dass das Garrattprinzip eine beträchtliche Vielseitigkeit in seinen möglichen Entwürfen aufweist.

Garratt-Lokomotiven in Australien

Bahn	Spurweite mm	Klasse	Zahl	Achsanordnung	Zylinderdurchmesser x Kolbenhub mm	Triebraddurchmesser mm	Kesseldruck bar	Zugkraft bei 75% Kesseldruck kg	Rostfläche m²	größter Kesseldurchmesser mm	Heizflächen m² Feuerbüchse	Heizflächen m² Rohre	Heizflächen m² Überhitzer	Dienstgewichte t größte Achslast	Dienstgewichte t Reibungsgewicht	Dienstgewichte t Gesamtgewicht	Vorräte Wasser m³	Vorräte Brennstoff t	Bemerkungen	Literaturhinweise
Tasmanian Government Railways TGR	610	K	2	B B	280 432 x 406	800	13,65	6522	1,37	1197	5,57	52,7	–	8,9	33,4	33,4	3,8	1		Loco 1912 S. 204 Organ 1910 S. 330 Loco 1923 S. 372 Ktb Ztg 1910 S. 89
	1067	L	2	1C1 1C1	381 x 558	1066	11,25	12337	3,15	1638	14,45	142,2	30,94	9,65	57,7	91,4	13,6	4		Engg 1909 II S. 802 + 1912 II S. 355 Ry Goz 1909 II S. 337+416 ZVDi 1909 S. 2065
	1067	M	2	2B1 1B2	305 x 508	1524	11,25	10432	3,15	1638	14,45	142,2	30,94	12,2	48,7	96	13,6	4		Loco 1912 S. 205 Ry Gaz 1913 I S. 15 Loco 1912 S. 204
Western Australien Government Railways WAGR	1067	M	6	1C C1	317 x 508	990	12,3	9539	2,10	1494	9,94	114,5	–	9,1	53,2	67,5	9,1	2		Loco 1912 S. 28 Organ 1923 S. 104
		Ms	7	1C C1	336 x 508	990	11,25	9797	2,10	1494	9,94	89,1	16,72	9,5	56,3	70,9	9,1	3		Ry Gaz 1911 II S. 591
		Msa	10	1C C1	336 x 508	990	11,25	9797	2,51	1494	10,78	90,1	16,72	10,1	60,6	75,2	9,1	4		
Victorian Government Railways VR	762	G	2	1C C1	336 x 457	914	12,65	10868	2,10	1524	9,2	88,3	16,72	9,6	56,2	70,1	7,6	3,5		Loco 1926 S. 160
South Australian Railways SAR	1067	400	10	2D1 1D2	406 x 610	1219	14	17417	4,53	1828	17,93	165,2	34,3	10,8	86,2	151,3	16,8	6		
Queensland Government Railways QGR	1067		30	2D1 1D2	350 x 660	1295	14	13562	3,62	1638	16,54	138,4	42	9,8	78,3	138,9	17,2	6		Loco 1950 S. 112
New South Wales Government Railways NSWGR	1435	AD 60	472	D2 2D2	489 x 660 505 x 660	1397	14	23904 25410	5,9	2209	22,11	259	69,7	16,2	130	264,1 268,7	42,5	14	vor Umbau nach	Loco 1952 S. 137 Ry Gaz 1952 S. 12 Gl. Ann. 1952 S. 236
New Zealand Government Railways NZGR	1067	G	3	2C1 1C2	419 x 610	1447	14	23396	5,41	1981	22,76	206	50,3	15,1	89,1	148,1	18,1	6		Loco 1929 S. 6 Ry Gaz 1928 II S. 767
Emu Bay Railway EBR	1067		3	2D1 1D2	419 x 558	1092	12,65	17059	4,05	1828	16,16	173	35,3	10,6	85,3	134,7	23,8	6		
Australian Portland Cement Co. APC	1067		2	1C C1	336 x 508	990	12,65	11022	2,10	1524	9,94	89,17	22,8	9,5	56,3	72,1	9,1	3		Loco 1936 S. 144
zusammen			126																	
Verteilung auf die Spurweiten	610		2																	
	762		2																	
	1067		75																	
	1435		47																	

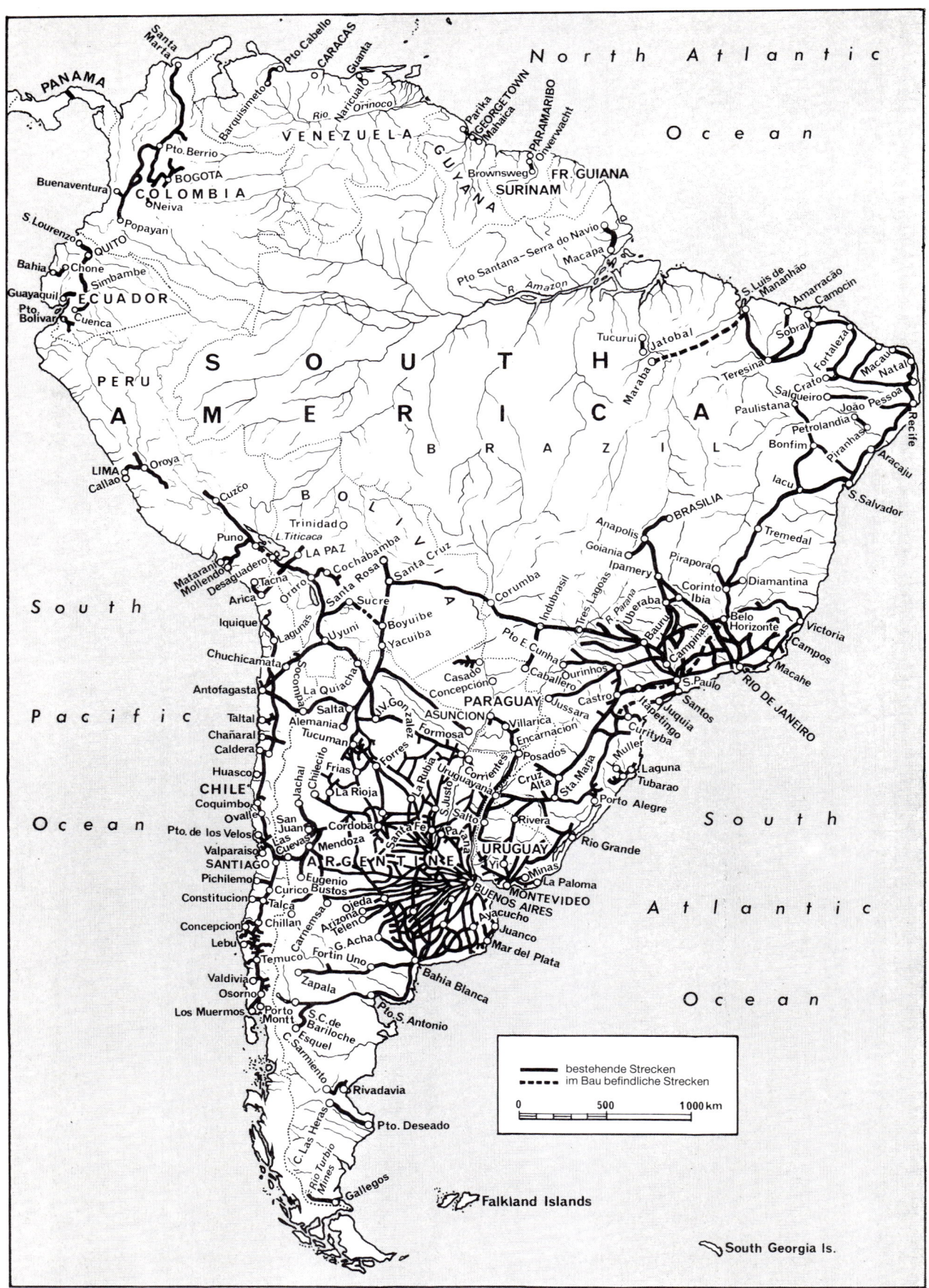

Bahnen in Südamerika nach dem Stand von 1975

6 Amerika

Soweit es den amerikanischen Kontinent betrifft, benutzten nur die Länder südlich von Panama Garratts, obwohl wie in Kapitel 2 angegeben, diese in den USA ernsthaftes Interesse fanden und Herstellungsrechte durch die American Locomotive Company (Alco) erworben wurden. Diese Rechte wurden jedoch niemals in Anspruch genommen, weder für heimische noch für Export-Lokomotiven.

Nordamerika

Bei Erscheinen des ursprünglichen Bandes «The Garratt Locomotive» konnte Nordamerika nur als Zulieferer und interessierter Beobachter der Garratt-Bauart charakterisiert werden. Wir können nun die Tatsache berichten, dass eine Garratt in den USA betrieben wird. Es ist ein kleines Schmalspur-Exemplar 610 mm aus 2. Hand von Südafrika und weit entfernt von den riesigen Maschinen, die einst von Beyer Peacock und Alco bei der Untersuchung der Möglichkeiten des Baues von «Super-Garratts» für den amerikanischen Markt ins Auge gefasst wurden.

Hempstead and Northern Railroad, Texas

Es gibt heute in der Welt viele Dampflokomotiven in Privatbesitz, jedoch geht es zu einem Texaner, um mit der einzigen privat betriebenen Garratt zu fahren. Man mag erwarten, dass ein Texaner eine SAR Klasse GL oder die ostafrikanische Klasse 59 fährt, aber diese kleine Lok NGG 13 für 610 mm Spur mit ihrem Zug von echtem SAR-Rollmaterial kann für sich in Anspruch nehmen, etwas Ungewöhnliches auf dem amerikanischen Kontinent zu sein.

Freilich wurden schon früher in Amerika hergestellte Stahlgussrahmen für in Grossbritannien und auf dem europäischen Kontinent gebaute Garratts geliefert für Loks verschiedener Teile Afrikas und Australiens. Somit hatten die USA ein sehr reales wenn auch peripheres Interesse an der Garratt Lokomotive. Zu früherer Zeit hatte Amerika ein aktiveres Interesse am Garratt-Prinzip, und als Beyer Peacock die Mallet-Garratt entwickelte, auch Super Garratt genannt, nahm Alco die Herstellungsrechte für diese Bauart. Super-Garratts wurden jedoch nie gebaut, aber das Beyer Peacock Projekt für eine 1CC1 1CC1 wurde im Buch «The Mallet Locomotive» des Autors beschrieben und mit den zeitgenössischen amerikanischen Grosslokomotiven verglichen. Später befasste sich ein Artikel in der amerikanischen Zeitschrift «Trains» mit der Super-Garratt und führte das Thema weiter. Ausgehend vom ursprünglichen Beyer Peacock Projekt wurden als Möglichkeit eine 2DD2 2DD2 doppelte Big Boy genannt und unter Ausnutzung der Extrema an erprobter Dampflokomotivtechnologie eine 1FF1 1FF1 Super Garratt mit mehr als 400 000 lb (1780 kN) Anfahrzugkraft. Immerhin zeigte dieses Projekt, dass das volle Entwicklungspotential der Dampftraktion niemals realisiert wurde. Interessante Details dieser weiteren Möglichkeiten sind im Anhang zu finden.

Südamerika

Zahlreiche Bahnen Südamerikas verwendeten Garratts, wo sie allgemein für spezielle Dienste eingesetzt wurden und nicht als eine Standardform der Zugförderung wie in Afrika. Eine grosse Vielzahl von Typen von der B B bis zur 2D1 1D2 war dort vertreten mit Spurweiten von 914 mm bis 1676 mm. Die meisten Garratts arbeiteten in den Bergen, ihre Dienste erstreckten sich ausserdem über den weiten Bereich von der Industriebahn bis zum Expresszug.

Argentinien

In den 1960er Jahren waren die Eisenbahnen Argentiniens in einem sehr abgewirtschafteten Zustand. Da kein Geld für den Kauf von Ersatzteilen der Diesellokomotiven da war, nahm man viele Dampfloks wieder in Betrieb. Damals waren die verschiedenen Garratt Typen schon alle verschrottet worden. Die 1970 veröffentlichte Publication «South American Steam» enthält in ihren Listen keine Garratts und es ist anzunehmen, dass sie grösstenteils in der Zeit von der Mitte der 1950er bis in die Zeit von der Mitte der 1960er Jahre verschrottet wurden. Damals begannen Dieselloks die schweren Dienste zu übernehmen. Die verschiedenen Bahnen mit ihren von der jeweiligen Geographie abgeleiteten Namen wurden 1956 verstaatlicht und mit neuen Namen von militärischer Bedeutung versehen, wobei die Zuteilung der Spurweite entsprechend erfolgte. Man ist dabei zu der unpassenden Bemerkung geneigt, dass die Leibesfülle des betreffenden Generals der entscheidende Faktor dafür war, ob sein Name einem Breitspur-, Normalspur- oder Schmalspur-Bahnnetz zugeteilt wurde!

Buenos Aires & Pacific Railway (nun Ferrocarril General San Martin)

Die Bahn mit 1676 mm Spurweite hatte für ihre Tochtergesellschaft Grande Occidentale Argentine oder Great Western of Argentine Railway eine Klasse Garratt-Lok Bauart 2D1 1D2, von welcher nur 4 Stück gebaut wurden. Diese gut aussehenden Maschinen mit Rädern von relativ grossem Durchmesser fuhren auf der in der Achslast auf 14,2 t beschränkten Zweiglinie Villa Mercedes – Villa Dolores. Ursprünglich

"Beyer-Garratt" Locomotives for South America

Für den Dienst auf Nebenstrecken des Gran Oeste Argentina Bezirks der Buenos Aires und Pacific Bahn baute Beyer Peacock diese stattlichen Garratts. Beyer Peacock

kohlegeheizt, wurden sie 1941 auf Ölfeuerung umgebaut. Eine davon war auf der British Empire Exhibition in Buenos Aires 1931 ausgestellt.

Ihre konstruktiven Merkmale waren Plattenrahmen-Triebgestelle mit modernen Zylindern, Kolbenschieber und Walschaerts-Steuerung. Der Belpaire-Kessel war mit Überhitzer und Feuerbüchswasserkammern ausgestattet und bei Kohlenbetrieb handgefeuert. Alle Lok sind inzwischen verschrottet. Ihre Bahn-Nr. waren 951–954, die Beyer Peacock Fabrik-Nr. 6532–6534 von 1930 und 6715 von 1931.

Buenos Aires Great Southern Railway
(nun Ferrocarril General Roca)

Diese Linie mit ebenfalls 1676 mm Spur hatte 12 Lok 2D1 1D2 mit niedrigem Achsdruck für Betrieb auf leichtem Oberbau der Strecke Bahia Blanca nach Neuquen und auf der Toay Zweiglinie. Im Flachland war hier der Hauptzweck, höhere Zuggewichte zu fahren und damit die Streckenbelegung zu verringern, es wurden Zuglasten bis zu 1700 t genommen.

Eine Garratt der Buenos Aires Great Southern Bahn nach der Überholung vor der Werkstätte. Sammlung des Autors

Ähnlich, aber etwas kleiner als die BAP Maschinen hatten sie Zylinder mit Z-Dampfkanälen älterer Bauart, fehlende Feuerbüchswasserkammern und Ölfeuerung von Anfang an. Beyer Peacock baute sie 1928 unter Fabrik-Nr. 6417–6428. Die Bahn-Nr. waren 4851–4862. Inzwischen sind alle verschrottet.

Cordoba Central Railway
(nun Ferrocarril General Belgrano)

Die General Belgrano Bahn umfasst alle meterspurigen Strecken der Republik Argentinien, und die FC Cordoba Central bildet einen wesentlichen Teil dieser heutigen Bahn. Für diese Linien baute Beyer Peacock 10 Garratts 2D1 1D2 mit höherer Leistung als die Breitspurklassen für 1676 mm. Diese Loks waren fast gleich mit den kurz zuvor für die FCAB gebauten. Der prinzipielle Unterschied bestand in der Verwendung von Kohle als Brennstoff.

Ursprünglich auf der Hauptstrecke zwischen Alta Cordoba, Quilino und Frias für 1200 t Züge über Steigungen 1:80 (12,5‰) eingesetzt, kamen diese Loks auch auf die Los Sauces Zweigstrecke Colonia Caroya – El Manzano mit Steigungen 1:40 (25‰) und engen Bogenhalbmessern. Bei der FC General Belgrano wurden sie in Klassen E 11 eingereiht, wobei der Buchstabe «E» locomotora Especial bedeutet, eine Benennung für Fünfkuppler, Gelenk- und Zahnrad-Typen für die schweren Dienste. Diese in den Firmenschriften von Beyer Peacock erwähnte Los Sauces Zweiglinie erscheint nicht im Fahrplan der Bahn von 1931, es war eine Güterzugstrecke nördlich der Provinzhauptstadt Cordoba von der Linie nach Déan Funes in westlicher Richtung führend. Die Zweigstrecke verlief zu den Ausläufern der Sierra Cordoba. Dort wurden Schotter und Kalkstein gewonnen und über diese Bahn abgefahren. Eine der Garratts war bei der Anschlussbahn zum Hafen Rosario eingesetzt, wo wegen einer 24‰ Rampe hohe Zugkraft nötig ist. Bei beiden Bahnen, der Cordoba Central und der FC G. Belgrano trugen die Maschinen die Nr. 1511–1520, die Beyer Peacock Fabrik-Nr. 6550–6559 von 1929.

Eine 2C1 1C2 Garratt ist hier im Dienst der Leopoldina Bahn in Brasilien zu sehen. Sammlung des Autors

Eine besonders bemerkenswerte interessante Garratt-Konstruktion für spezielle Verwendung ist diese Lok mit der ungewöhnlichen Achsanordnung 1B1 1B1, Ventilsteuerung mit schwingender Nockenwelle und übergrossem Rost für heizwertarme aschenreiche Kohle. Beyer Peacock

guays ausgeliehen, wenn dort wegen hohem Schadstand Lokmangel herrschte. Noch im Jahr 1977, so wurde berichtet, stand eine der 2B1 1B2 in den paraguayischen Bahnwerkstätten Sapucai und rostete dahin, wohl die letzte noch existierende dieser Type. Die Baudaten dieser Maschinen sind:

Bahn	Achsfolge	Bahn-Nr.	Beyer Peacock Fabrik-Nr.	Zahl	Baujahr
FCNEA	1C C1	101–103	6238–6240	3	1925
FCNEA	1C C1	104–107	6349–6352	4	1927
FCER	1C C1	401–405	6355–6359	5	1927
FCER	2B1 1B2	101–105	6360–6364	5	1927
FCNEA	2B1 1B2	108–110*	6645–6647	3	1930

*später 201–203

Brasilien

Mogyana Railway
(Cia. Mogiana des Estrades de Ferro)

Diese Meterspurlinie war die erste Bahn in Südamerika, die Garratts verwendete. Die Achsfolge war 2C C2 und wurde von Beyer Peacock nicht mehr ausgeführt, nur 2 Loks für Columbien erhielten später noch diese Bauart. Die Bauarten 1C1 1C1 oder 2C1 1C2 sind fahrzeug- und lauftechnisch besser.
Die beiden ursprünglichen Mogyana-Maschinen arbeiteten mit Sattdampf, hatten innenliegende Plattenrahmen und Belpaire-Kessel. 2 Jahre später folgten noch 3 ähnliche Maschinen nunmehr in Heissdampfausführung und mit Kolbenschiebern. Diese 5 Loks überlebten beide Weltkriege. Da diese Bahn nun auf Dieseltraktion umgestellt ist, sind die Garratts verschwunden.
Die Baudaten sind:

Bahn-Nr.	Beyer Peacock Fabrik-Nr.	Zahl	Baujahr
unbekannt	5529–5530	2	1912
189–191	5787–5789	3	1914

Leopoldina Railway
(Estrada de Ferro Leopoldina)

Diese Meterspurlinie ist einer der Hauptbetreiber von Garratts in Südamerika gewesen. Zusammen mit der

1C C1 Meterspur-Garratt der Sao Paulo Bahn, ein Anfang, welcher zu weiteren grösseren Garratts führte.
Beyer Peacock

Buenos Aires Midland Railway in Argentinien begann sie mit zwei Loks Bauart 2C1 1C2, die für beide Bahnen fast gleich ausgeführt waren. Plattenrahmen, Kolbenschieber mit Walschaert-Steuerung und Belpaire-Kessel mit Überhitzer bildeten die Hauptmerkmale.

Diese ersten beiden Maschinen sind für den Personenzugdienst der Strecke von Campos nach Victoria gebaut worden, bei einer massgebenden Steigung von 30‰ und Kurvenradien von 80 m. Dank ihrer guten Resultate im Betrieb waren die Maschinen in der Lage 75% grössere Lasten zu ziehen wie die 2C1 Lokomotiven mit Tender, so dass 2 weitere Aufträge für die gleiche Bauart innerhalb von 17 Jahren erteilt wurden.

In diesem Vergabezeitraum ergab sich die Notwendigkeit für stärkere Lokomotiven auf der Cantagallo-Zweigstrecke von Portella nach Cordiero, wobei ebenfalls Steigungen mit 30‰ zusammen mit scharfen Kurven von 30 m Halbmesser vorkommen. Nur zweifach gekuppelte Loks waren auf dieser Zweiglinie zugelassen, und früher bedienten B1 Tenderloks den Verkehr. Um die Anhängelast verdoppeln zu können wurden vier 1B1 1B1 Garratts während des 2. Weltkrieges geliefert. Trotz dieser allgemeinen Beschränkung sowie einer strengen Achslastbegrenzung gelang es, bei der entwickelten Konstruktion eine grosse Belpairefeuerbüchse für die Verbrennung heizwertarmer Kohle mit 40% Aschengehalt unterzubringen, dazu noch Schüttelrost und selbstreinigende Aschkästen. Einen geringen Laufwiderstand erzielte man durch Einbau einer Ventilsteuerung mit schwingender Nokkenwelle bei Antrieb durch das Walschaerts-Steuerungsgestänge und durch Rollenlager an den Laufachsen. Die anderen Einzelheiten waren konventionell einschliesslich der Plattenrahmen. Später wurden sie wie viele andere Leopoldina-Maschinen mit Holz gefeuert und auch auf anderen Strecken eingesetzt. Die Baudaten der Leopoldina Garratts sind:

Achsfolge	Bahn-Nr.	Beyer Peacock Fabrik-Nr.	Zahl	Baujahr
1B1 1B1	400–403	6976–6979	4	1943
2C1 1C2	380–381	6572–6573	2	1929
2C1 1C2	382–387	6845–6850	6	1937
2C1 1C2	388–395	7026–7033	8	1943

Alle Loks sind heute verschrottet.

São Paulo Railway
(Estrada de Ferro Santos a Jundiai)

Diese Bahn mit Hauptstrecken von 1600 mm Spur, aber auch einer meterspurigen Zweiglinie, hatte sehr interessante Betriebsprobleme, besonders auf der Breitspur. Auf der meterspurigen Bragantina Nebenbahn wurden 1913 die Garratts zuerst eingeführt. Diese verliess die Hauptstrecke in Campo Limpo und führt nach Vangem mit einer Abzweigung nach Praciai. Die vorkommenden Steigungen waren bis 1:30 (33,3‰) steil.

Die erste Garratt, eine 1C C1 war typisch für die damalige Baupraxis von Beyer Peacock mit Belpaire-Kessel, Überhitzer und Kolbenschiebersteuerung mit Z-Dampfkanälen. Sie zog erfolgreich die schwersten Güterzüge der Bahn und wurde 1936 durch eine ähnliche Maschine ergänzt. Diese zweite Lok unterschied sich von der ersten nur in unwesentlichen Details, erhielt aber trotzdem eine eigene Klassenbezeichnung. Die mit 1600 mm Spurweite verlegte Strecke führt vom Hafen Santos in das Landesinnere nach Sao Paulo, daher auch der ursprüngliche Name Sao Paulo Railway dieser einst in britischem Besitz befindlichen Bahn. Von Sao Paulo aus geht es weiter nach Jundiahy, wo die Verbindung mit den Paulista and Sorocobana Railways besteht. Der erste Abschnitt von

Auf dem Küstenabschnitt von und nach Santos verwendete die Sao Paulo Bahn drei 1B B1 Garratts für alle Zugarten.
F. C. Santos a Jundiahy

Santos nach Piassaguera war mit leichtem Oberbau und schwachen Brücken gebaut und stellte ein Betriebsproblem dar. Dann folgte nach Alto de Serra eine Steilrampe mit mehreren Stufen, die mit Seilzug und kleinen zweiachsigen Tenderloks für zusätzlich Zugkraft bergwärts und Bremskraft talwärts betrieben wurde. Vom Gipfelpunkt an verlief die Hauptstrecke dann gut ausgebaut nach Jundiahy.

Als der Verkehr sich entwickelte, erwies sich eine höhere Zugförderungsleistung als dringend nötig. Zur Beförderung von 1000 t Zügen bei einer maximalen Achslast von 14 t sind 4 gekuppelte Achsen erforderlich. Die schwachen Brücken aber verhinderten den Einsatz normaler Lokomotiven wegen deren auf relativ geringer Länge konzentriertem Gewicht. Beyer Peacock konstruierte eine 1B B1 Garratt, welche ihr Gewicht über einen Achsstand von 14 579 mm verteilte. Diese drei 1915 gebauten Loks mit Plattenrahmen, Belpaire-Kessel, Überhitzer, Kolbenschiebern und Walschaertssteuerung blieben bis zur Umstellung auf Dieselbetrieb im Jahre 1950 im Einsatz. Sie pendelten die wenigen Meilen der Küstenstrecke entlang und erreichten 7 oder 8 Umläufe am Tag auf der vielbefahrenen Strecke.

Wir kommen nun zur grössten und zahlreichsten Garratt-Klasse dieser Bahn, die auch geschichtlich bedeutsam ist. Bis zu ihrem Erscheinen war die Garratt ein Lastenschlepper auf Bergstrecken oder eine Nebenbahnmaschine, deren Triebraddurchmesser 1524 mm selten erreichte und niemals überschritt. Die Sao Paulo Bahn war mit ihren vorhandenen Garratts so zufrieden, dass sie sich dazu entschloss, diese Type zur Leistungssteigerung ihrer Hauptstrecke einzusetzen. Dort waren 2C Verbundschnellzuglok bisher die grössten verfügbaren Einheiten. Mit 18,5 t zulässiger Achslast wurde eine sehr grosse Garrattlok konstruiert mit 1600 mm Triebrädern, beispiellos in einer Garratt, der ersten solchen Maschine für den Expresszugverkehr.

Die Konstruktionsmerkmale entsprechen denen der 1B B1 Loks mit Ausnahme einer verbesserten Zylinderausführung mit geraden Dampfkanälen und mit ihrem grossen Belpaire-Kessel, der hinter dem niedrigen vorderen Wassertank aufragt. Diese 1C1 1C1 waren wirklich imposante Maschinen. Ihr Einsatz erlaubte Züge von 500 t planmässig mit einer Durchnittsgeschwindigkeit von 64,4 km/h über eine Entfernung von 60 km von Abfahrt bis Ankunft gerechnet zu führen. Dabei wurden 96 km/h erreicht, und es waren die ersten Gelenklokomotiven der Welt, die für solche Geschwindigkeiten im regulären Dienst ausgelegt waren.

Schon nach 4 Jahren Betriebsdienst wurde damit begonnen, diese Maschinen in 2C1 1C2 umzubauen, als Grund wurde eine Vergrösserung des Wasservorrates genannt. Es handelte sich dabei um einen ziemlich aufwendigen Weg zu diesem Ziel und bedeutete neue Laufradsätze, Drehgestellrahmen, Verlängerung der Triebgestellrahmen mit neuen Trieb- und Exzenterstangen (ausser den neuen Wassertanks). Die zusätzlich gewonnene Wassermenge betrug nur 4091 l, so dass der Autor einen zusätzlichen Grund hinter dem Umbau vermutet. Wahrscheinlich erforderte eine gewisse Laufunruhe bei voller Geschwindigkeit den stabilisierenden Einfluss eines führenden Drehgestells.

Was auch immer der wahre Grund dieses Umbaues gewesen sein mag, die Loks bewährten sich und blieben als Doppel-Pacific bis zum Ersatz durch die Elektrifikation im Jahre 1950 in Betrieb. Die Sao Paulo Garratts wurden wie folgt gebaut:

Garratt-Lokomotive Nr. 902 für die VFRGS-Bahn in Brasilien, Ansicht von vorn.

Garratt-Lokomotive Nr. 902 für die Vicao Ferrea Rio Grande do Sul in Brasilien, Ansicht von hinten Vorratsbehälter in formstabiler Leichtbauweise
Henschel Werkfoto

Spur mm	Klasse	Type		Bahn-Nr.	Beyer Peacock Fabrik-Nr.	Zahl	Baujahr
1000	U	1C	C1	8	5664	1	1913
1000	V	1C	C1	12	6795	1	1936
1600	Q	1B	B1	155–157	5892–5894	3	1915
1600	R1	1C1	1C1	160–165	6367–6372	6	1927
1600	R2	2C1	1C2	160–165	6367–6372		Umbau

2C1 1C2 Garratt-Lokomotive für Vicao Ferrera Rio Grande do Sul (Brasilien) VFRGS
Lok 902 Fabrik-Nr. 22048/1931 einer Serie von 10 Stück (901–910)
Henschel Werkfoto

Vicão Ferrea do Rio Grande do Sul VFRGS

Diese meterspurige Bahn scheint einen vorsätzlichen Versuch unternommen zu haben, um die Vorzüge der Garratt-Type mit denen moderner Einfachexpansion-Mallets zu vergleichen. Sie hat in den 1920er Jahren bei Henschel beide Typen von Gelenkloks bestellt. Die beiden gebauten Typen waren allerdings nicht exakt vergleichbar. Die Mallets waren insgesamt die grösseren Maschinen und eher reine Güterzugloks, während die 1931 gelieferten 10 Garratts mit grösseren Triebrädern für niedrige Achslasten mit 9 t mehr für den gemischten Verkehr auf Nebenstrecken passend waren.

Die Schnellzug-Garratt der Sao Paulo Bahn um ursprünglichen Zustand bei Lieferung mit der Achsanordnung 1C1 1C1. Beyer Peacock

2D1 1D2 Garratt-Lokomotive für Rede Ferroviaria Noroeste (Brasilien), ehemals Great Western Railway of Brazil Railway 1000 mm Spur Henschel Werkfoto

Die Sao Paulo Express-Garratt nach ihrem Umbau zur Doppel-Pacific, wie sie den grössten Teil ihrer Dienstzeit verbrachte. Links am Langkessel ist die Worthington-Simpson-Speisepumpe mit Vorwärmer angebaut. Beyer Peacock

Diese 2C1 1C2 Loks besassen Barrenrahmen, Runddecken-Stehkessel, Feuerbüchswasserkammern und 2 Dome auf dem Langkessel, wovon der vordere die obere Einspeisung enthielt. Der vordere Wasserkasten wies wegen des strengen Gewichtslimits aus dünnem Blech bootförmigen Querschnitt auf, auch der hintere Wassertank/Kohlenbunker hatte den gleichen formstabilen Querschnitt, am besten als pagodenförmig beschrieben. Durch Verspannung des Brückenrahmens mit dem Kessel wurde am Gewicht des Brückenträgers gespart, der zudem erstmalig aus einem gewalzten T-Profil im damals neuartigen Verfahren hergestellt wurde. Neu war auch die Verwendung sphärischer Drehzapfen Bauart Henschel, die auf der kurvenreichen Strecke mit leichtem Oberbau einwandfreies Laufverhalten gewährleistete. Nach dem Bau wurden sie auf der Strecke von Porto Alegre nach

Eine Meterspur-Garratt mit Holzfeuerung, Funkenfänger-Schornstein (Kobel) und seitlichen Wasserkästen der Sucrerie de Piracicaba, Brasilien im Juli 1970.   Jeremy Wiseman

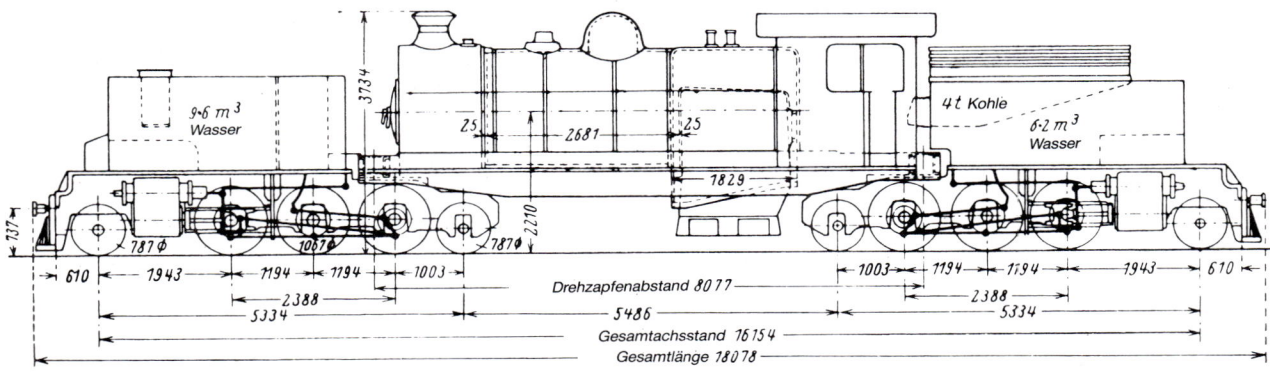

1C1 1C1 Garratt der Great Western Bahn in Brasilien.

Santa Maria verwendet. Mit der allgemeinen Umstellung auf Dieseltraktion in Brasilien wurden sie überzählig und einige kamen zur Estrada de Ferro Donna Teresa Cristina (EFDTC), um deren kleine Mallet-Loks zu ergänzen, bis wesentlich effektivere 1E2-Loks von der Central of Brasil verfügbar wurden. Bei der EFDTC waren die Erinnerungen an die Garratts weniger erfreulich und als in den späten 1970er Jahren weitere Dampfloks benötigt wurden, lehnte man Garratts z. B. aus Ostafrika ab zugunsten von 15 einfacher und leichter zu transportierenden 1E1 Loks Klasse E-5 aus Argentinien General Belgrano Nr. 1346–1360. Die VFRGS-Bahn-Nr. waren 901–910, die Henschel Fabrik-Nr. 22047–22056 von 1931.

Porto Felix Sugar Co, und Piracicaba Sugar Co

Diese beiden Firmen waren möglicherweise ein und derselbe Konzern oder hatten zuletzt den gleichen Eigentümer. Zwei in allen Hauptdaten identische Garratts wurden für den Zuckerbahnbetrieb in Brasilien von St. Leonard für Meterspur gebaut. Beide Loks waren BB Typen mit Seitentanks und Funkenfänger-Kobelschornstein und sehr ähnlich im Detail den kleinen Garratts, gebaut für die Mayumbe Bahn in Belgisch-Kongo und die Zaccar Grubenbahn in Algerien. Beide Loks wurden durch einen Vertreter geliefert, die Firma Allain et Fils in Paris, wobei die erste Maschine an die Sucrerie de Piracicaba ging. Letztere Firma befindet sich in der Provinz Sao Paulo. 50 Jahre lang beförderten sie Zuckerrohr, unentdeckt und

Henschel Garratt auf Probefahrt beim Überqueren einer Flussbrücke der Rede Ferroviaria do Nordeste in Brasilien.
Sammlung des Autors

ohne dass über sie Berichte erschienen, bis ihr bemerkenswertes Überleben in dem 1973 veröffentlichten Werk «World of South American Steam» dokumentiert wurde. Damals waren beide Loks in Piracicaba. Noch bemerkenswerter ist, wie spätere Informationen zeigen, dass an den Maschinen Fabrikschilder vertauscht wurden. Nach Information des Herstellers gilt:

Bahn	Bahn-Nr.	St. Leonard Fabrik-Nr.	Baujahr
Porto Feliz	5	2091	1927
Piracicaba		2108	
Spätere Berichte geben an			
Piracicaba	6	–	1927
Piracicaba	7	2091	1927

Jedermann, der in der Lage ist, Licht in diese mysteriöse Sache um die kleinen aber faszinierenden südamerikanischen Lokomotiven zu bringen, ist dem Autor willkommen. Mangels verfügbarer Daten sind diese beiden Loks in der Tabelle «Garratt-Lokomotiven in Südamerika» nicht enthalten, so dass demnach 132 + 2 Garratts als Lieferungen nach Südamerika angegeben werden können.

Great Western of Brazil Railway

Dieser Meterspurkonzern erhielt 1928 die Lieferung seiner ersten beiden Garratts von Armstrong Whitworth & Co. Es war der erste von zwei Aufträgen über Garratts an die Firma. Diese Maschinen selbst aber erschienen in jeder Beziehung als wären sie eine Beyer Peacock Konstruktion und dürften wohl unter Lizenz gebaut worden sein. Sie waren der Klasse GC der South African Railway konstruktiv sehr ähnlich (die Abmessungen variierten leicht), hatten jedoch einen höheren Kesseldruck und kleinere Zylinder.

Kurz vor dem 2. Weltkrieg bestellte diese Bahn weitere 4 viel grössere 2D1 1D2-Maschinen bei Beyer Peacock. Die Lieferung verzögerte sich wegen des Krieges, aber wie in Kapitel 11 noch ausgeführt ist, bildete deren Konstruktion die Grundlage für die Entwicklung einer sehr erfolgreichen Bauart, die bei einer Reihe von Bahnen weltweit verwendet wurde. Nach dem Krieg gab Beyer Peacock den Auftrag an Henschel als Unterlieferanten ab einschliesslich zweier weiterer Loks, für die Bedarf bestand. Die 6 Loks mit 26670 mm Gesamtlänge und 70 km/h Höchstgeschwindigkeit kamen an die Rede Ferroviaria do Noroeste oder Nordostbahn, zu der diese Bahn geworden ist. Alle sind nun ausser Dienst, aber eine der Henschel Maschinen wurde erhalten (Bild S. 89). Die Baudaten sind:

Bahn-Nr.	Hersteller	Fabrik-Nr.	Zahl	Baujahr
238–239, später 601–602	Armstrong Whitworth	1024–1025	2	1929
610–615	Henschel vorgesehen bei Beyer Peacock	25257–25262 6966–6969 u. 7136–7137	6	1952

Bolivien

Antofagasta und Bolivia Railway (FCAB)

Diese internationale Bahn führt von der Pacifikküste in Chile über die Anden nach Bolivien und wies ebenso wie die anderen Andenbahnen extrem schwierige Betriebsverhältnisse auf. Die erste Strecke wurde mit 762 mm Spur angelegt. Die Unzulänglichkeiten dieser Spurweite sowie der Spurwechsel an den Anschlusspunkten mit anderen Strecken machte einen Umbau auf Meterspur zwingend notwendig. Der Abschnitt Uyuni – Oruro war 1916 umgebaut, die übri-

Largest Metre Gauge Locomotive in the World.

Tractive Effort @ 75% B.P. 48,700 lbs. *65 lb. Rail.* *Maximum Axle Load 13 Tons.*

Cylinders (4)	*Heating Surface: Tubes* ... 2,647 *sq. ft.*	*Water Capacity* ... ... 5,000 *Gallons.*
Diameter ... 18 *in.*	*Firebox* ... 217 *do.*	*Fuel Capacity (Oil)* ... 1,670 *do.*
Stroke ... ... 26 *in.*	*Superheater* 593 *do.*	*Adhesive Weight* ... ... 104·15 *Tons.*
Boiler Pressure ... 185 *lbs. sq. in.*	*Total* ... 3,457 *do.*	*Factor of Adhesion* ... ... 4·8.
Coupled Wheel diameter 4 *ft.* 0 *in.*	*Grate Area* ... ... 55 *sq. ft.*	*Total Weight, in working order,* 169·65 *Tons.*

Three **"BEYER-GARRATTS"** of the above type have recently been designed and manufactured at our Works for the **Antofagasta (Chili) & Bolivia Railway,** and are the most powerful locomotives ever constructed for service on the Metre Gauge.

These Engines, which are designed for operating on long 3% grades compensated for curves of 100 metres radius, are fitted with bar frames, "Westinghouse" brakes, steam sanding, Superheater Co.'s superheater with M.L.S. multiple valve regulator and header, and Hopkinson Ferranti type stop valve, "Weir" feed-water heater and pump, steam reversing gear, oil firing arrangement, etc.

BEYER PEACOCK & CO., LIMITED

Telegrams: "Loco, Gorton." **GORTON FOUNDRY, MANCHESTER.** Telephone: Central 5663-5664.

Telegrams: "Folgore, Sowest." LONDON OFFICE: ABBEY HOUSE, WESTMINSTER. Telephone: Victoria 8082.

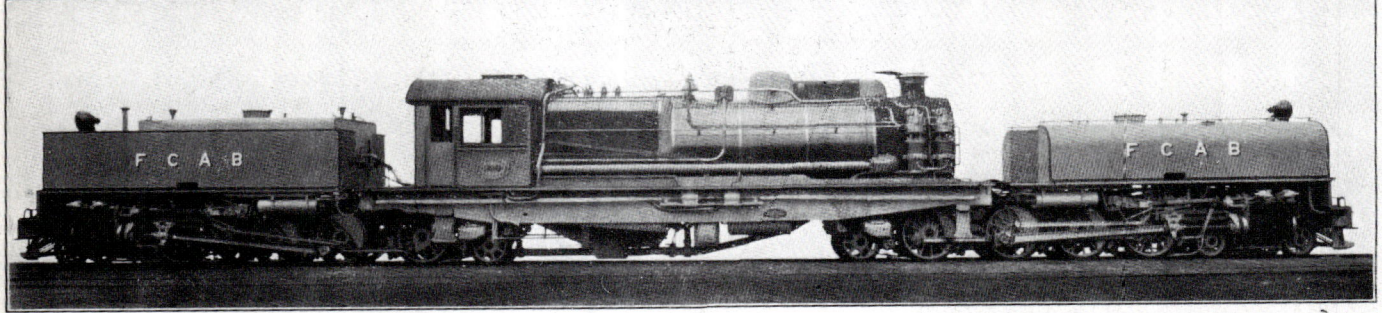

Oben: Diese Werbeanzeige von Beyer Peacock für die 1929 gebaute FCAB Garratt beansprucht für sie den Titel der grössten Meterspurlokomotive der Welt. Spätere Inhaber dieses Titels waren ebenfalls Garratts. Beyer Peacock

Unten: Modernisierte Nachkriegs-Garratt der FCAB mit der nach der Verstaatlichung durch Bolivien angebrachten Beschriftung FCLPA. Howard S. Patrick

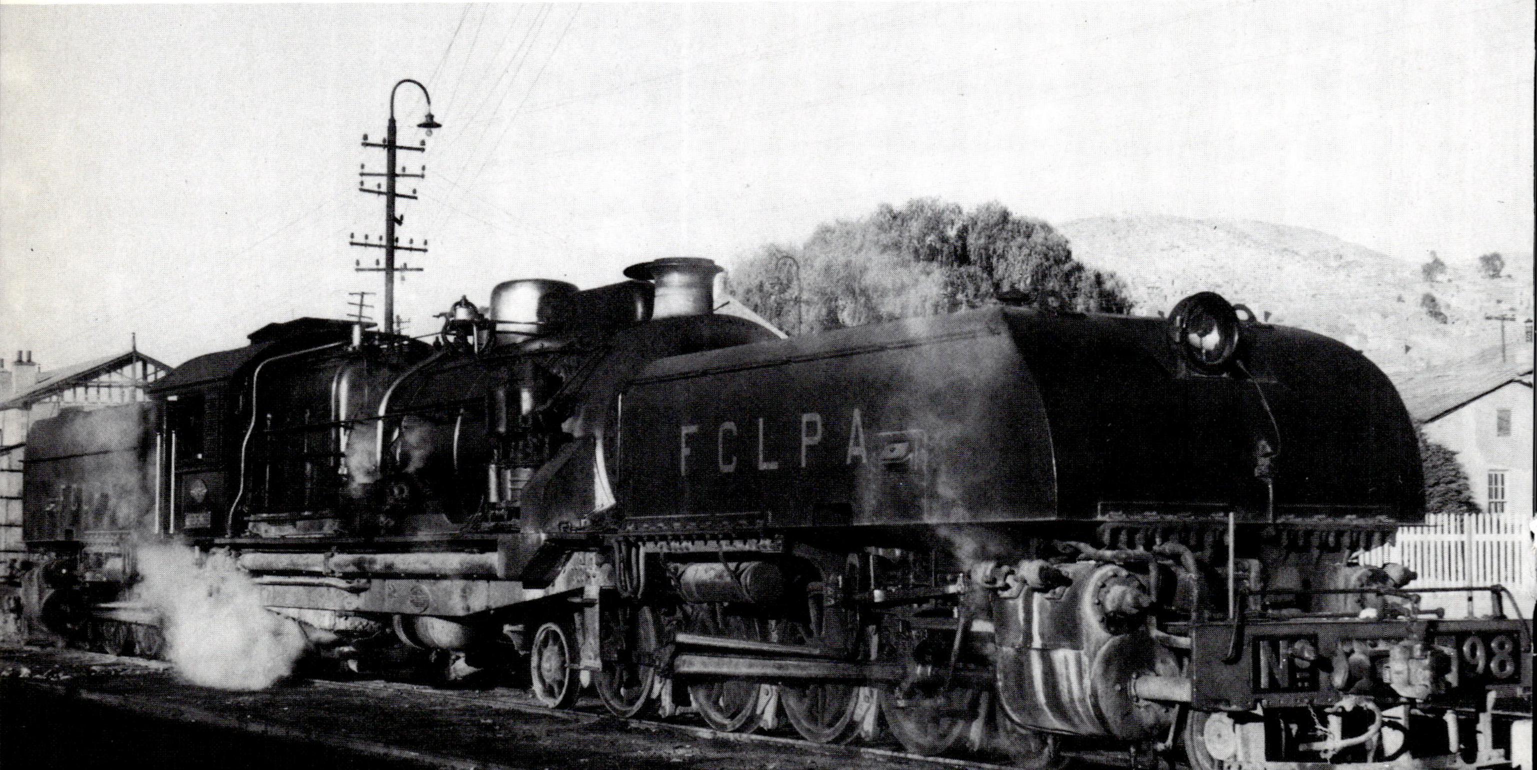

Bis zur Titelübernahme durch die südafrikanische Klasse GL waren diese Normalspur-Garratts der Nitrate Railways in Chile die leistungsfähigsten Lokomotiven der südlichen Hemisphäre.
Beyer Peacock

gen Streckenteile bis 1928. Die Hauptstrecke führt schon aus Antofagasta heraus mit der starken Steigung von 1:33 (30‰) auf 38 km Länge bis Portezuelo. Auf den anschliessenden 330 km bis Ascotan, wo der Altiplano mit einer Höhe von 4000 m erreicht wird, beträgt die Steigung 1:45 (22‰). Trotz der Schwierigkeit dieser Bergfahrt wird sogar noch härtere Arbeit auf den Zweiglinien verlangt, wo längere Abschnitte mit 30‰ in Lastrichtung vorkommen. Zwischen Potosi und Rio Mulato erreicht die Strecke in Condor 4788 m Höhe über dem Meer, der weltweit höchste Scheitelpunkt für Meterspur. Deshalb kamen vor allem auf den Zweigstrecken noch mehr als auf den Hauptlinien vorzugsweise Gelenkloks zum Einsatz und Beyer Peacock hatte sich auf diesem Gebiet eine führende Stellung errungen.

Die erste Lieferung war in Konstruktion und Ursprung ziemlich ungewöhnlich, nämlich von Beyer Peacock gebaute Kitson-Meyer-Loks. Obwohl die Beyer-Garratt 1913 schon etwas bekannt war, gab es davon nur wenige in Südamerika, wo bei den Andenbahnen die Kitson-Meyer ihren festen Platz hatte. Sicher hatte Beyer Peacock versucht Garratts zu verkaufen, aber schliesslich hat man dort das Geschäft zur Lieferung von 6 Kitson-Meyers abgeschlossen. Diese Loks waren ungewöhnlich konstruiert, als 1C 1C fuhren sie mit Kohlenkasten und Führerhaus voraus. Die Lokomotive trug nur die Kohlenvorräte, das Wasser befand sich in einem zylindrischen Tank des Tenders.

Mit der Zeit benötigte man weitere Gelenklokomotiven, die Garratt war inzwischen schon gut eingeführt, so baute Beyer Peacock 1929 drei grosse 2D1 1D2 Maschinen mit 13 t Achslast und 170 t Gesamtgewicht. Sie hatten Barrenrahmen, Kolbenschieber mit Walschaerts-Steuerung und Belpaire-Kessel mit Ölfeuerung und fuhren auf der Potosi-Zweigstrecke. Während des 2. Weltkrieges benötigte man weitere Garratts. Von Argentinien mietete man die beiden 2C1 1C2 Loks von der Buenos Aires Midland Railway sowie weitere grosse Maschinen der Cordoba Central Railway, wobei letztere ähnlich derer der FCAB Maschine (Ferrocarril Antofagasta-Bolivia) waren. Nach dem Krieg gab man die angemieteten Maschinen an ihre Eigentümer zurück und bestellte 6 weitere Garratts ähnlich der ursprünglichen Konstruktion, jedoch mit den neuerdings üblichen abgerundeten Wasser- und Kohlenkastenstirnseiten.

Im Jahre 1959 verstaatlichte die Regierung von Bolivien den in ihrem Land gelegenen Teil der Linie einschliesslich der Garrattloks und gab der Bahn den Namen FCLPA Ferrocarril La Paz Antofogasta, das heisst, es wurde der vorhandene Name umgedreht und dem Namen des neuen Regierungssitzes La Paz angepasst! Später fasste man dann die verschiedenen Bahnen zur FF.CC del Estrado de Bolivia zusammen und reihte die Garratts in ein anderes Nummernschema ein, wobei es offen ist, ob alle Loks diese neuen Nummern noch getragen haben. Später hat man sie auch noch mit Namen versehen. Einzelheiten der Bezeichnungen sind:

FCAB Nr.	FF. CC Nr.	Name	Beyer Peacock Fabrik-Nr.	Baujahr
390	900	Choroloque	6524	1929
391	901	Illampu	6525	1929
392	902	Kosuna	6526	1929
393	903	Huayna Potosi	7420	1950
394	904	San Vicente	7421	1950
395	905	Illimani	7422	1950
396	906	Tumari	7423	1950
397	907	Sajama	7424	1950
398	908	Tres Cruces	7425	1950

Chile

Nitrate Railways (Ferrocarril de Salitrero)

Wie schon der Name andeutet, war diese Normalspurbahn für den Transport von Salpeter angelegt worden. Sie war eine der am schwierigsten zu betreibenden Strecken der Welt. Vom Küstenort Iquique ausgehend kletterte sie auf nur 31,4 km auf 914 m Höhe, und der Scheitelpunkt dieser Gebirgsstrecke befindet sich in Las Carpas. Die massgebende Steigung ist 1:25

(40‰), wobei ein Abschnitt 1:23,3 (43‰) aufweist. Weiter gibt es noch ein Teilstück, wo die Steigung im Bogen liegt und dem äquivalenten Wert von 1:21 (47,6‰) bei geradem Gleis entspricht.

Der Verkehr auf dieser Bergstrecke wurde von zwei Tenderlok-Bauarten bewältigt, einige 1D1 von Porter sowie 2D2 von Yorkshire Engine Co mit gleichen Abmessungen der Zylinder und Triebrädern. Sie konnten Zuglasten von 160–180 t bewältigen, aber es war erwünscht, 400 t Last zu befördern. Beyer Peacock wurde mit der Konstruktion einer 1D1 1D1 Garratt beauftragt, wobei wiederum Zylinderabmessungen und Triebraddurchmesser mit den Werten der früheren Tenderlok gleichgehalten wurden. 3 Lokomotiven wurden bestellt und 1926 geliefert. Sie waren erfolgreich und es folgten 1928 weitere 3 Stück.

Die Maschinen hatten Barrenrahmen und Zylinder mit grossen Kolbenschiebern, betätigt von einer Walschaert-Steuerung. Den Heissdampf lieferte ein grosser ölgefeuerter Kessel mit runder Stehkesseldecke. Links am Kesselrahmen war ein Worthington-Simpson Speisewasservorwärmer angebaut.

Die 6 Loks fuhren bis zu ihrem Ersatz durch Diesellok im Jahre 1959, während die Bahn nach der Verschmelzung mit der nördlichen Längsbahn nun als Ferrocarril de Iquique a Pueblo Hundido bekannt wurde. Die Baudaten sind:

FCS Nr.	Beyer Peacock Fabrik-Nr.	Zahl	Baujahr
120–122	6291–6293	3	1926
123–125	6481–6483	3	1928

Ecuador

Guayaquil and Quito Railway G&Q

Obwohl die Eisenbahnen als Empresa de los Ferrocarriles del Estado Ecuatoriano verstaatlicht sind, behielt die Guayaquil et Quito ihren ursprünglichen Namen und ist die wichtigste Bahn im Lande. Als eine der schwierigsten Andenbahnen wurde sie durch ein amerikanisches Unternehmen mit 1067 mm Spurweite erbaut und behielt bis heute viel von ihrem amerikanischen Charakter. Guayaquil selbst, der Haupthafen des Landes ist nur mittels einer Eisenbahnfähre über den Fluss Rio Guayas erreichbar, und die Bahn beginnt erst an seinem Ostufer in Duran. Nach Durchfahren der Küstenniederungen fängt der Gebirgsteil der Strecke in Bucay an, 87,4 km von Duran in 294 m Höhe gelegen. In Palmira 168,9 km von Duran entfernt ist eine Höhe von 3239 m erreicht. Auf 81,5 km werden 2945 m Höhendifferenz bei einer durchschnittlichen Steigung von 1:28 (35,7‰) mit Maximalwert von 1:18 (55,5‰) unkompensiert, d. h. tatsächlich bis 1:15 (66,6‰) überwunden. Weitere Bergformationen bringen die Strecke auf eine Scheitelhöhe von 3609 m nach Urbina, von wo aus sie auf diesem hohen Niveau bis zur Hauptstadt Quito verläuft. Im Verlauf der Hauptsteigung zwischen Sibambe und Alausi klettert die Strecke mit Hilfe von Spitzkehren am Steilhang hoch, genannt – Nariz del Diablo – Nase des Teufels.

Als Zugkraft für diese bemerkenswerte Bahn dienten hauptsächlich eine Serie von kräftigen 1D Lokomotiven mit Tender. Da aber nur deren halbes Gesamtgewicht für die Reibung verfügbar war, musste jede Lok über 50 t Totlast mitführen, wodurch die Zuglast auf diesen starken Steigungen auf 100 t beschränkt war. Die Lösung der Amerikaner für dieses Problem bestand zunächst in 2 Shay-Loks aus dem Jahre 1901, gefolgt von 2 Mallet Loks CC von Baldwin. Vermutlich waren diese Loks nicht voll zufriedenstellend, da 1929 die Firma Beyer Peacock diese sonst voll amerikanische Bahn überzeugen konnte, es mit drei Garratts zu versuchen. Die Dimensionen der Shay und Mallet Wettbewerber sind dem Autor unbekannt, aber der Vergleich zwischen der Garratt und der 1D Anden-Standardlok fällt für die erstere sehr eindrucksvoll aus.

Lokomotive		1D-Anden-Standard-Lok	1C1 1C1 Garratt-Lok
Gesamtgewicht	kg	118 024	122 433
Reibungsgewicht	kg	59 692	82 299
Zugkraft bei 85% Kesseldruck	kg	14 582	19 500
Fahrwiderstand auf Steigung 1:18	kg	6 872	7 130
Verfügbare Netto-Zugkraft	kg	7 710	12 370
mehr Zugkraft	%	–	60,4

Die Steigerung der verfügbaren Anhängelast bei nur wenig höherem Lokomotivgewicht musste für die G&Q Bahn sehr attraktiv gewesen sein. Die grössere Zugkraft der Garratt wurde allerdings wegen der nach Lieferung einsetzenden Wirtschaftsdepression nicht mehr genutzt. Die von der Bahn beförderte Tonnage fiel von 164 000 t in 1928/29 auf 116 000 t in 1932. Obwohl anschliessend der Verkehr wieder zunahm, kaufte man keine weiteren Gelenklokomotiven irgendwelcher Typen, bis schliesslich die Dieseltraktion eingeführt wurde.

Weitere Dampfloks der 1D-Type wurden bis 1953 geliefert. Mit Rücksicht auf die Zahl der Ausweichgleise und Drehscheiben waren bei Verkehrsspitzen zahlreiche kurze Züge zu fahren, jeden davon mit 2 oder 3 Lokomotiven. Für einen erheblich wirtschaftlicheren Betrieb hätten auch grössere Garratts mit 2 × 4 Kuppelachsen gebaut werden können.

Die 3 gebauten Garratts wiesen Barrenrahmen, Kolbenschieber mit Walschaerts-Steuerung und Worthington-Speisewasservorwärmer auf. Beim Bau wurden sie mit Belpaire-Stehkessel versehen, aber ein Foto in dem Buch von Obregon: Memorials del Ferrocarril del Sur, 1977, zeigt eine rekonstruierte Maschine mit runder Stehkesseldecke. Wie viele so umgebaut wurden, ist nicht bekannt, ebenso das Ausmusterungsdatum, das wahrscheinlich in den 1960er Jahren war. Die Garratts trugen die G&Q; Bahn-Nr. 101–103 und die Beyer Peacock Fabrik-Nr. 6527–6529 von 1929. In späterer Zeit hatten eine oder auch alle Namen.

Zwei Garratts der Central Railway of Peru mit umgebautem Schornstein ausser Dienst hinterstellt in Chosica im Jahre 1966. Howard S. Patrick

Eine Rarität ist die 2C C2 Garratt mit Aussenrahmen der Columbian Pacific Railway. Armstrong Whitworth

Die FC Dorado in Columbien hatte zwei Doppel-Pacific-Garratts auf ihren Strecken mit 914 mm Spur. Beyer Peacock

Peru

Central of Peru Railway (FCC)

Während die FCAB-Bahn in Bolivien die grösste Meereshöhe einer Bahn in der Welt erreicht, hat die FCC-Bahn die höchstgelegene Normalspurstrecke, mit einer Scheitelhöhe von 4818 m.

Der Autor will nicht diese faszinierende Strecke beschreiben, was ausführlich in Brian Fawcett's Buch «Die Andenbahnen» Verlag Orell Füssli Zürich enthalten ist.

Es genügt zu sagen, dass für die Bewältigung ihrer unkompensierten Steigung 1:22 (45,4‰) Cyril Williams dieser Bahn einige grosse leistungsfähige 1D1 1D1 Garratts verkaufte. 1930 wurden 3 von ihnen geliefert, 1932 noch eine weitere. Diese mit Barrenrahmen gebauten sehr zugkräftigen Maschinen waren in der Lage die doppelte Last gegenüber den 1D Andenstandardloks zu befördern. Dies erwies sich jedoch als grosse Verlegenheit, da solche Zuglasten für die Umsetzgleise der Spitzkehren zu lang waren, was bei jeder Kehre ein Trennen des Zuges mit Rangieren bedeutet. Deshalb wurden keine weiteren Garratts gekauft, aber die vorhandenen konnten bis zur Einführung der Dieseltraktion beschäftigt werden. 1966 wurden sie in Chosica abgestellt. Sie erhielten einen Ofenrohrschornstein grossen Durchmessers anstelle des üblichen Beyer Peacock Kranzkamins sowie ein Mehrdüsenblasrohr.

Die Nummerndaten waren:

1. Bahn-Nr.	2. Bahn-Nr.	Beyer Peacock Fabrik-Nr.	Zahl	Baujahr
122–124	400–402	6626–6628	3	1930
125	403	6731	1	1932

Columbien

Die Ferrocarriles Nacionales de Columbia betreiben ein ausgedehntes Netz in 914 mm Spur, welches allmählich durch Übernahme privater Konzerne entstand. Gelenklokomotiven wurden in beträchtlichem Umfang eingesetzt, worunter die Kitson-Meyer die grösste Verbreitung fand. Tatsächlich waren die von Robert Stephenson & Co. 1935 hergestellten 1D D1 Tenderlokomotiven die letzten und wohl auch die schönsten ihrer Art. Eine andere aussergewöhnliche Type waren die ein Jahr vorher in Betrieb genommenen CC Tenderlok mit einem Wasserrohrkessel und Sentinel Dampfmotoren mit Getriebeübertragung in den Drehgestellen. Mit ihrem bullig aussehenden gewölbten Gehäuse sahen sie einem Flusspferd ziemlich ähnlich [1.50].

Die Garratt aber war durch zwei Klassen repräsentiert. Die erste bestand aus einem Paar 2C C2 Maschinen, gebaut von Armstrong Whitworth & Co. für die Ferrocarril Pacifico de Colombia. Diese ungewöhnlich aussehenden Loks hatten aussenliegende Plattenrahmen und leicht geneigte Zylinder mit Kolbenschiebern. Die Aussenkurbeln hatten integrierte Gegengewichte, während Gegenkurbeln das Walschaerts-Steuerungsgestänge antrieben. Die Belpaire-Kessel besassen Überhitzer.

Die andere Garratt-Klasse bestand auch nur aus 2 Lokomotiven. Es waren von Beyer Peacock für die F. C. Dorada konstruierte und gebaute 2C1 1C2 Loks.

Die Triebgestelle erhielten innenliegende Barrenrahmen. Der Kessel mit runder Stehkesseldecke war mit Feuerbüchswasserkammern ausgerüstet. Diese Loks der F. C. Dorada waren schwerer als die der F. C. Pacifico, hatten aber eine kleinere Zugkraft. Sie waren für die Fahrt mit 350 t Zuglast über die 1:50 (20‰) Steigungen zwischen Honda und Marequita ausgelegt. Inzwischen sind alle verschrottet. Baudaten sind:

Bahnen in Columbien	Type	Bahn Nr.	Hersteller	Fabrik-Nr.	Zahl	Baujahr
F. C. Pacifico	2C C2	29–30	Armstrong Whitworth	565–566	2	1924
F. C. Dorada	2C1 1C2	17–18	Beyer Peacock	6843–6844	2	1938

Garratt-Lokomotiven in Südamerika

Bahn	Spurweite mm	Klasse	Zahl	Achsanordnung	Zylinderdurchmesser x Kolbenhub mm	Triebraddurchmesser mm	Kesseldruck bar	Zugkraft bei 75% Kesseldruck kg	Rostfläche m²	größter Kesseldurchmesser mm	Heizflächen m² Feuerbüchse	Rohre	Überhitzer	größte Achslast	Reibungsgewicht	Dienstgewichte t Gesamtgewicht	Vorräte Wasser m³	Brennstoff t/l	Bemerkungen	Literaturhinweise
Buenos Aires & Pacific Railway	1676		4	2D1 1D2	470 x 660	1524	14	20180	4,59		26,1	200,7	47,9	14,3	114,8	197	22,7	10 t		
Buenos Aires Great Southern Railway	1676		12	2D1 1D2	444 x 660	1410	14	10627	4,11		10,05	106	41	12,9	103,2	168	20,9	8 t		Loco 1929 S. 192 1,37 S. 73
Cordoba Central Railway	1000		10	2D1 1D2	457 x 660	1219	13	22089	5,10		19,8	204,5	55,1	13,3	105,6	170,7	23,6	8 t		
Entre Rios and Argentina North Eastern Railways	1435	S/D	8	2B1 1B2	381 x 558	1422	12,65	11426	3,2		16	122,1	25	12,2	48,7	107,7	15,9	5 t		Loco 1927 S. 392 Ry Gaz 1925 S. 856
	1435		12	1C C1	381 x 558	1143	12,65	13471	3,2		16	122,1	25	11,9	70,9	92	9,1	3 t		Loco 1926 S. 417
Buenos Aires Midland Railway	1000	H	2	2C1 1C2	394 x 558	1219	13	13857	3,16		14,12	143,6	31,1	10,6	64	115	16,3	5 t		Ry Gaz 1930 II S. 191 MT 1930 S. 9
Transandine Railway Co.	1000		4	1C1 1C1	381 x 558	1066	12,65	14433	3,65		15,14	156,6	31	11,4	67,5	106	13,6	5 t		
Great Western of Brazil Railway	1000		2	1C1 1C1	368 x 508	1066	14	13607	2,61	1740	11,24	111,1	26,5	10,3	61,8	90,4	16,1	4 t		Organ 1931 S. 425 / 1,43 S. 207 Engg 1932 II S. 520
	1000		6	2D1 1D2	406 x 610	1219	14	17417	4,53	1828	15,51	165,2	34,3	11	86	150	19,1	6820 l		HeN 1952 Nr. 1/2
Mogyana Railway	1000		2	2C C2	330 x 508	1143	12,65	9198	2,54	1495	11,63	132,1	–		51,8	75,3	9,1	4 t		1,43 S. 201
	1000		3	2C C2	355 x 508	1143	11,25	9480	2,54	1495	11,71	106	24,9	9	54	77	9,1	4 t		1,43 S. 201
Leopoldina Railway	1000		4	1B1 1B1	279 x 508	1016	12,3	7200	2,81		11,89	73,6	16,9	9	35	70	7,7	2,5 t		Ry Gaz 1943 S. 588 1946 S. 74
	1000		16	2C1 1C2	394 x 558	1270	13	13300	3,16		14,03	143,6	31,1	10,6	64	113,3	15,9	4,5 t		Ry Gaz 1925 S. 826
Sao Paulo Railway	1000	U/V	2	1C C1	355 x 508	1066	14	12700	2,77		12,91	160,3	–	10,6	63,7	82	13,6	8,8 t		Ry Engg 1922 S. 181
	1600	Q	3	1B B1	406 x 610	1524	11,25	11150	2,79	1676	13,47	129,7	28,2	14	56,6	81,8	6,8	3182 l		Loco 1916 S. 151 Ry Gaz 1928 S. 61
	1600	R 1	(6)	1C1 1C1	508 x 660	1676	14	21441	4,57	1981	19,04	255,4	62	18,8	112,8	160,8	14,1	5 t	vor Umbau	Loco 1928 S. 21
	1600	R 2	6	2C1 1C2	508 x 660	1676	14	21441	4,57	1981	19,04	255,4	62	19,6	117,6	194,3	18,2	5 t	nach Umbau	Loco 1935 S. 173
Rio Grande do Sul	1000		10	2C1 1C2	355 x 610	1143	14	14197	4	1511	15,19	109,4	44,4		57,7	113,9	17	11 t	2 Feuerbüchswasserkammern	HR 1932 S. 14 + 32 Organ 1933 HeH 1932 S. 12; S. 249 Z VDI 1932 I S. 323 HeN 1958 Nr. 1/2
Auto fagasta and Bolivia Railway Company	1000		3	2D1 1D2	457 x 660	1219	13	22089	5,1	1981	20,16	245,9	55,1	13,8	105,6	172,2	22,7	7590 l	Gl. Ann. 1952 S. 67	Loco 1929 S. 241 Ry Gaz 1929 I S. 747
	1000		6	2D1 1D2	457 x 660	1219	13	22089		1981	20,16	245,9	50,7	14,7	117,8	184,6	25	10000 l		Ry Gaz 1951 S. 179
Nitrate Railways	1435		6	1D1 1D1	558 x 508	1066	14	31365	6,39	2222	25,64	285,2	69,1	18,3	143,7	190	25	6400 l	ZVDI 1926 II S. 1144 Organ 1926 S. 512 BRQ 1927 S. 28	Ry Eng 1926 S. 242 Loco 1926 S. 171 + 1932 S. 85
Guayaquil & Quito	1067		3	1C1 1C1	394 x 508	965	14	17200	3,75		15,89	165,7	35,6	13,7	82,3	122,4	11,3	11300 l	Ry Gaz 1929 I S. 530	Loco 1929 S. 191 1,43 S. 101
FC Pacifico de Colombia	914		2	2C C2	406 x 558	1016			3,23		14,49	168,5	27,8		64,4	97,5	12	7 t		
Dorada Extension Railway Ltd.	914		2	2C1 1C2	355 x 558	1016	12,65	13200	3,62		16,26	130	25,1	10,1	60,8	119,5	15,9	6820 l		Loco 1937 S. 377 Ry Gaz 1937 II S. 987
Central of Peru	1435		4	1D1 1D1	495 x 558	1143	14,4	25927	5,69	2222	22,67	241,3	63	16,2	130	176,3	22,9	4,5 t		Loco 1930 S. 262 MT 21.06.1930 S. 3
zusammen			134																	
Verteilung auf die Spurweiten	914		4		1435	33														
	1000		72		1600	9														
	1067		3		1676	16														

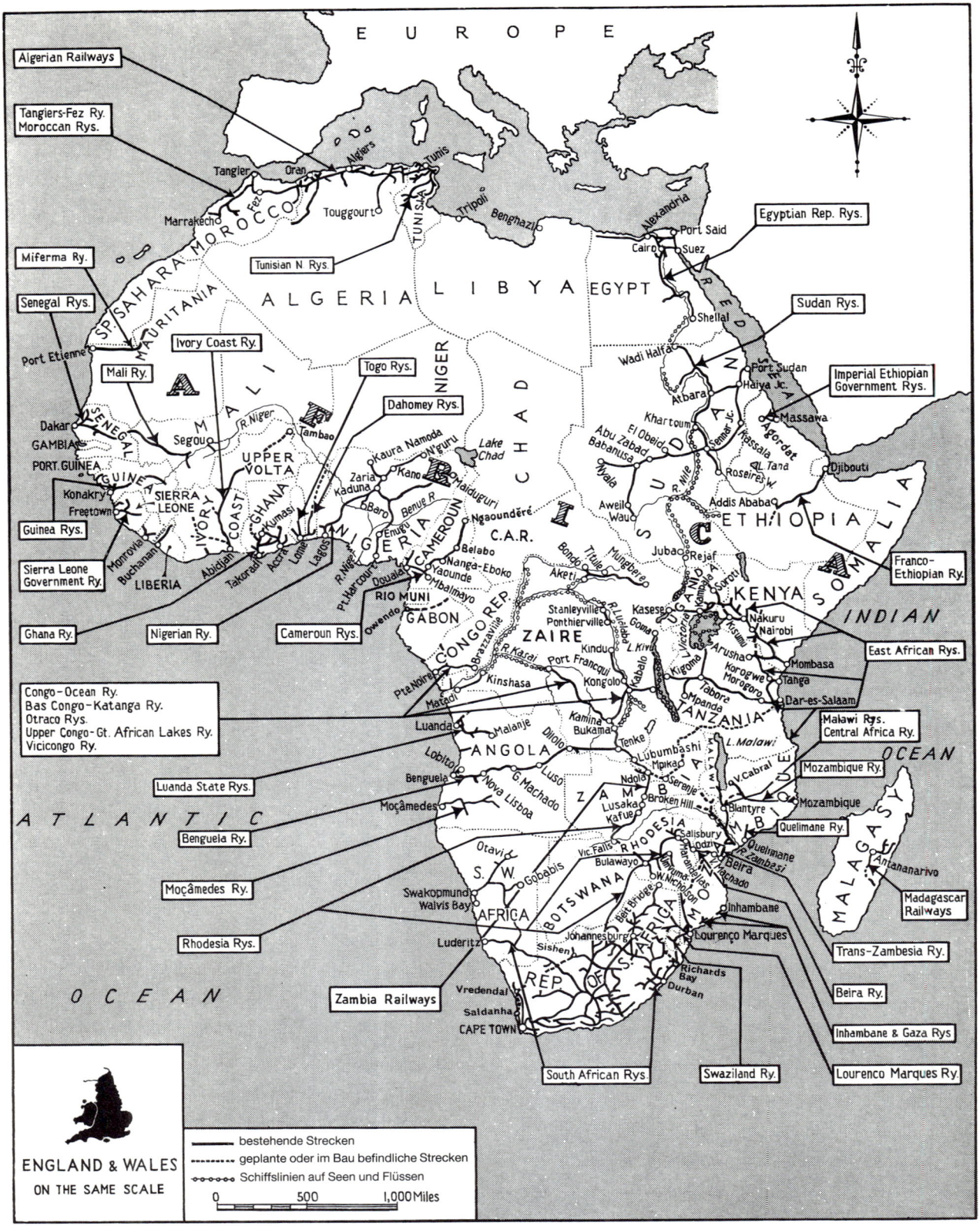

Bahnen in Afrika nach dem Stand von 1975

7 Afrika

Die Garratt Lokomotiven betreibenden Bahnen in Afrika sind in den folgenden drei Kapiteln enthalten. Es umfasst die Garratt Bauarten von Nord Afrika, West Afrika und den der Küste vorgelagerter Inseln.

NORDAFRIKA

Algerien

Die algerischen Eisenbahnen waren unter den ersten Betreibern von Garratt Lokomotiven und zu späterer Zeit auch Benutzer von einigen der besten und gewiss am eindrucksvollsten aussehenden sowie schnellsten Garratts, die jemals gebaut wurden.

Société Anonyme des Mines Zaccar

Als einer der frühesten Betreiber von Garrattloks war die Zaccar Minen Bahn kaum bekannt, so dass die wenigen noch verbliebenen Einzelinformationen Bestätigung erfordern. Als Zubringer der Hauptstrecke nicht weit von Algier dürften einige Eisenbahnfreunde diese Garratts noch gesehen haben, ohne dass anscheinend irgend jemand sie im Betrieb noch fotografiert hat. Sogar genaue Einzelheiten, von denen man annimmt, dass sie so weit vom Autor zu klären sind, werden noch unklar berichtet. So steht im Lartilleux Geographischen Werk eine Spur von 600 mm, der Katalog des Herstellers aber zeigt 750 mm an.

Man kann annehmen, dass der Hersteller kannte, was er gebaut hat. Da diese zweite auch die näherliegende Quelle darstellt, wird bis zum Nachweis des Gegenteils unterstellt, dass die Bahn und ihre Garratts 750 mm Spur hatten.

Zaccar war mehr eine Region als ein Platz der Djebel du Zaccar ein Gebirgsrücken der Atlas Berge, südlich von welchem der Forêt du Zaccar lag, in dem sich die Mine befand, in der Nähe der Stadt oder des Dorfes von Miliana. Die Bahn verband die Mine mit der Station von Miliana–Margueritte zwischen Blida und Orleansville etwa 100 km westlich von Algier. Die Minenbahn selbst war etwa 10 km lang, ziemlich kurz im Hinblick auf die Zahl der Loks, die hier offensichtlich im Gebrauch waren. Die erste Garratt dieser Bahn, gebaut von St. Leonard, war eine B B mit Aussenrahmen und jenen ähnlich, die kurz vorher an die Chemin de Fer Mayumbe in Belgisch Kongo geliefert wurden. Ob die späteren Maschinen eines anderen Herstellers nach den gleichen Zeichnungen gebaut waren, konnte der Autor nicht feststellen, es dürften wahrscheinlich kleine Details geändert worden sein. Die Baudaten waren:

Bahn-Nr.	Name	Hersteller	Fabrik-Nr.	Baujahr
5	Marguerite	St. Leonard	1781	1912
8	Adelia	Haine St. Pierre	1752	1936
9	Pierre Noire	Haine St. Pierre	1783	1937

Eine 1912 gebaute niedliche Maschine ist die BB Garratt unter Nr. 5 bei der Societe Anonyme des Mines du Zaccar in Algerien. Societe St. Leonard

Die in Frankreich gebaute Garratt Nr. 241-142 YAT-2 für 1050 mm Spur der Algerischen Eisenbahnen im Jahre 1952.
H. Pearce

PLM Algerien

Die hauptsächlichen Bahnlinien Algeriens waren bis unmittelbar vor dem 2. Weltkrieg in Eigentum und Betrieb der grossen französischen Eisenbahngesellschaft Chemins de Fer Paris à Lyon et à la Méditerranée – PLM –. Für ihre ins Landesinnere führende Strecke von Blidah bei Algier nach Djelfa am Fuss der Atlas Berge mit 1050 mm Spur lieferte 1931 die Société Franco-Belge in Paismes vier 2D1 1D2 Garratts auf der Grundlage der Klasse EC1 der damaligen Kenya Uganda Railways. Unter Beyer Peacock Lizenz gebaut unterschieden sich diese Loks im äusseren Aussehen ganz erheblich durch allseitig abgerundete Kanten an den Wassertanks, drei grosse Stirnlampen, ein Ofenrohr-Schornstein, ACFI-Speisewasservorwärmer sowie Pumpen und Luftbehälter für die Druckluftbremse. In den Führerhausseitenwänden befinden sich in der Mitte die Türen mit je einem Fenster zu jeder Seite, an den Enden sind Buckeye-Kupplungen angebracht.

Im Dienst beförderten diese Loks 360 t-Züge auf Steigungen 1:40 (25‰) mit 16 km/h, und für das Jahr 1934 wurde errechnet, dass sie im Vergleich zu den früher verwendeten konventionellen Loks eine Brennstoffeinsparung von 17% erbrachten. Später wurde der einzelne grosse Schornstein durch einen Doppelschornstein ersetzt. Man baute diesen quer in die Rauchkammer ein, eine ungewöhnliche und den algerischen Garratts eigene Anordnung, die von der kurzen Rauchkammer mit grossem Durchmesser diktiert war. Diese Loks standen bis in die frühen 1960er Jahre im Dienst, bis die Strecke voll auf Dieselbetrieb umgestellt war.

Im Jahre 1932 lieferte Franco-Belge eine Prototype Schnellzug-Garratt 2C1 1C2 für die normalspurige Hauptstrecke zwischen Algier und Oran. Hier gab es sowohl Steigungen bis 1:38,5 (26‰) mit 1E1 Tenderloks als Schub im Einsatz als auch lange Abschnitte mit nur geringen Steigungen, wo hohe Fahrgeschwindigkeiten erreicht werden konnten. Um das Nachschieben bei den Expresszügen zu vermeiden, wurde der Einsatz von Garratts vorgeschlagen. In Zusammenarbeit mit Beyer Peacock entwickelte Franco-Belge eine bemerkenswerte Konstruktion.

Eine Schnellzuggarratt war natürlich nichts Neues, da Beyer Peacock 1927 sechs 1C1 1C1 Loks mit 1676 mm Triebrädern für die Sao Paulo Bahn in Brasilien gebaut hatte, welche man allerdings bald in Doppel-Pacifics umbaute. Anschliessend lieferte Euskalduna die sechs 2C1 1C2 mit 1752 mm Triebraddurchmesser an die Centralbahn von Aragon. Eine weitere und letzte

Die erste algerische Schnellzug-Garratt, die im Auftrag der PLM Bahn gebaut wurde. La Vie du Rail

Steigerung im Triebraddurchmesser auf 1800 mm wurde mit der algerischen Maschine erreicht.
Abgesehen von ihren grossen Dimensionen war das einzige ungewöhnliche Merkmal dieser handgefeuerten Lokomotive der Beyer Peacock-Drehkohlenbunker. Plattenrahmen sowie Kolbenschieber mit Walschaerts-Steuerung wurden vorgesehen. Der Belpaire-Kessel war mit ACFI-Speisewasservorwärmer und einem Kylchap-Blasrohr ausgerüstet. Wassertanks und Führerhaus waren von ähnlicher Konstruktion wie bei den Schmalspur-Garratts.
Nach Fertigstellung wurde die Maschine auf der PLM Hauptstrecke zwischen Laroche und Dijon erprobt. Über diese Strecke fuhr sie 26 Schnellzüge, Güter- und Personenzüge. Ein Test mit Schnellzug Nr. 610 war besonders bemerkenswert. Ein Zug mit 588 t wurde auf der 27,4 km langen Steigung zum Scheitelpunkt Blaisy Bas mit durchschnittlich 61 km/h einschliesslich einer Langsamfahrstelle mit 32 km/h befördert. Auf der Gefällstrecke wurde eine Maximalgeschwindigkeit von 120 km/h erreicht, ein Rekord für Gelenklokomotiven.
Die Maschine wurde dann nach Algerien verschifft, wo sie ihre Aufgaben gut erfüllte. Man fand allerdings, dass ihre Leistung doch nicht ganz so gross war, wie dies für die zu befördernden Lasten erwünscht war. Daher baute man sie 1935 um und montierte neue Zylinder, Cossart-Ventilsteuerung, einen quer eingebauten Kylchap-Doppelschornstein sowie Windleitbleche auf dem vorderen Wassertank und seitlich an der Rauchkammer.
Diese Änderung zeigte eine Leistungssteigerung, jedoch war für eine Serienlieferung eine noch höhere Leistung erwünscht und man holte Angebote für weitere Garratts ein.
Unter den eingegangenen Vorschlägen war eine äusserst interessante Konstruktion von Henschel für eine 2C1 1C2 Lok mit Vierzylinder-Verbund-Antrieb für jede Maschineneinheit, insgesamt also 8 Zylinder. Für die Dampferzeugung war ein sehr grosser Kessel mit konischem Langkessel und 2500 mm maximalen Durchmesser vorgesehen, in dessen Feuerbüchse eine Verbrennungskammer, Wasserkammern und 8 m² Rostfläche. Auf der Lokomotive waren nur Brennstoffvorräte eingeplant und für die Feuerung ein Stokker. Das Wasser sollte ein besonderer Tender aufnehmen in der Art, wie er später in Südafrika eingeführt wurde. Die Maschine war für die vorgesehene Aufgabe überdimensioniert, die verlangte Leistung sah die Beförderung von 400 t-Zügen auf 23‰ Steigungen mit 55 km/h vor, wofür über 3500 bis 4000 PSi (2944 kWi) nötig wären, wohingegen der Henschel-Entwurf bestimmt in der Lage wäre, darüber hinaus weitere 1000 PSi (736 kWi) zu erlauben.
Es überraschte deshalb, dass die gewählte Konstruktion nur eine lineare Vergrösserung der Prototype war. Die neuen Maschinen hatten vergrösserte Rostfläche und Kesseldruck sowie 3200 PS (2355 kW) indizierte Leistung. Eine technische Entwicklung von Interesse war die Verwendung eines elektrischen Servomotors zur Steuerungsbetätigung. Der drehbare Brennstoffbunker wurde durch einen festen geschlossenen mit verschliessbaren Dachluken ersetzt, er erhielt noch einen Kohlenschieber. Die Maschinen blie-

Eine der bemerkenswerten stromlinienförmigen Schnellzug-Garratts für Algerien mit Cossart-Ventilsteuerung im Hafenbahnhof von Calais vor einer Probefahrt mit einem Schnellzug nach Paris. Sammlung des Autors

ben zunächst handgefeuert unter Einsatz von zwei Heizern, später baute man mechanische Rostbeschickung ein. Schon bei Neubau sah man querliegende Doppelschornsteine vor sowie vergrösserte Überhitzer.

Das eindrucksvollste Merkmal der Maschinen war deren äussere Gestaltung. Sowohl der vordere Wassertank als auch der hintere Behälter für Wasser und Kohle waren zylindrisch ausgeführt mit gleichem Durchmesser und gleicher Höhenlage der Mittellinie wie der Kessel. Die äusseren Enden waren stromlinienförmig abgerundet und lange niedrige Windleitbleche oben auf den Kessel und vorderen Wassertank eingefügt, so dass sich eine über die ganze Loklänge durchlaufende Linie in Höhe Kesseloberkante ergab. Eine der neuen Maschinen mit Nr. 231–132 BT 11 absolvierte auf der Hauptstrecke Paris Nord–Calais Probefahrten und erreichte eine Maximalgeschwindigkeit von 132 km/h, wobei bei der Bergfahrt zum Scheitelpunkt Survilliers eine Leistung von 3000 PS/ 2208 kW am Zughaken erreicht wurde.

Im Betriebseinsatz befuhren sie die algerische Hauptstrecke von Ghardimaou an der tunesischen Grenze bis Oudja an der marokkanischen Grenze, eine Entfernung von 1368 km. Bei Zuglasten von 466 t waren Maximalgeschwindigkeiten von 120 km/h über 275 km und 96,6 km/h über 108 km planmässig zu fahren.

Leider erreichten diese Express-Garratts nur eine sehr kurze Lebensdauer, sie wurden während des Krieges stark abgefahren. Unmittelbar nach dem Krieg ersetzte man sie durch Diesellok, so dass alle schon 1951 ausser Dienst waren. Übrigens wurden diese stromlinienförmigen Garratts an die Chemin de Fer Algeriens CFA – Algerische Staatsbahnen – geliefert, welche die Bahnen des Landes von der PLM übernommen hatten.

Die Baudaten sind:

Bahn-Nr.	Spur mm	Type	Franco Belge Fabrik-Nr.	Zahl	Baujahr
241–142 YAT 1–4	1050	2D1 1D2	2673–2676	4	1931
231–132 AT 1	1435	2C1 1C2	2678	1	1932
231–132 BT 1–12	1435	2C1 1C2	2697–2708	12	1936
231–132 BT 13–16	1435	2C1 1C2	2711–2714	4	1937
231–132 BT 17–22	1435	2C1 1C2	2725–2730	6	1939
231–132 BT 23–29	1435	2C1 1C2	2741–2747	7	1940
				34	

Sudan

Die Sudan Railways (SR) hatten nur eine Klasse von Garratts und betrieben diese nur für eine kurze Zeit, aber sie wies eine bis dahin ungebräuchliche Achsanordnung auf und wurde eine weitgereiste Gruppe von Loks, die noch heute von ihren drei Eigentümern eingesetzt wird. Da ein grosser Teil der Gleise nur mit leichten Schienen von 24,8 kg/m verlegt waren, ergab sich das Problem der Unterbringung einer vernünftig hohen Zugkraft und eines grossen Wasservorrats, ohne das Gleis zu überlasten. Dafür ist die Garratt eine überzeugende Lösung.

Die gewählte 2C2 2C2 Type hatte Barrenrahmen, Kolbenschieber mit Antrieb durch Walschaertsgestänge und einen Belpaire-Kessel mit Feuerschirmwasserrohren. Die Länge über Kupplungen war 27 412 mm. Die ursprünglichen Dienste umfassten die Strecke von Port Sudan nach Atbara einschliesslich einer 25,7 km Steigung 1:100 (10‰) auf leichten 24,8 kg/m Schienen sowie von Atbara nach Wad Medani, wobei der Abschnitt von Khartoum ebenfalls mit 24,8 kg/m Schienen ausgestattet war.

Der Beginn der Traktionsumstellung auf Diesel sowie

Die Doppel-Baltic-Garratt Nr. 252 der Sudan Railways, diese Bauart regte zu der noch mehr bekannten Klasse 15 der Rhodesian Railways an und wurde später auch von den RR gekauft. Beyer Peacock

Nur 6 Garratts wurden in Italien gebaut, von denen eine hier in Äthiopien gezeigt ist, dem Land wofür sie die Firma Ansaldo konstruiert hat. C. S. Small

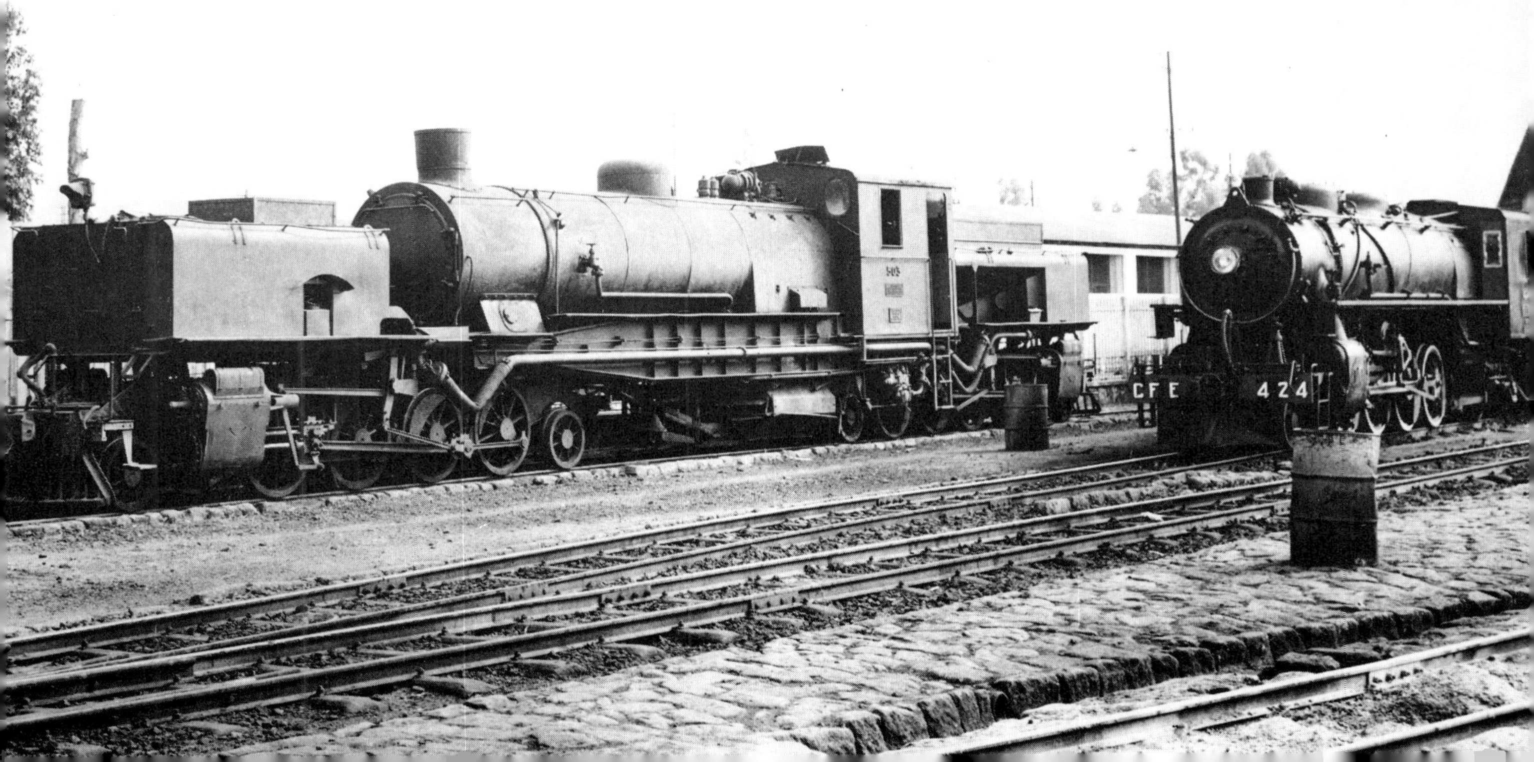

Die hier gezeigte Lok Nr. 93225 der Abidjan-Niger-Bahn in Elfenbeinküste wurde als westafrikanische Version aus den algerischen Schmalspur-Garratts abgeleitet. La Vie du Rail

die Verlegung eines schweren Oberbaues, der 2D1 Loks einzusetzen erlaubte, machte die Garratts schon nach 12 Jahren Dienst überzählig. Man verkaufte sie an die Rhodesian Railways, wo sie weitere 15 Jahre im Einsatz waren, bevor sie wiederum nach Mozambique verkauft wurden. Sie stehen dort noch in Betrieb. Die Baudaten sind:

Bahn-Nr. Sudan	Beyer Peacock Fabrik-Nr.	Baujahr	Bahn-Nr. RR Rhodesien	Zahl	Bahn-Nr. CFM Mozambique
250–253	6798–6801	1936	271–274	4	921–924
254–259	6870–6875	1937	275–280	6	925–930

Äthiopien

Chemins de Fer Franco-Ethiopien CFE

Diese von Djibouti in Französisch-Somaliland nach Addis Abeba in Äthiopien führende Linie ist in C. S. Small's Buch «Far Wheels» gut beschrieben. Von der Küste aufsteigend erreicht sie eine Höhe von 2348 m an ihrem Bestimmungsort und wurde hauptsächlich mit 1D-Loks betrieben. Nach der Eroberung des Landes durch Italien wurde entschieden, Garratt-Lokomotiven einzusetzen, und Ansaldo baute 1939 sechs Stück 1D1 1D1. Davon erreichten aber nur die drei ersten Djibouti und das erst 1943/44, die Inbetriebnahme erfolgte erst nach dem Kriege. Die anderen drei verschiffte man nach Tripolis, vermutlich nach Änderung der ursprünglichen Meterspur in 950 mm. Eine dieser drei kam nie an und es besteht kein Zweifel, dass sie nun als Folge eines Torpedoangriffs auf dem Boden des Mittelmeeres liegt. Die beiden anderen erlitten durch Bombenangriffe so schwere Schäden, dass sie verschrottet wurden. Wie sie gearbeitet haben, wenn sie in Betrieb waren, ist offenbar nicht festgehalten, aber sie waren vermutlich so wie andere italienische Dampflokomotiven. Nicht einmal eine vollständige Datenzusammenstellung war verfügbar, da Ansaldo als Hersteller und Erbauer von Dampflokomotiven seit 1854 sich inzwischen so gründlich vom aufgegebenen Dampflokbau entfernt hat, dass die Firma sogar bestritt, jemals solch eine Maschine gebaut zu haben.

Die Baudaten sind:

Bahn-Nr.	Ansaldo Fabr.-Nr.	Baujahr	Zahl	Bemerkung
501–503	1371–1373	1939	3	1959 ausser Dienst
504–506	1374–1376	1939	3	nach Tripolis

Senegal und Elfenbeinküste

Diese französischen Kolonien waren an der Eisenbahnverwaltung Regie des Chemins de Fer de'l Afrique Occidentale Francaise beteiligt, an die von 1938–1941 nicht weniger als 27 2D1 1D2 Garratts geliefert wurden. Von Franco-Belge gebaut, wurden sie auf der Dakar-Niger-Linie in Senegal und der Bahn Abijan-Bobo-Dioulasso eingesetzt, welche von der Atlantikküste der Elfenbeinküste in das benachbarte Territorium des heutigen Obervolta führt, damals alles Teile Französisch-Westafrikas.

Senegal hatte zu Anfang 2 der ersten und alle Loks der letzten Lieferung im Einsatz, aber schliesslich wurden alle nach Elfenbeinküste umgesetzt. Wie die algerischen Express-Garratts hatten sie ein kurzes Leben. Diese Bahnen stellten in den späten 1950er Jahren auf Diesel um und da die Garratts für Meterspur gebaut waren, fand sich keine Verkaufsmöglichkeit für sie.

Die stattlichen Maschinen entsprachen sie ihrer Bauart den algerischen Stromlinien-Garratts, hatten jedoch gewöhnliche Zylinder mit Kolbenschieber und Walschaerts-Steuerung anstatt der Cossart-Steuerung. Wassertank und Brennstoffbunker hatten halbkreisförmigen Boden und rechtwinklige Deckplatte mit abgerundeten Kanten, ebenfalls versehen mit Windleitblechen. Die Belpaire-Kessel waren mit quer eingebauten Doppelschornsteinen und einer durchlaufenden oberen Verkleidung zwischen Führerhaus und Schornstein ausgestattet.

Trotz ihrer kleinen Triebräder (1295 mm) wurden bei Probefahrten bis zu 100 km/h erreicht, ihre Hauptbeschäftigung war jedoch der Güterzugdienst, wobei 400 t auf der Steigung 1:40 (25‰) befördert wurden. Als Brennstoff diente Hartholz aus dem Lande. Das verwendete Nummernsystem benutzte das Reibungsgewicht als Anfangs- oder Stamm-Nr.

Die Baudaten waren:

Bahn-Nr.	Franco-Belge Fabrik-Nr.	Baujahr	Zahl
93201–210	2715–2724	1938	10
93211–220	2731–2740	1939	10
93221–227	2748–2754	1941	7

Eine SAR Garratt Klasse GCA vor einem Arbeitszug, mit welchem auf der Zweiglinie von Donnybrook nach Underberg schwerere Schienen eingebaut werden, um den Einsatz von Nebenstrecken-Dieselloks (mit ihren höheren Achsdrükken) zu erlauben. Die Garratt musste hier bei ihrer Verdrängung mithelfen. A. E. Durrant

Oben: Die Steigungen 1:30 (33‰) der Nebenstrecke von Gingindlovu nach Eshowe erfordern Garratts, die die langen Leerwagenzüge für den Zuckerrohrtransport bergauf befördern können. Das Bild zeigt im Gegensatz hierzu den täglichen Milch- und Schülerzug mit nur 2 Wagen hinter einer 2D1 1D2 Lok Klasse GEA auf Talfahrt.

A. E. Durrant

Unten: Der kleine vordere Wassertank einer Klasse GM lässt deren Kesseldurchmesser hervortreten. Als eine von drei schon ausser Dienst gestellten Lok ist hier die Nr. 2304 nach ihrer Reaktivierung in der Nähe von Ermelo zu sehen. Wie bei dieser Klasse üblich, fährt sie mit dem Führerstand voraus.

A. E. Durrant

Vor dem etwas diesigen Hintergrund der sanft gewellten Hügel Zululands führt eine Garratt-Lok NGG 13 auf 610 mm Spur ihren Güterzug auf der Nebenstrecke von Ixpo nach Madonela an der Grenze zu Transkei. Das Gleis dieser schmalspurigen Nebenstrecke befindet sich in besserem Zustand als das mancher Hauptstrecken in vielen Teilen der Welt. A. E. Durrant

Bei der Rückfahrt von der Greytown-Linie nach Maritzburg donnert ein von einer Klasse GF und einer GMAM gezogener Güterzug durch die schwierigen S-Kurven auf der Steigung 1:30 (33‰), die zum Scheitelpunkt bei Claridge führen. A. E. Durrant

Oben: Eine farbenprächtige Maschine vor einem bunten Zug. Erdbewegungsgeräte und andere Ausrüstungen für den Aufbau Kenyas nähern sich Changamwe hinter der Lok Nr. 5934 «Menengai Crater», der letzten für die East African Railways gebauten Garratt. A. E. Durrant

Unten: Zimbabwe – Durchweg International, die den Rhodesia Railways gehörende Garratt Nr. 389 der Klasse 15A ist hier mit einem Zug aus südafrikanischen Wagen in der Nähe von Lobatsi, Botswana zu sehen. Die regulären Fernreisezüge zwischen Bulawayo und Mafeking durchqueren die 3 Länder Zimbabwe, Botswana und Südafrika, wobei die Lok über die ganze Strecke von 1550 km am Zug bleibt. Deshalb fahren 2 Lokpersonale und ein Dienstwagen mit. A. E. Durrant

Der dreimal in der Woche verkehrende gemischte Zug von West Nicholson nach Bulawayo fährt durch den zentralafrikanischen Busch, gezogen von der rhodesischen Garratt Nr. 512 der Klasse 14A beim Kreuzungsbahnhof Eagle Vulture.
A. E. Durrant

Mehrere Garratts in New Hanover. Zwei Garratts waren die normale Bespannung der Güterzüge auf der Zweiglinie Pietermaritzburg–Greytown der Südafrikanischen Eisenbahnen; hier rollt ein Gespann mit einer Lok GF und einer GMAM in ein Ausweichgleis ein, während ein Paar GMAM nach dem Wassernehmen mit ihrem Zug nach Pietermaritzburg auf Ausfahrt warten. A. E. Durrant

Oben: Auf der Sierra Menera Bahn in Spanien nähert sich die Garratt Nr. 502 mit einem Erzzug Puerto del Escandon, unterstützt durch eine CC Mallet-Verbundmaschine als Schiebelok. A. C. Sterndale

Unten: Breitspur, englische Wagen und tropischer Hintergrund bilden die Umgebung für Sri Lanka's Klasse C1A Garratt Nr. 345, die gerade in Kandy abfährt. R. A. Kingsford-Smith

Oben: Beim Aufstieg in die Shan-Berge hat die Lok Nr. 822 Klasse GB der Burma Railways in einer Spitzkehrenstation in Gurkha-Land eine Höhe von 1196 m erreicht.
R. A. Kingsford-Smith

Unten: Ein 1700 t-Erzzug von Broken Hill nach Port Pirie ist hier im Jahre 1969 bei der Ausfahrt aus Gladstone zu sehen. Die Lok Nr. 402 für 1067 mm Spur gehört zu den South Australian Railways.
R. A. Kingsford-Smith

Oben: Ein südwärts fahrender Güterzug kämpft sich die Steigung 1:75 (13,3‰) zum Scheitelpunkt Hawkmount hinauf, gezogen von einer der leistungsfähigsten australischen Dampflokomotiven, der 2D2 2D2 Garratt Klasse AD 60 der NSWGR auf Normalspur. R. A. Kingsford-Smith

Unten: Ostafrika – Im Depot Mombasa steht eine kleine Lok der Klasse 24 flankiert von gewaltigen Garratts der Klasse 59. Bis in die letzten Jahre des Dampfbetriebes waren diese Loks noch sehr sauber gehalten. A. E. Durrant

Das wild zerklüftete Gebiet zwischen Wankie und dem Lukosifluss ist durch den Nationalpark geschützt und von Elefanten bewohnt. In etwa stündlichem Abstand ist hier der afrikanische Friede unterbrochen von den durchdonnernden gewaltigen Garratts vor Kohle- und Leerwagenzügen. Eine RR-Lok Klasse 20A Nr. 747 mit dem Namen Jumbo ist hier 1979 mit einem Kohlenzug unterwegs, wobei der hinter der Lok laufende Wagen mit bewaffneten Soldaten besetzt ist, wie bei den hier verkehrenden Zügen üblich. A. E. Durrant

Kalksteinzüge von Colleen Bawn brachten bei starkem Verkehr aussergewöhnlich hohe Zuggewichte. In Balla Balla steigt die Strecke stärker an und erfordert häufig Vorspann. Der tägliche oft mit 2 Lok gefahrene Zug nimmt diese Lasten auf, wie er hier bei Bushtick mit je einer RR Garratt der Klasse 14A und 16A zu sehen ist. A. E. Durrant

Die Victoriafälle sind zweifellos das grösste Naturschauspiel Afrikas. Veranlasst durch Cecil Rhodes wurde die Eisenbahnbrücke über den Sambesi in Sichtweite des Wasserfalls gebaut. Gegenüber der Brücke nimmt sich die grosse Garratt der Klasse 20A mit ihrem Zug hier winzig aus.

A. E. Durrant

Oben: Am Sonntagnachmittag benutzten regelmässig die auf der Nebenstrecke eingesetzten Garratts bei ihrer Rückkehr nach dem Auswaschen des Kessels im Depot Mason's Mill die Strecke Pietermaritzburg–Donnybrook. Die dargestellte Kombination aus den Klassen GCA und GF gehörte zu den am meisten beobachteten. A. E. Durrant

Unten: Die 1C1 1C1 Industriebahn-Garratt der Clydesdale Colliery schleppt hier kurz nach einer Überholung im Reparaturwerk einen Kohlenzug durch einen von Wildblumen und Maisfeldern eingesäumten Abschnitt auf dem Weg zum SAR-Anschlussbahnhof Bezuidenhoutsrust. Die beiden Afrikaner vorn auf der Lok erfüllen Doppelaufgaben als Rangierer und Sandstreuer. A. E. Durrant

Oben: Nachdem ein Paar Loks Klasse GCA von der SAR und eine Klasse 16 der RR abgefahren wurden, beschaffte sich die Vryheid Coronation Colliery von der SAR Garratts der Klasse GEA, wovon sich hier die Nr. 5 in neuem blauen Anstrich präsentiert. A. E. Durrant

Unten: Im Bahnhof Nek der Enyati Bahn kommt die Kohle von 2 Gruben zusammen, um von hier aus zum SAR-Anschlussbahnhof Boomlager weiterbefördert zu werden. Die Lok Nr. 618, eine ehemalige RR Klasse 16 in ungewohntem kastanienbraunen Anstrich, ist gerade bei der Abfahrt mit einem Zug, wobei die im Vordergrund stehende Lok der Klasse GF nachschieben wird. Die dritte Lokomotive im Bild ist eine 1E-Baldwin-Lok, entstanden durch Umbau aus einer 1E1-Tenderlok. A. E. Durrant

Nur noch wenig Kohle befindet sich im Bunker einer Garratt der Klasse GMAM, die sich mit dem Personenzug Mossel Bay–Johannesburg dem Scheitelpunkt der Strecke auf dem Lootsberg-Pass befindet. Auf dem 98 km langen Abschnitt von Graaff Reinert bis zur Passhöhe hat die Garratt ihre 13 Wagen auf 995 m Höhe gebracht, davon über beträchtliche Anteile in Steigungen 1:40 (25‰). A. E. Durrant

Garratts und Berge gehören zusammen. Eine in der Sonne blitzende Garratt Klasse GMAM der SAR führt den Samstag-Nachmittag-Personenzug aus Ashton herauf. Im Hintergrund erhebt sich wie ein Wall der Langeberg.
A. E. Durrant

Eine der ersten Garratts bei den Sierra Leone Government Railways. Sie wurde gebaut um gegenüber den vorher verwendeten 1C1-Tenderloks die Zuglasten verdoppeln zu können. Beyer Peacock

Sierra Leone

Sierra Leone Government Railways SLGR

Die Bahn mit 762 mm Spur setzte ziemlich früh Garratts ein, deren erste für sie 1926 gebaut wurde. Es waren 1C1 1C1 mit gleicher Leistungsfähigkeit wie die früher verwendeten 1C1 Tenderloks und 2D Loks, die gewöhnlich jeweils zusammen im Vorspann die Züge führten. Auf dem mit 14,9 kg/m Schienen verlegten Gleis war nur eine maximale Achslast von 5 t erlaubt. Auf der nicht weniger als 365 km langen Hauptstrecke waren Steigungen 1:50 (20‰) und Bogenhalbmesser von 100 m zu bewältigen. Davon bildeten die ersten 35,4 km von der Küstenstadt Freetown landeinwärts den weitaus schwierigsten Teil. Dieser enthielt einen Steilstreckenabschnitt, wo Garratts und nachgeschobene Züge durch die Strassen fuhren!
Die erste Garratt-Konstruktion war eine ziemlich kleine Maschine mit Innen-Plattenrahmen und Kolbenschieber-Walschaerts-Steuerung. Der Heissdampfkessel Bauart Belpaire wurde mit Kohle gefeuert, wobei diese Merkmale an allen nachfolgenden Garratts dieser Bahn beibehalten wurden. Der vordere Wassertank hatte abgerundete obere Längskanten, wogegen der hintere Wasser/Brennstoff-Behälter allseitig eckige Kanten aufwies.
3 Maschinen dieser ersten Bauart wurden geliefert und erwiesen sich als sehr gut geeignet, so dass Nachbauaufträge sich über 17 Jahre anschlossen und der Bestand sich bis auf 13 Loks erhöhte. Während des Krieges baute man 5 der Loks um in 1D D1 zur Vergrösserung des Reibungsgewichts. Dies war allerdings der Praxis nicht angemessen. Bei starker Belastung und mit leeren Wassertanks fiel der Adhäsionsfaktor auf 3,5 ab, d. h. die Reibwertausnutzung betrug 0,285. Nach dem Kriege entwickelte sich der Verkehr und ein grosser Auftrag über nicht weniger als 14 neue Garratts einer völlig neuen 2D1 1D2 Type wurde erteilt. Diese enthielten die gleichen Bauartmerkmale wie die kleineren Maschinen. An Änderungen wurden eingeführt moderne Zylinderkonstruktion, an den Stirnseiten abgerundete Wasser- und Kohlebe-

Die letzten Garratts für Sierra Leone – relativ grosse Maschinen auf kleiner Spur und dabei die kleinsten je gebauten Garratts mit 2 × 4 gekuppelten Achsen. Beyer Peacock

hälter, Rollenlager an den Laufachsen und Aussenlager an den inneren Einachslaufgestellen.

Mit diesen grün lackierten modernen kleinen Lokomotiven wurde eine erhebliche Leistungssteigerung der Bahn bewirkt, und es sollten die letzten neuen Dampfloks sein, die zur Beschaffung kamen. Trotz Einführung der Dieseltraktion, welche sich hier in zunehmendem Masse als unzuverlässig zeigte, blieb die Dampftraktion bis zur Betriebseinstellung der Bahn im Jahre 1976 noch aktiv. Über die Hälfte des noch vorhandenen Verkehrs wurde mit den Dampflokomotiven bewältigt. Leider erkannten zu dieser Zeit viele Leute nicht, was sich ereignet hatte. Die meisten Lokomotiven einschliesslich aller Garratts wurden als Schrott nach Japan verschifft. Nur eine 1C1 Tenderlok und einige Wagen konnten bei der Welshpool & Llanfair Railway in Wales / Grossbritannien erhalten werden.

Details über Baudaten, Nummern usw. sind nachstehend aufgelistet:

SLGR-Nr.	Type	Beyer Peacock Fabrik-Nr.	Zahl	Baujahr
50–52	1C1 1C1	6267–6299	3	1926
53–54	1C1 1C1	6497–6498	2	1928
55–56	1C1 1C1	6578–6579	2	1929
57–60	1C1 1C1	7045–7048	4	1942
61–62	1C1 1C1	7049–7050	2	1943
63–76	2D1 1D2	7707–7720	14	1955/56
			27	

Die 5 Lok Nr. 52–56 wurden zu 1D D1 umgebaut.

Sierra Leone Development Co SLDC

Im Gegensatz zur Staatsbahn hat diese Bahn 1000 mm Spur und ist eine reine Mineralbahn für den Transport des Eisenerzes von den Werken in Marampa 84,5 km landeinwärts zum Hafen von Pepel. Die gut ausgebaute Strecke mit Maximalsteigungen von 1:128 (8‰) und 32 kg/m Schienen erlaubt 13 t Achslast. Bei Eröffnung im Jahre 1931 begann die Bahn ihren Betrieb mit zwei 1D1 1D1 Garratts von der gleichen Bauart wie die Klasse GE in Südafrika. Später wurden zwei weitere Loks geliefert und diese vier Garratts reichten aus bis zur Umstellung auf Dieselbetrieb in den späten 1950er Jahren. Abgesehen von Tenderloks für den Rangierdienst bewältigten diese Garratts zur Zeit der

Doppel-Pacific-Garratt Nr. 502 «Emir Katsina» der Nigerian Railways. Beyer Peacock

Dampftraktion den gesamten Verkehr. Es ist die einzige Bahn der Welt, wo der gesamte Verkehr von Anfang bis zum Ende des Dampfbetriebs durch Garratts abgewickelt wurde.

Aufgrund der Umstellung auf Dieseltraktion wurden die Garratts zum Verkauf angeboten, fanden aber keine Käufer und wurden verschrottet.

Einzelheiten waren:

SLDC-Nr.	Beyer Peacock Fabrik-Nr.	Zahl	Baujahr
3–4	6726–6727	2	1931
5	6786	1	1936
6	6842	1	1937

Ghana

Ghana Railways (früher Goldküsten-Bahn)

Dieses ausgedehnte System mit 1067 mm Spur führte von den Häfen Takoradi und Accra nach Kumasi und war kein grosser Betreiber von Garratts. Ihre 6 Loks der Kriegstype 1D1 1D1 wurden für den schweren Manganerzverkehr geliefert, wobei dieses Material für Kriegszwecke benötigt wurde. Unter den Ghana

Sierra Leone Development Corporation – eine ihrer nach der Konstruktion der SAR Klasse GE, 2. Serie, gebauten Garratts. Beyer Peacock

Railways Nr. 301–306 tätig, stellte man sie zum 30. Juni 1960 ausser Dienst.
Die Baudaten sind in Kapitel 11 enthalten.

Nigeria NR

Eine weitere Bahn mit 1067 mm Spur in Nigeria an der Westküste Afrikas hatte ebenfalls z. T. sehr leichte Gleise, zu dieser Zeit mit Schienen von nur 22,3 kg/m, wodurch die Achslast auf 9,5 t begrenzt war. Diese Abschnitte lagen landeinwärts von Jebba nach Minna und Zaria nach Kano, während auf der Hauptstrecke von Lagos aus schwere Schienen mit 39,7 kg/m in Gebrauch waren. Zur vorteilhaften Betriebsabwicklung ist es wünschenswert, die gleichen Zuglasten durchgehend über beide Oberbauformen zu fahren. Um abschnittsweisen Vorspann zu vermeiden war eine Gelenkloktype nötig, und es wurde natürlich die Garratt gewählt.

Der erste Ausflug in das Garratt-Konzept bestand aus zwei 2D1 1D2 Loks, welche die grössten je gebauten für die 22,3 kg/m Schienen war. Es handelte sich um eine konventionelle Konstruktion mit Plattenrahmen, Kolbenschieber, Walschaerts-Steuerung und Belpaire-Kessel mit Überhitzer. Im Dienst erwies sie sich wesentlich leistungsfähiger als nötig und war imstande, auf dem leichten Oberbau grössere Zuglasten zu führen als die Dreizylinder-2D1 Type auf dem schweren Oberbau mit 39,7 kg/m Schienen es vermochten.

Dementsprechend waren weitere Garratts von einer kleineren 2C1 1C2 Bauart mit 23 165 mm Gesamtlänge und entsprechender Leistung wie die 2D1 Loks. Dies ermöglichte nun durchgehende Züge zu fahren und dabei nur die Lok zu wechseln und nicht die Zugzusammenstellung entsprechend der Leistungsfähigkeit der Lokomotive.

Die ersten beiden Pacific-Garratts hatten einen relativ hohen Druck mit kleineren Zylindern gegenüber den späteren, die allgemeinen Bauartmerkmale entsprachen den früheren 2D1 1D2 Garratts. Zeitweise wurde auch die Beschaffung einer Dreizylinder-1E2-Lok erwogen, aber man zog schliesslich doch die Garratt-Type vor.

Alle nigerianischen Garratts waren in «Midland-Rot» lackiert (eine britische Gesellschaft, welche ihre Schnellzugloks rot bemalen liess!) und sahen in diesem Farbkleid besonders fein aus. Die Namen der Nigeria-Garratts sind folgende:

NR-Nr.	Name	Beyer Peacock Fabrik-Nr.	Baujahr
201 (später 901)	Emir of Kano	6635	1930
202 (später 902)	Emir of Zania	6636	1930
501	Sultan of Sokoto, später Sir Bernhard Bourdillon	6781	1935
502	Emir of Katsina, später Sultan of Sokoto	6782	1935
503	Sehu of Bornu, später Emir of Katsina	6783	1935
504	Emir of Gwandu, später Schu of Bornu	6784	1935
505	Emir of Gwanda	6796	1936
506	Emir of Bauchi	6797	1936
507	Emir of Argungu	6861	1937
508	Emir of Bida	6862	1937
509	Lamido of Adamawa	6863	1937
510	Emir of Kontagorra	6864	1937
511	Sehu of Dikwa	6865	1937
512	Emir of Hadejia	6866	1937
513	Sir John Maybin	6927	1939
514	Sir William Hunt	6928	1939
515	M. P. Sells	6929	1939
516	Sir John Maybin	6930	1939
517	Sir Aubrey Graham	7051	1943
518	Emir of Bauchi	7052	1943
519	Sultan of Sokoto	7053	1943
520	G. V. O. Bulkeley	7054	1943
521	Sehu of Bornu	7055	1943
522	Emir of Gwanda	7056	1943

1D D1-Garratt der Mauritius Railways, von denen nach Schliessung der Bahn die 3 Stück als Schrott versteigert wurden. Beyer Peacock

Nach Ausmusterung älterer Lokomotiven übertrug man deren Namen auf neuere Loks. Ende der 1970er Jahre waren schon mehr Diesel- als Dampfloks im Einsatz und man plant neuerdings einen Umbau des Streckennetzes auf Normalspur.

Congo
Chemis de Fer Congo Ocean Co

Diese Bahn französischen Eigentums von Pointe Noire nach Brazzaville erhielt während des Krieges drei 1D1 1D1 Garratts des britischen Kriegsministeriums zugeteilt, Einzelheiten dazu siehe Kapitel 11. Im Anschluss an die Traktionsumstellung auf Diesel in den 1950er Jahren verkaufte man diese drei Maschinen an die Bahnen Mocambiques, wo sie noch in Betrieb sind (CFM Nr. 990–992).

Inseln vor der Küste
Malagasy Republik (früher Madagaskar)

Diese grösste Insel der Welt liegt vor der Küste Mozambiques. Früher eine französische Besitzung war für die meterspurige Inselbahn ihre Vorliebe für ihre BB Mallet-Tenderlokomotiven mit 2-achsigen Zusatztender bemerkenswert.

Im Jahre 1926 lieferte St. Leonard dann doch ein Paar 1C C1 Garratts für Holzfeuerung, die grössten und leistungsfähigsten Maschinen auf der Insel. Diese besassen innenliegende Plattenrahmen, Kolbenschieber und Walschaerts-Steuerung. Der Belpaire-Kessel hatte aussenliegende Dampfverbindungsleitungen zwischen Dom und Überhitzer-Dampfsammelkasten sowie von letzteren zu beiden Seiten der Rauchkammer verlegt zu den Zylindern für Heissdampf. Die Ausrüstung wurde vervollständigt durch einen Kobelschornstein mit eingebautem Funkenfänger, eine der wenigen Garratts, die sich solchen «Wild West»-Zubehörs rühmen können.

Die Bahnen von Malagasy sind nun voll auf Dieseltraktion umgestellt, aber die beiden Garratts mit der St. Leonards-Fabrik-Nr. 2031–2036 von 1926 rosten noch immer vor sich hin. Ursprünglich als 101–102 von der Bahn genummert waren ihre späteren Bezeichnungen 59–801 und 59–802.

Mauritius (Ile Maurice)

Die kleine britische Insel Mauritius vor der Küste von Madagaskar besass ein Bahnsystem überraschenderweise in Normalspur, das 109,5 km Streckenlänge umfasste. Der Lokomotivpark bestand aus einigen aussergewöhnlichen Gattungen wie eine von Kitson gebaute D-Tenderlok mit Innenzylindern. Für die Strecke Port Souis nach Mahebourg, die den Scheitelpunkt bei Curepipe auf durchschnittlichen Steigungen von 1:26 (38,4‰) und 1:27 (37‰) erklimmt, lieferte 1927 Beyer Peacock drei 1D D1 Garratts.

Für ihre Grösse waren dies sehr kräftige Maschinen in der üblichen Bauart mit Plattenrahmen, Kolbenschieber-Walschaerts-Steuerung und Belpaire-Kessel mit Überhitzer. Sie kamen zu einer Zeit stärksten Verkehrsaufkommens an. Seither geht es mit den Bahnen langsam abwärts. Der Personenverkehr wurde 1956 eingestellt und die Inselbahn 1964 komplett geschlossen. Während des Betriebseinsatzes der späteren Jahre war der Verkehr nie mehr so stark, um die Garratts zu beschäftigen. Im Jahre 1967 wurden sie zusammen mit den anderen Lokomotiven mit einer Auktion zum Verkauf angeboten und vermutlich als Schrott verkauft. Zu ihrer Glanzzeit konnten die Garratts 350 t-Züge auf einer Steigung 1:25 (40‰) befördern und trugen die Nr. 60–62, die Beyer Peacock Fabrik-Nr. waren 6381–6383 von 1927.

In Belgien gebaute 1C C1-Garratt der Madagascar Railways mit Holzfeuerung und Funkenfängerschornstein.
C. S. Small

Garratt-Lokomotiven in Nord- und Westafrika

Bahn	Spurweite mm	Klasse	Zahl	Achsanordnung	Zylinderdurchmesser Kolbenhub mm	Triebraddurchmesser mm	Kesseldruck bar	Zugkraft bei 75% Kesseldruck kg	Rostfläche m²	größter Kesseldurchmesser mm	Heizflächen m² Feuerbüchse	Rohre	Überhitzer	Dienstgewichte t größte Achslast	Reibungsgewicht	Gesamtgewicht	Vorräte Wasser m³	Brennstoff t	Bemerkungen	Literaturhinweise
Mines du Zaccar	750	5	3	B B	228 x 350	670	12,5	5870	1,42	1150	5,59	53,8		7,1	28	28	3,3	1		
PLM Algerien Chemin de Fer Algeriens CFA	1435	AT	1	2C1 1C2	490 x 660	1800	16	21454	5,07	2100	22	265	69	17,3	103,6	195	25	6,9		BPQ 1932 S. 41 Ry Age 1934 I S. 73
	1435	BT	29	2C1 1C2	490 x 660	1800	20	26400	5,4	2100	20,4	239,1	90,6	18,5	111	216	30	10,8	Gl. Ann. 1943 S. 62	Loco 1932 S. 97 + 268 Loco 1936 S. 109 Ry Age 1936 I S. 615, 1074, 1090
	1050	YAT	4	2D1 1D2	420 x 560	1092	14	18955	4,05		16,1	173	35,7	11,5	88,2	144	28,5	6		Revue 1932 II S. 303 BPQ 1932 S. 55
Sudan Railways SR	1067	250	10	2C2 2C2	425 x 660	1447	14	17417	4	1828	17,09	165	40,9	12,7	75,8	171,5	31,8	10		Lok 1937 S. 11 Ry Gaz 1937 I S. 375
Chemins de Fer Franco Ethiopien CFE	1000	500	6	1D1 1D1	380 x 550	1050	14	15830	3		15,8	118,2	52,5	7,5	60	87	12	4,5		Organ 1941 S. 54
Senegal und Elfenbeinküste	1000	93	27	2D1 1D2	431 x 610	1295	14	18506	4,37	1828	17,28	167,7	24	11,7	93,5	150	28	5,9	Brennholz	TN 1939 S. 92 Ry Gaz 1939 I S. 352
Sierra Leone Government Railways SLGR	762		8	1C1 1C1	254 x 406	711	12,3	6803	1,69		7,11	60,1	11,1	5	30,5	47,5	5,4	3	ursprünglich 13 Stück, davon 5 umgebaut	Loco 1926 S. 311
	762		5	1D D1	254 x 406	711	14	7767	1,69		7,11	60,1	11,1	5			5,4	3	Umbau aus 1C1 1C1	
	762		14	2D1 1D2	320 x 406	838	12,3	9203	2,09		8,83	77	16,5	5	40,6	67,3	7,3	4		Loco 1956 S. 60
Sierra Leone Development Co.	1000		4	1D1 1D1	457 x 610	1155	12,65	20928	4,78	2057	20,8	219,8	31,9	13,2	105,2	153,4	20,9	9		Gl. Ann. 1956 S. 341
Goldküste/Ghana Chemins de Fer Congo Ocean	1067		6/3	1D1 1D1	482 x 610	1155	12,65	23319	4,77	2133	19,7	216,2	43,6	13,3	105,6	154,2	20,9	9	Kriegslok schwere WD-Type	Ry Gaz 1945 S. 243
Nigeria NR	1067	501	22	2C1 1C2	343 x 660	1219	14	13430	2,92	1638	14,3	126,6	31	9,9	59,3	113,3	14,7	7		Loco 1936 S. 32 Ry Gaz 1936 I S. 98
	1067	901	2	2D1 1D2	419 x 584	1219	12,65	15975	3,6	1828	15,1	149,1	34,2	9,6	77,2	127,8	17,2	5		Ry Gaz 1931 S. 98 Ry Gaz 1930 I S. 953
Madagaskar CFM	1000		2	1C C1	362 x 501	1009	12	13426	2,25		10,6	101,3	24	10	60	73,6	5	10 m³	Brennholz	Loco 1926 S. 177
Mauritius MR	1435	60	3	1D D1	482 x 610	1174	14	25351	5	1981	19,8	210,5	48,5	16,4	129,5	157,5	22,7	6		Loco 1927 S. 205
zusammen			149	davon 9 Kriegslok																

Verteilung auf die Spurweiten
750   3
762   27
1000 39
1050 4
1067 43
1435 33

8 Südafrika

SAR 1067 mm Spur

Die Eisenbahnen Südafrikas waren unter den ersten, die an der Garratt Type Interesse zeigten und waren auch schon bald der grösste Betreiber von Garratts in der Welt. Diese Position hielten sie noch in den frühen 1980er Jahren mit über 150 Stück im Bestand auf zwei Spurweiten sowie weitere bei Industriebahnen. 10 Jahre vorher hatten die SAR über 400 Garratts im schweren Dienst, zweifellos die grösste Sammlung der Type irgendwo in der Welt. Heute jedoch ist die Lage völlig anders, viele der älteren Garratts sind verschrottet und die modernen Loks grösstenteils als Reserve abgestellt oder an andere Eisenbahnen in Afrika ausgeliehen, besonders nach Zimbabwe und Mozambique.

Geographisch ist Südafrika ähnlich wie Spanien aufgebaut, es hat ein grosses Zentralplateau, begrenzt in Süd, Ost und West durch das Meer. Dies ergibt für die Routen von den Häfen in das hochgelegene Landesinnere schwierig zu betreibende Strecken mit sehr starken Steigungen. Da das südafrikanische Plateau im allgemeinen etwa 1200 bis 1400 m über dem Meeresspiegel liegt, ist es leicht vorstellbar, dass der von der Küste kommende Verkehr hohe langanhaltende Lokomotivleistungen beim Aufstieg ins Landesinnere erfordert. Weiterhin sind die Verhältnisse auf den Inlandstrecken oft nicht viel besser. In der sanft gewellten Landschaft folgen die Strecken im allgemeinen der Bodengestalt mit einem Minimum an Erdbewegungen beim Neubau, so dass auch hier vielfach die gleichen schwierigen Traktionsbedingungen bestehen.

Die South African-Railways and Harbour Administration wurde 1910 durch Zusammenschluss der Natal Government Railways, Cape Government Railways, Central South African Railways sowie einiger kleinerer Linien gebildet, gleichzeitig mit der Vereinigung der früheren Einzelterritorien. Eine Ausnahme bildete die bis 1925 unabhängig gebliebene New Cape Central Railway NCCR, die einzige individuelle Bahn ausser Industriebahnen, die in der Union Garratts erworben hat. Die South African Railways SAR oder Suid Afrikaanse Spoorweg ist bei weitem das grösste Eisenbahnsystem auf dem afrikanischen Kontinent und liegt mit einem kleinen Vorsprung vor Japan im Besitz des grössten Schmalspurbahnsystems in der Welt. Noch im Ausbau ist die Netzlänge heute grösser als das Netz der British Railways nach der Rationalisierung. Mit ihrem tatsächlichen Monopol im Güterverkehr bleibt die SAR ein lebensfähiges System.

Wie zu erwarten, wurde die Bereitstellung entsprechender Lokomotiven in den durch die Spur von 1067 mm vorgegebenen Grenzen eine Sache kontinuierlicher Entwicklung. Schon 1909 war Südafrika eines der ersten Länder bei der Einführung der 2D1 Type, die einstmals in verschiedenen Grössen die hauptsächlich eingesetzte Bauart war, beinahe 1400 dieser brauchbaren Maschinen waren im Dienst und sogar 1980 zählten noch über 900 zum Bestand.

Für die stärker geneigten Streckenabschnitte wurden Gelenklokomotiven erforderlich und die SAR sowie ihre wesentlichen Teilnetze waren stets willens, die Möglichkeiten dieser Lokomotivbauarten zu nutzen. Tatsächlich waren Gelenkloks von 1875 bis zum heutigen Tag immer mit eingesetzt. Einen bescheidenen Anfang machten die Cape Government Railways mit einer Fairlie-Lok für die Strecke von East London nach Kingwilliamstown. Zusammen mit einer weiteren 1880 gelieferten Lok währte ihr Einsatz bis 1903, worauf mit einer Kitson-Meyer experimentiert wurde, jedoch ohne Erfolg. Anschliessend führten 1910 die Natal Government Railways die Mallet-Type ein, die bei niedrigeren Geschwindigkeiten erfolgreich war. Bis 1921 wurden schliesslich 81 Stück davon gebaut. Bei einem Versuch, die Entwicklungsmöglichkeiten dieser Type auszuloten, stellte man zwei interessante Erprobungslokomotiven in Dienst. Die eine als Klasse ME war eine Heissdampf-Einfach-Expansions-Mallet, wie sie später in grossem Umfang in den USA eingeführt wurde, während die andere als Klasse MG bezeichnet am vorderen Triebgestell mit den Niederdruckzylindern grössere Triebräder erhielt als an der hinteren Hochdruckmaschine.

Diese Änderung am Grundkonzept der Mallet erwies sich jedoch als unzureichend, um sie mit der Garratt konkurrenzfähig zu machen. Die erste Garratt wurde 1914 bestellt, wegen des 1. Weltkrieges verzögerte sich aber die Lieferung bis 1919/21. Die Erstaufträge umfassten 3 Lokomotiven für 610 mm Spur und 2 Erprobungstypen für die Kapspur 1067 mm. Nachfolgend sind behandelt:
1. alle SAR-Garratts für Kapspur (1067 mm)
2. alle SAR-Garratts für 2 ft Spur (610 mm)
3. Industriebahnlokomotiven in Südafrika

Die erste Kapspurlok Klasse GA (G = Garratt, A = 1. Bauart) war zu ihrer Zeit bei weitem die grösste bis dahin je gebaute Garratt und mit ihren 17,8 t Achslast eine reine Hauptstreckenmaschine. Die Achsanordnung war 1C C1 bei zeitgemässer Konstruktion mit Kolbenschiebern, Z-förmigen Dampfkanälen, kurzer Schiebkanalüberdeckung; die Kolbenstangenenden waren im zweischienigen Kreuzkopf eingesetzt. Die Rahmen bestanden aus Platten. Der Belpaire-Kessel mit Überhitzer entsprach der bei der SAR üblichen Bauart. In den Dampfzuleitungen der Triebgestelle waren Absperrventile, so dass die Dampfzufuhr bei Schadensfällen an einer Maschine unterbrochen wer-

Südafrikas erste Garratt für Kapspur Klasse GA.
Beyer Peacock

den konnte. Bei späteren Loks entfielen diese Ventile, welche die Sorgfalt zeigten, mit der man sich um die Garratt Type bemühte. Die 19 960 mm lange GA-Maschine erprobte man auf der Natalhauptstrecke im Vergleich zu einer MH Mallet von äquivalenter Zugkraft. Die gewonnenen Resultate entschieden zugunsten der Garratt, welche bei kleinerem Verbrauch an Kohle und Wasser eine grössere Last mit höherer Geschwindigkeit befördern konnte. Diese Tests führte man zwischen Estcourt und Stockton Tunnel kurz vor Dell aus. Vergleichsweise testete man auch eine 2D1 Lok Klasse 14, obwohl diese natürlich die Lasten der Gelenkloks nicht befördern konnten. Die Testresultate waren:

Lokomotivklasse		GA	MH	14
Achsfolge		1C C1	1C C1	2D1
Gesamtgewicht	t	136	183	142
Zugkraft bei 75% pk	kg	21 495	21 941	16 945
Zuglast	t	1027	996	710
Kohleverbrauch je 100 tkm	kg	4,94	5,9	5,65
Wasserverbrauch je 100 tkm	l	37,5	44,7	41,6
Fahrzeit	min	118	137,5	127

Auf Steigungen zeigte die Mallet gleich hohe Zugkräfte wie die Garratt, die höheren Fahrgeschwindigkeiten erreichte die Garratt gegenüber der Mallet vor allem auf Gefälleabschnitten wegen ihrer besseren Laufruhe und kleinerer Leerlaufverluste. Diese Tatsache bestätigt auch der Wirtschaftlichkeitsvergleich. Die Mallet benötigt noch Dampf, wo die Garratt schon im Leerlauf fahren kann. Ein Vergleich der Kesseldimensionen von Garratt und Mallet ist ebenfalls interessant. Beide Kessel sind in ihrer Leistung vergleichbar und es zeigt sich, dass der kurze Garratt-Kessel mit seinem grossen Durchmesser ohne Verbrennungskammer ein um 11 t kleineres Leergewicht aufweist gegenüber dem Mallet-Vergleichskessel:

Loktyp		Mallet MH	Garratt GA
Rostfläche	m^2	4,94	4,81
maximaler Innendurchmesser	mm	1936	2057
Rohrlänge	mm	6705	3562
Feuerbüchsvolumen	m^3	9,25	8,8
Feuerbüchsheizfläche	m^2	23,2	19,6
Rohrheizfläche	m^2	275	217
Überhitzerheizfläche	m^2	57,2	48,9
Leergewicht	t	34,9	24,1

Die GA-Lok verbrachte den grössten Teil ihrer Dienstzeit in Natal und fuhr in letzter Zeit Personenzüge von Ladysmith nach Harrismith über den Van Reenens's Pass mit der Steigung von 1:30 (33,3‰). Diese Bauart wurde nicht nachgebaut wegen Fehlens von inneren Laufachsen und deshalb grossen Spurkranzverschleiss der inneren führenden Kuppelachsen. Als Einzelstück wurde sie 1938 verschrottet, den Kessel verwendete man als Tauschteil für die Klasse GE. Nichtsdestoweniger führte die GA die Garratt-Type in Südafrika ein und erfüllte gut ihren Zweck.

Die zweite Erprobungs-Garratt Klasse GB hatte nur die halbe Grösse der GA. Mit einer Achslast von 7,8 t war sie für Nebenstrecken mit sehr leichtem Oberbau bestimmt. Die GB war eine 1C1 1C1 Type und abgesehen von Grösse und Achsanordnung enthielt sie die gleichen Bauartmerkmale wie die GA. Die erste GB wurde auf der damals mit schlecht verlegtem Gleis ausgestatteten Südküstenstrecke von Durban aus erprobt. Aufgrund ihrer guten Bewährung bestellte man weitere 6 Lok und stellte sie auf den Zweiglinien nach Port Alfred und Barkly East in der Kapprovinz in Dienst. Beide Linien wiesen kompensierte Steigungen 1:30 (33‰) auf. Die GB-Klasse leistete lange nützliche Dienste und beendete ihre Tage auf der Strecke nach Barkly East im Jahr 1966, wobei eine Lok in Aliwal North erhalten geblieben ist. Die zweite Lieferung der GB-Klasse unterschied sich von der ersten durch Führerstandsseitenfenster.

Zwei leichte Lokomotiven in Queenstown, Südafrika, mit etwa gleicher Zugkraft. Die Garratt Klasse GB hat eine niedrigere Achslast als die 2D-Lok Klasse 7 BS.
A. E. Durrant

Nachdem somit der Wert der Garratt-Lok erwiesen war, stellte der leitende Maschineningenieur der SAR Col. Collins Spezifikationen zu 4 weiteren Garratt-Typen verschiedener Grösse und Leistung für unterschiedliche Dienste auf:

für Zweigstrecken
a) 1C1 1C1 mit 10,5 t Achslast
b) 1C1 1C1 mit 12,5 t Achslast

für Hauptstrecken-Personenzugdienst.
c) 1D1 1D1 mit 13 t Achslast
d) 1C1 1C1 mit 16 t Achslast

Von diesen waren die Loks nach a und b weiterentwickelte Vergrösserungen der GB, während c und d Entwicklungen aus der Klasse GA darstellten und auch die gleiche Kesselkonstruktion benutzten.

Zu dieser Zeit wurde die North British Locomotive Company NBL, welche eine grosse Anzahl von Lokomotiven nach Südafrika geliefert hatte, durch den Gedanken alamiert, an Beyer Peacock als Patentrechtsinhaber der Garratt-Lok Aufträge zu verlieren. Die NBL führte deshalb die Entwicklung einer alternativen Gelenklokomotive aus. Das Ergebnis war eine geänderte Kitson-Meyer mit den seitlichen Wassertanks nach vorn verlegt, so dass die Lok einer Garratt sehr ähnlich sah. Die Wassertanks waren vorn und hinten auf dem verlängerten überragenden Kesselrahmen aufgebaut. Nun konnten die Männer aus der Flemington Street in Glasgow nicht erlauben, dass ihr geistiges Kind einen Namen in Verbindung mit Beyer Peacock oder Kitson annimmt. So wählten sie einen guten schottischen Namen und titulierten ihre Erfindung mit «Modified Fairlie», obwohl ihre einzige Gemeinsamkeit mit der Original-Fairlie-Lok war, dass auch sie eine Dampflokomotive auf 2 Drehgestellen darstellte. Die NBL-Verkaufsabteilung dachte sich einige wenig überzeugende Gründe aus, warum eine Modified Fairlie die beste Gelenklokomotivtype war, die bis jetzt entwickelt wurde. Col Collins wurde dazu überredet, die Type zu erproben, sicher in Erinnerung an die gute Zusammenarbeit mit der NBL in der Vergangenheit und mit Warnungen, nicht sich allein auf die Garratts jener englischen Firma zu verlassen.

Collins war von diesem Argument entsprechend beeindruckt und im Ergebnis wurden die geplanten Loks nach a und b sowohl als Garratt als auch als Modified Fairlie bestellt, wobei jedoch die Garratt als eingeführte Bauart die grössere Stückzahl erhielt. Als 3. und 4. SAR-Gelenklokbauart erhielten die Garratts die Klassenbezeichnungen GC und GD, während der Modified Fairlie F (für Fairlie) zugeteilt wurde. Die Klasse FC und FD benannte man entsprechend den Vergleichs-Garratts mit dem 2. Buchstaben übereinstimmend.

Während die SAR ihre GA- und GB-Garratts erprobten, kaufte die NCCR für die Linie von Worcester nach Mosselbaai ebenfalls zwei Garratts, welche im wesentlichen eine Vergrösserung der GB-Klasse bei der gleichen Achsanordnung 1C1 1C1 darstellten und die gleichen Bauartmerkmale aufwies. Im Betrieb ersetzte eine Garratt zwei der alten 2D Loks Klasse 7.

Die Garratt mit 95 t Dienstgewicht leistete die Arbeit zweier solcher Loks mit Tender von zusammen 166 t, und sparte dabei neben 5 t Kohle auch die Kosten eines Lokpersonals. Bei der 1925 durchgeführten Übernahme der NCCR durch die SAR wurden deren beide Garratts als Klasse GK eingereiht und 1957 verschrottet, nachdem sie in ihren letzten Dienstjahren auf der Zweiglinie Donnybrook–Underberg fuhren. Diese NCCR Garratts bildeten die Grundlage für die SAR-Klasse GC, deren Konstruktion beinahe identisch mit ihnen war, abgesehen von den kleineren Zylindern der SAR-Version. Ausserdem wurde von NBL verlangt, dass ihre «Modified Fairlie» FC soweit irgend möglich mit gleichen Teilen wie die konkurrierende Garratt GC und mit den gleichen Hauptabmessungen gebaut ist, d. h. Zylinder- und Radabmessungen, Achsabstände, Kesselabmessungen mussten übereinstimmen und die meisten Triebwerksteile waren austauschbar. Somit versuchte Collins konsequent Punkt für Punkt die Unterschiede zwischen den Klassen GC und FC auf die durch das unterschiedliche Gelenksystem bedingten Differenzen zu beschränken. Es wurden 6 Lok GC zusammen mit der einzelnen FC geliefert, wobei letztere 1939 verschrottet wurde, während die GC-Loks bis 1964 im Betrieb von Pietermaritzburg aus eingesetzt waren.

14 ähnliche aber grössere Lokomotiven wurden als Klasse GD gebaut, zusammen mit 4 Modified Fairlies Klasse FD. Auch hier strebte man ein grösstmögliches Mass an Austauschbarkeit von Teilen unter diesen beiden Typen an, welche eine Vergrösserung der vorhergehenden Klassen darstellten. Die FD wurden 1957–59 verschrottet, nachdem sie in ihrer letzten Zeit auf der Zweiglinie von Alicedale zum historischen Grahamstown in der Kapprovinz eingesetzt waren. Die GD Garratts wurden sehr vielseitig auf den Kap-Zweiglinien verwendet, darunter auch als spektakulärster Einsatz die Traktion mit zwei GD's im Vorspann über den Montagu-Pass von George nach Oudtshorn, bis zur Ablösung durch grössere Garratts. Sie fuhren auch in Natal von Durban und Pietermaritzburg aus. Die letzten paar Überlebenden beendeten ihre Tage ebenso wie ihre Fairlie-Gegenstücke auf der Grahamtownlinie im Januar 1968, wobei nur 2 oder 3 im Dienst blieben. Inzwischen sind alle zurückgezogen.

Wir kommen nun zu den grössten von Collins angeregten Bauarten, wobei diese beiden als Weiterentwicklung der ursprünglichen GA betrachtet werden können und den gleichen Kessel aufwiesen. In beiden Fällen fügte man innere Laufachsen zur Verbesserung der Bogenlaufeigenschaften ein und bei der zuerst gebauten Klasse GE sah man mehr Räder kleineren Durchmessers vor, baute also eine Lok mit grösserer Zugkraft und niedrigeren Achslasten. Die dabei entstandene 1D1 1D1 war die 2. Garratt-Konstruktion mit 2 × 4 Kuppelachsen, der ein Einzelstück für Burma nur eine Nasenlänge voraus war.

Links: Ein Gespann mit 2 Garratts Klasse GCA stürmt mit einem gemischten Zug aus Donnybrook die Zweiglinie nach Underberg hinauf. A. E. Durrant

Die 2. Konstruktion Klasse GG war ebenfalls eine Weiterentwicklung gerade aus der GA, jedoch mit grösseren Triebrädern für den Expresszugdienst. Die 1C1 1C1 Maschinen beförderten Postzüge von Kapstadt herauf über den Hex River Pass mit einer 24 km langen Steigung 1:40 (25‰). Bei einer Testfahrt wurde die Strecke von Belleville Junction nach Salt River mit 15,5 km von Abfahrt bis Halt mit einer durchschnittlichen Geschwindigkeit von 74,6 km/h durchfahren bei einer Maximalgeschwindigkeit von 92 km/h. Dafür war eine aussergewöhnlich hohe Beschleunigung nötig, was aber Beyer Peacock als nichts Besonderes empfand, weil die bei dieser Gelegenheit beförderte Last wohl nicht sehr gross war.

Im Bestreben die Baukosten niedrig zu halten wurden die Zylinder als Ausgleich des grösseren Raddurchmessers nicht vergrössert, was sich für die Maschine in mangelhafter Zugkraft auswirkte. Sie war deshalb der bald nach ihr auf der gleichen Strecke eingeführten 2D1 Lok Klasse 15 CA unterlegen. Deshalb erfolgte kein Nachbau der GG-Lok und als Splittertype wurde sie 1938 verschrottet. Der Kessel konnte wie bei der GA-Lok als nützliches Tauschteil für die Klasse GE dienen. Beide Klassen GE und GG wiesen die gleichen technischen Bauartmerkmale auf wie die GA mit Ausnahme der vorstehenden erwähnten Änderungen.

Soweit verlief die Garratt-Entwicklung bei den SAR in geordneter Weise. Die Jahre 1927–29 waren jedoch gekennzeichnet durch eine hektische Aktivität auf dem Gebiet der Gelenklokomotiven, bis die Dinge ziemlich aus der Hand glitten mit dem Höhepunkt der Amtsniederlegung von Col Collins. Es war schwierig herauszufinden, in wessen Auftrag die nächsten 7 neuen Typen und 2 Unterbauarten zur Ausführung kamen, welche in dieser kurzen Periode erschienen, wobei einige gegenseitig in Abhängigkeit stehende Faktoren mitspielten.

Es ist zweckmässig zuerst die Klassen GCA und GDA zu behandeln, da beide direkt aus den entsprechenden früheren Konstruktionen GC und GD abgeleitet sind. Bei beiden Konstruktionen wurden deutsche Firmen mit den Aufträgen vorgezogen, da zu dieser Zeit die Original-Garratt-Patente abgelaufen waren. Beyer Peacock jedoch erhielt sich allgemein seine Wettbewerbsposition durch Patente auf die kontinuierliche Weiterentwicklung der Drehzapfen und Dampfrohrgelenke. Die Klassen GCA, GDA und die GF wurden alle in Deutschland gebaut, anscheinend ohne jede Zusammenarbeit mit Beyer Peacock. Sie erschien niemals in den Katalogen dieser Firma im Gegensatz zu den mit vollem Einverständnis in Frankreich, Belgien, Spanien etc. unter Lizenz gebauten Loks. Vermutlich übersandte Collins bei internationalen Ausschreibungen vollständige Zeichnungssätze, was Beyer Peacock kaum erfreut haben dürfte. Es könnte auch im SAR Management aus Kreisen der Afrikaner einiger Druck ausgeübt worden sein aufgrund alter Wunden aus dem Burenkrieg, Aufträge nach anderswohin als nach Grossbritannien zu vergeben. Was auch immer die Hintergründe waren, die Firma Krupp erhielt die Bestellung für 39 Garratts Klasse

Mit einer Ladung Zuckerrohr fährt die Lok Nr. 2258 der Klasse GDA im Jahre 1968 aus Eshowe North in Richtung Gingindlovu Junction zur Zuckerfabrik in Amatikulu.
A. E. Durrant

Links: In ihrem letzten Jahr 1967 des regulären Dienstes stösst eine Lok Klasse GDA bei der Abfahrt eines gemischten Zuges in Alicedale nach Grahamstown schwarze Wolken aus.
A. E. Durrant

Eine Lok Klasse GF aus der ersten Serie mit Rechteckwassertanks glänzt in der Abendsonne in Gingindlovu, Natal im Jahre 1968.
A. E. Durrant

Eine Klasse GF Nr. 2427 führt im Jahre 1968 einen Sonntagspersonenzug Donnybrook–Pietermaritzburg durch Carthill.
A. E. Durrant

GCA, die 1927 und 1928 geliefert wurden. Diese unterschieden sich von der Klasse GC durch runde Stehkesseldecke statt der Belpaire-Bauart sowie gewölbte Wassertankdecke und abgerundete obere Längskanten im Vergleich zu den Rechtecktanks oder Haus-Zisternen der früheren Beyer Peacock Garratts. Weiter trugen sie 2 t mehr Kohle bei sich. Später wurden auch die Bunker der Klasse GC entsprechend vergrössert.

Die Klasse GCA waren beliebte kleine Maschinen, die trotz ihrer winzigen Räder mit 1085 mm bis zu 50 km/h schnell fahren konnten. Ihre Langlebigkeit war offenbar mit durch die Barrenrahmen bedingt, die sie anstelle der bei der Klasse GC üblichen Plattenrahmen erhielt. Für viele Jahre bedienten sie die Südküstenlinie von Durban aus, bis deren Neutrassierung und Brückenverstärkung ihren Ersatz durch grössere 2C1- und 2D1-Einrahmenlokomotiven erlaubte. Einige befanden sich für den Einsatz auf der Sabie Linie in Nelspruit, Eastern Transvaal. In ihren späteren Jahren waren die GCA-Loks hauptsächlich in Pietermaritzburg beheimatet für die Traktion auf den Zweiglinien nach Mount Alida, Richmond und Underberg. Bei den Fahrten von und zu den Sub-Depots dieser Zweiglinien war es nicht ungewöhnlich, die zierliche GCA zusammen mit einer grösseren GF oder gar mit der gewaltigen GMA zusammen vor einem Zug zu beobachten. Nachdem die Hauptliniendienste auf Dieseltraktion umgestellt waren, bestand der (reguläre) planmässige Dampfbetrieb bis hin nach Donnybrook aus dem wöchentlichen Nahgüterzug der Underberglinie mit Traktion durch eine GCA, eine Klasse GF für den Rangierdienst in Donnybrook und die Fahrten dieser Maschinen von und nach Mason's Mill zum Auswaschen der Kessel. Die letzte GCA war bis zur Ausdehnung des Dieselbetriebes nach Underberg 1976 im Einsatz. Neuerdings leisteten die GCA Loks Dienst mit Bauzügen für die Verlegung schwerer Schienen, die nötig waren, um auch Nebenbahndiesellok zu tragen. Einige GCA Loks verkaufte man an Industriebahnen, aber heute ist keine davon mehr im Dienst.

Im Jahre 1929 wurden von Linke-Hofmann 5 GDA Loks als direkte Weiterentwicklung der entsprechenden Klasse GD gebaut, ebenfalls mit runder Stehkesseldecke und abgerundeten Wassertanks, der Kohlenbunkerinhalt blieb aber gleich wie bei der GD-Klasse. Die Heimat dieser Maschinen war hauptsächlich die Nordküstenlinie von Durban aus mit dem Depot Stanger. Zwei Lok waren der Zweiglinie nach Eshowe in Zululand zugeteilt. Gegen Ende ihrer Zeit kamen zwei nach Port Elisabeth für die Zweiglinie Grahamstown. Diese Loks waren wenig beliebt und wurden bald zur Arbeit mit Schotterzügen abgeschoben, bevor man sie ausmusterte. Bemerkenswerterweise sind zwei davon erhalten geblieben, die Nr. 2257 steht ausserhalb der Station Grahamstown und die Nr. 2259 in De Aar, letztere ist zu verkaufen.

1927/28 wurde auch die stückzahlmässig grösste Garratt-Klasse der Welt für viele Jahre hergestellt, die 2C1 1C2 Klasse GF. Mit ihrem Raddurchmesser von 1370 mm und den äusseren 2-achsigen Drehgestellen

Doppelbespannungen mit Garratts und Einrahmenloks waren im allgemeinen nicht üblich. Dieses Gespann mit einer Klasse GF und einer 19D wurde 1969 auf der Zweiglinie von Kaapmuiden nach Barberton aufgenommen. A. E. Durrant

war diese Konstruktion für höhere Geschwindigkeiten besser geeignet als die früheren Garratts und fuhr bis zu 80 km/h. Die inneren Lenkgestelle waren ursprünglich mit Innenlagern ausgerüstet und haben nun Aussenrahmen und Aussenlager.

Alle GF-Exemplare stammen aus den deutschen Fabriken Hanomag, Henschel und Maffei. Sie bildeten einen deutlichen Fortschritt gegenüber früheren SAR Garratts insoweit, als Barrenrahmen verwendet wurden. Andererseits entsprachen die Bauarteinzelheiten allgemein dem Stand der anderen in Deutschland gebauten Garratts. Die Konstruktion wurde vor allem belastet durch die Verwendung von veralteten Zylindern mit Z-förmigen Kanälen und kurzer Kanalüberdeckung, was von Collins in der Spezifikation vorgeschrieben sein musste, denn nach deutscher Baupraxis waren gerade Kanäle und grosse Überdeckungen lange üblich. Die Klasse GF hat sich für 40 Jahre lang als sehr brauchbare Maschine gezeigt. Auf Haupt- und Nebenstrecken war sie eine universell verwendbare Type vor allen Zügen. In späteren Jahren war sie auf den beiden Zweiglinien von Nelspruit aus, der Nordküstenlinie von Durban aus sowie auf den nördlich und südlich von Pietermaritzburg aus radial verlaufenden Sekundär- und Zweiglinien zu sehen. Von Franklin nach Kokstad beförderten sie den täglichen Personenzug, aber auch anderswo traf man sie vor Güter- und gemischten Zügen an. Auf den beiden Strecken nach Franklin und Greytown sah man sie zu zweit im Vorspann oder zusammen mit einer GMA Type. Zwei verschrottete man vorzeitig anlässlich von Unfallschäden und vier verkaufte man nach Mozambique, die übrigen jedoch blieben bis weit in die 1970er Jahre bei den SAR, wobei mehrere an Industriebahnen verkauft wurden. Die Enyati Bahn in Natal besitzt 10 Lok GF für den Einsatz bei Kohlengruben, wo man sie im Schiebe- und Vorspanndienst sehen kann, bei seltenen Gelegenheiten auch einmal zu dritt vor einem Zug. Im Jahre 1979 rüstete man sie mit einem zusätzlichen dieselgetriebenen Luftkompressor aus, der hinter dem Kohlenbunker angeordnet war. Dies war für die Druckluftbremse der SAR-Blockzüge mit Exportkohle nötig, von welchen einige an der Enyati-Bahn beginnen. Andere SAR-Züge sind normalerweise vakuumgebremst.

Wir kommen nun zu dem Punkt, wo Col Collins eine bemerkenswerte Unentschlossenheit und das Fehlen einer Richtung gezeigt hat. So wurde die Modified Fairlie ausprobiert, mit Garratts verglichen und mit Recht letztere Bauart in beiden Formen weiter beschafft, sowohl als modifizierte Typen als auch die neue Klasse GF. Er teilte einen Auftrag für 1927 gelieferte Gelenkloks mit 2 × 4 Kuppelachsen. Zehn davon baute Beyer Peacock als Klasse GE in verbesserter Ausführung mit abgerundeten oberen Längskanten des vorderen Tanks und einem erhöhten schmäleren Kohlenbunker mit verbesserten Sichtverhältnissen bei Rückwärtsfahrt. Vorteilhafterweise wurden Kessel und Triebwerk beibehalten und die Politik der standardisierten Garratt fortgesetzt.

Die anderen 10 Loks wurden bei Henschel bestellt und waren selbst jetzt nochmals «Modified Fairlies»!

Eine Lok Klasse GE der 2. Serie mit abgerundeten Längskanten am vorderen Wassertank begegnet bei der Beförderung eines Leerzuges für Zuckerrohr einem Zulu-Mädchen, das seine Last auf traditionelle Art trägt. A. E. Durrant

Darüber hinaus wurde die bei den Klassen FC und FD eingehaltene weitgehende Übereinstimmung in der Standardisierung nicht eingehalten. Henschel konstruierte diese Loks Klasse HF der Achsfolge 1D1 1D1 mit längerem dünnen Kessel, jedoch mit fast gleich grosser Rostfläche. Die Triebgestelle waren mit übereinstimmenden Raddurchmessern und identischen Achsabständen gleich, lediglich der Gesamtachsabstand differierte um nur 50,8 mm. Ihre Höchstgeschwindigkeit betrug 50 km/h. Eine deutliche Verbesserung über die Klasse GE war der Einbau von Barrenrahmen, aber diese könnten natürlich auch leicht bei Garratts vorgesehen werden. Sogar das Bezeichnungssystem ging daneben und die Klasse wurde als HF benannt «Henschel Fairlie» anstatt FE, welches die Loks logischerweise erhalten sollten.

1928 produzierte Henschel eine weitere Lok Serie HF, während 1931 Beyer Peacock noch 2 Loks Klasse GE baute, im allgemeinen übereinstimmend mit der 2. Serie, jedoch mit vergrössertem Zylinderdurchmesser. Die Klasse HF wurde hauptsächlich auf dem Reef eingesetzt. 1950/51 waren alle aus dem Dienst genommen. Die Erstlieferung der Klasse GE wurde auf der schwierigen Hauptstrecke Johannesburg–Zeerust eingesetzt, aber in späteren Jahren konzentrierte man die Klasse auf der von Durban ausgehenden Nordküstenlinie, besonders in Stanger und Empangeni. Dort leisteten sie zusätzlich zum Dienst auf der Hauptstrecke meist Arbeit auf den Zweiglinien nach Eshowe und Nkwalini bis zum Ersatz durch moderne Garratts GEA und GO in den 1970er Jahren. Die erste Maschine mit der SAR-Nr. 2260 ist in Empangeni erhalten geblieben. Überraschenderweise wurden von der Klasse GE keine an Kohlengruben verkauft, für deren Dienst sie sich besonders eignen würden. In späteren Jahren wurde an den ursprünglichen 6 Maschinen eine Reihe von Kohlenkastenvergrösserungen ausgeführt, wobei jede Lok von der anderen verschieden ist.

Die vorgenannten Folgen des richtungslosen Handelns sind noch nicht ganz dargestellt, da noch die «Union Garratt» auf der Bildfläche erschien. Bei dieser ist der vordere Wassertank auf dem vorderen Triebgestell wie bei der normalen Garratt aufgebaut, der Kohlenbunker mit dem hinteren Wassertank jedoch sitzt auf der nach hinten auskragenden Kesselrahmenverlängerung wie auf einer «Modified Fairlie». Collins liess sich zum Kauf zweier Klassen dieser Bauart überreden und typisch für die verwirrten Gedankengänge wurden eine als Klasse U für «Union Garratt» und die andere als Klasse GH eingereiht. Die Fa. J. A. Maffei wurde mit dem Bau beider Klas-

Eine seltene und ungewöhnliche Kombination stellt diese in den 1930er Jahren bei Johannesburg aufgenommene Bespannung dar – eine Garratt Klasse GF und eine Modified Fairlie Klasse HF fahren zusammen einen Güterzug.
F. G. Garrison

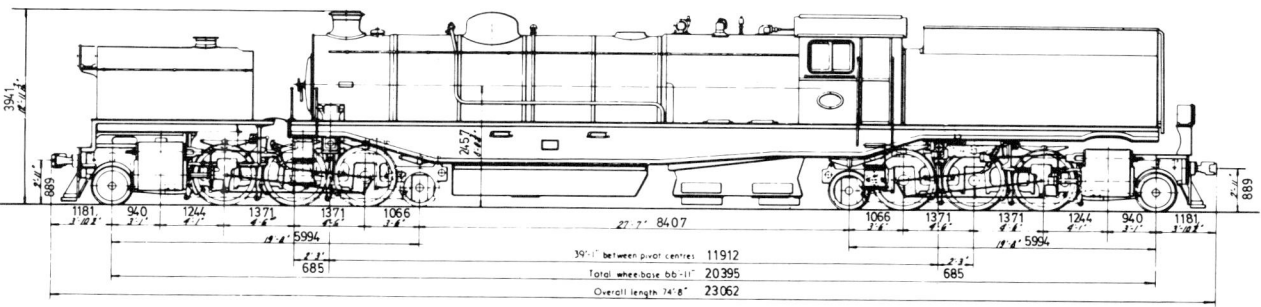

Typenskizze der Union Garratt Klasse U der SAR.

sen betraut, welche beide nur für Hauptstreckendienst vorgesehen waren. Mit einer Achslast von mehr als 18 t kamen sie als erste Gelenkloks in Südafrika in diese Kategorie. Aus mehreren Gründen waren die Konstruktionen nicht in dem wünschenswerten Masse übereinstimmend. Zum Beispiel hatten beide zwar die gleiche Rostfläche, die Klasse GH aber besass den typischen kurzen dicken Garratt-Kessel, während der U-Kessel länger und dünner war. Beide Bauarten litten unter ihren grundsätzlich unpassenden Proportionen. Die Klasse GH war mit ihren grossen Triebrädern als 2C1 1C2 für den Schnellzugdienst gedacht und 25 906 mm lang. Sie hatte denselben Fehler wie die Klasse GG, d. h. mit 50% mehr Reibungsgewicht als eine normale 2D1-Lok waren ihre Zylinder für die Entwicklung einer entsprechenden Zugkraft zu klein, so dass sie im unteren Geschwindigkeitsbereich nicht die Leistung und Beschleunigungsfähigkeit erreichten, die von der Bauart her erwartet werden durften. Gerade auf den Bergstrecken ist dies aber sehr wesentlich.

Die Klasse U, eine 1C1 1C1 Güterzugmaschine wäre wieder als 1D1 1D1 mit dem Kessel der GH und natürlich mit grösseren Zylindern besser gewesen. Wie ausgeführt, besass die Klasse U keine höhere Zugkraft als die 3. Serie GE, aber wegen ihrer grösseren Achslast erhebliche Einschränkungen im Einsatz. Ihre Länge über Kupplungen betrug 23 062 mm.

Beide Klassen U und GH hatten Barrenrahmen in den Triebgestellen mit Z-förmigen Dampfkanälen und kurzer Kanalüberdeckung. Die Stehkessel hatten Runddecken und mechanische Rostbeschickung, dieses Merkmal war für ihren Bau entscheidend gewesen, allerdings baute man diese Stocker aus der Klasse

Eine der leistungsfähigsten Lokomotiven in der südlichen Hemisphäre, eine Klasse GL der SAR rollt über die Strecke von Glencoe nach Vryheid. Bei der Rückfahrt mit einem Kohlenzug entwickelt sie ihre volle Zugkraft von über 40 000 kg.
A. E. Durrant

U später doch aus, da diese für die geleisteten Dienste als unnötig angesehen wurden. Der hintere Bunker trug nur Kohle. Das Wasser wurde sowohl im normalen vorderen Tank als auch in einem unter dem Kesselrahmen aufgehängten Tank mitgeführt. Ebenso wie bei den Modified Fairlies hatten die auf den hinten auskragenden Kesselrahmen befindlichen schweren Massen hohe vertikale und horizontale Beanspruchungen am hinteren Drehzapfen zur Folge mit starkem Verschleiss. Als ein Grund führte dies zur frühzeitigen Ausserdienststellung der beiden Klassen GH und U lange vor den gleichzeitig beschafften Garratts. Die Klasse U fand hauptsächlich auf den Reef Verwendung und verschwand 1952–57, während die GH in Glencoe in Natal 1957 ihre Laufbahn beendete.

Wir kommen nun zur letzten unter Col Collins hergestellten Garratt-Klasse, einer Klasse deren Vorzüge die mit einigen der anderen Maschinen erlebten Rückschläge bei der SAR grossenteils wieder kompensierte. Die nächstfolgenden Bezeichnungen GI und GJ wurden nie belegt. Die als GL bezeichnete 2D1 1D2 Loks waren zu ihrer Bauzeit die grössten in ganz Afrika und die grössten Schmalspurlokomotiven der Welt, eine Position, die sie bis zum Erscheinen der EAR-Klasse 59 im Jahre 1955 erhalten konnten. Sogar noch heute stellen sie die bei weitem leistungsfähigsten Lokomotiven dar, die bei der SAR in Verwendung stehen.

Die Klasse GL wurde für die Natal-Hauptstrecke gebaut, welche von Durban nach Cato Ridge in 2 Routen verläuft, die ursprüngliche Hauptlinie, welche Steigungen bis 1:30 aufweist, und die verlegte neue Hauptlinie mit nichtsdestoweniger als 61 km beinahe durchgehenden Steigungen von 1:66 (15‰). Die Strecke wurde zum Engpass. Im Jahre 1914 als zufällig die ersten SAR-Garratts bestellt wurden, entschied man sich dafür, die Natal-Hauptstrecke von Glencoe Junction durchgehend bis Durban zu elektrifizieren, da hier sowohl die Verkehrsbelastung als auch die Steigungen am stärksten sind. Beides, die Garratt und die Elektrifikation verschoben sich bis nach dem Krieg und wären die Garratts früher verfügbar gewesen, hätte sich auch diese Elektrifikation zweifellos um Jahre verzögert. Die Garratts waren 1919 jedoch noch eine vergleichsweise unbekannte Grösse, während sich die Elektrifikation in einer Reihe von Ländern ihren Platz gesichert hatte. Die 1914 getroffene Entscheidung wurde beibehalten. Die Bauarbeiten begannen 1922 und im Februar 1925 konnte auf der Teilstrecke von Estcourt nach Ladysmith der elektrische Zugbetrieb aufgenommen werden. Er wurde bald in beiden Richtungen weitergeführt. Bis Juni 1926 war elektrischer Betrieb von Glencoe nach Pietermaritzburg eingeführt. Für die schwersten Güterzüge waren 3 Elektroloks pro Zug in Verwendung, und für diese Last waren im nicht elektrifizierten Ab-

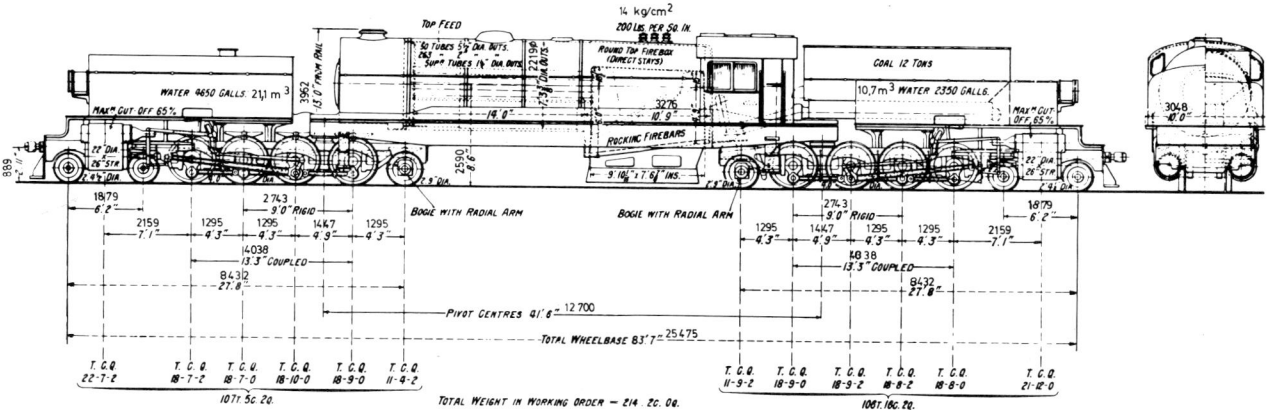

Typenskizze der SAR-Garratt Lokomotive Klasse GL.

schnitt Pietermaritzburg–Durban zwei Dampflok Bauart 2D1 der Klasse 14 erforderlich. Die Klasse GA war damals schon im Einsatz und imstande, die Last von 2 Elektroloks der Klasse 1E zu befördern. Es wurde klar, dass zur Vermeidung des Vorspannbetriebes eine Dampflokomotive erforderlich war, die 3 Elektroloks oder 2 Dampfloks Klasse 14 entsprochen hätte. Ein solcher Vorschlag wurde schon 1922 vorgelegt.

Beyer Peacock wurde mit der Konstruktion der 2D1 1D2 Lokomotive Klasse GL betraut. Bei einer Achslast von 19 t war dafür ein Gesamtgewicht von 214,5 t zugelassen. Die GL war natürlich nur Lückenbüsser, da die Entscheidung zur Elektrifikation bis zur Küste zu dieser Zeit bereits getroffen war. Die Zeit drängte angesichts der Engpassprobleme bei der Betriebsführung und erlaubte nicht auf die Fertigstellung der Elektrifikation zu warten.

Man fühlte natürlich etwas Unsicherheit über den möglichen Erfolg und die Standsicherheit von solch einer Lokomotive, deren äusserer Kesseldurchmesser mehr als zweimal so gross wie die Spurweite war und welche in einem Sprung 50% grösser und leistungsfähiger sein würde als die grössten damals betriebenen Lokomotiven. Somit wurde Vorsicht geübt und ein Anfangsauftrag auf nur 2 Lokomotiven erteilt.

Die GL waren vorzüglich konstruiert. Die Triebgestelle hatten Barrenrahmen, gerade Dampfkanälen der Zylinder, sowie als erste Lok Südafrikas lange Kanalüberdeckungen. Trotz des führenden Drehgestells war der Antrieb an die 3. Kuppelachse jeder Maschineneinheit gelegt, was schöne lange Treibstangen mit minimalen senkrechten Kreuzkopfkräften ergab. Dieses Bauartmerkmal kommt der Laufstabilisierung grosser Schmalspurlokomotiven zugute, war bei den Garratts der Benguela-Bahn eingeführt und wurde später ein Bestandteil der Beyer Peacock-Garratts. Der gewaltige Kessel hatte eine runde Stehkesseldecke, erhielt Feuerbüchswasserkammern und war natürlich mechanisch gefeuert. Schwierige Krümmungsverhältnisse mussten berücksichtigt werden, der Minimalradius ist nur 83,8 m, während Gegenkurven von 91,4 m Halbmesser mit 114 mm Überhöhung und ohne Zwischengerade noch härtere Bedingungen stellen. Daher war der führende Drehzapfen des vorderen Triebgestells sphärisch ausgeführt anstelle der gewöhnlichen Flachpfanne, welche am hinteren Triebgestell beibehalten wurde.

Die erste Lok der Klasse GL wurde im Oktober 1929 in Dienst gestellt, als A. G. Watson leitender Maschineningenieur der SAR war. Ihre Nominalleistung lag beim Doppelten einer 2D1-Lok Klasse 14, deren Zylinder und Triebraddurchmesser auf die GL übernommen wurde. Als Ausgleich für die auf 65% begrenzte Maximalfüllung wurde der Kesseldruck leicht erhöht. Beim Test zog die GL 1153 t von Durban nach Cato Ridge in 163 Minuten. Im Vergleich dazu sieht der Fahrplan bei 508 t Last für eine Klasse 14 eine Fahrzeit von 184 min vor.

Diese Zugleistung übertraf die Planlast von 965 t für 3 Elektroloks Klasse 1 E herauf von Pietermaritzburg und wurde mit halb geöffnetem Regler sowie 45% Füllung gefahren. Am folgenden Tag fuhr man über die gleiche Strecke 1224 t und legte die Lasten von 965 bis 1016 t für die GL fest entsprechend der Dreifachtraktion mit Elektroloks der Klasse 1E und dazu noch bei höherer Geschwindigkeit. Während dieser Erprobung zeigten die GL eine aussergewöhnlich gute Laufruhe in den Kurven, und nach Abschluss der gründlichen Prüfungen über 7 Wochen erfolgte eine telegraphische Bestellung auf weitere 6 Lok zur Lieferung 1930. Diese erhielten für den Einsatz in Tunnels Schornsteinklappen.

Mit diesen 8 Loks Klasse GL konnte bis zum Abschluss der Elektrifikation nach Durban im Jahre 1938 ein angemessener Betrieb aufrechterhalten werden. Anschliessend kamen die GL nach Glencoe, um von dort aus im Kohlenverkehr nach Vryheid eingesetzt zu werden, wobei die Schornsteinklappen entfernt wurden. Dieser Abschnitt enthält Steigungen von 1:50 (20‰), auf denen bergwärts 1200 t Züge gefahren werden. Diese in den späten 1960er Jahren geleistete Arbeit war noch schwerer als sie bei der Einführung beinahe 40 Jahre vorher verlangt wurde. Diese Strecke war bis Ende 1968 auf Elektrotraktion umgestellt und die GL wurden nach Stanger für den Haupt-

Garratts und Berge, zwei verbundene Begriffe. Das Hottentots-Hollands-Massiv bildet den eindrucksvollen Hintergrund für die Garratt der Klasse GEA vor ihrem Zug nach Kapstadt mit einer Ladung Elgin-Äpfel für den Export.
A. E. Durrant

streckendienst nach Empangeni umgesetzt. Der dort noch nicht so stark entwickelte Verkehr reichte nicht aus, diese Loks voll auszulasten. Sie wurden deshalb von der modernen aber weniger leistungsfähigen Klasse GMA/Ms abgelöst, welche jedoch später bei Verkehrsspitzen im Vorspann fahren mussten. Nachdem man den Einsatz am Ablaufberg des Rangierbahnhofs Bloemfontein erwogen hatte, zog man die Klasse GL 1972 endgültig aus dem Dienst, nachdem sie 40 Jahre schwerste Arbeit für die SAR geleistet hatten. Die Lok Nr. 2350 war nach einer Kollisionsbeschädigung vorzeitig verschrottet worden, aber die Nr. 2351 wurde in De Aar erhalten. Nr. 2352 wurde ebenfalls zur Erhaltung bestimmt, nachdem sie 1972 in ausgezeichnetem Zustand unter eigenem Dampf nach Germiston hinauf fuhr; nach 8 Jahren Abstellzeit steht sie nun zum Verkauf.

Der neue leitende Maschineningenieur A. G. Watson war im Gegensatz zu seinem Vorgänger kein Befürworter von Gelenklokomotiven und abgesehen von der zweiten GL-Lieferung wurde während seiner Amtszeit keine einzige Garratt für 1067 mm Spur oder irgendeine andere Type einer Gelenklokomotive in Auftrag gegeben.

Die Beschaffung erfuhr bis 1938 eine Unterbrechung, als der nachfolgende leitende Maschineningenieur W. A. J. Day mit dem Problem konfrontiert wurde, den Verkehr zwischen Johannesburg und Zeerust, auf der Hauptstrecke nach Mafeking und Rhodesien zu bewältigen. Dort waren noch Schienen mit nur 30 kg/m verlegt und reichlich Steigungen 1:40 (25‰) vorhanden, darunter einige von fast durchgehend auf 27,3 km Länge.

Die Traktion besorgten Loks der 2D1-Klasse 19 D, GE- und GF-Garratts sowie Watson's Einzelstück 1E2 Klasse 21, aber keine dieser Loktypen war hierfür genügend leistungsfähig. Die beste Kombination bezüglich Leistung und Geschwindigkeit stellte die Klasse 19 D in Doppelbespannung dar.

Man entschloss sich, eine Garratt mit dem Leistungsvermögen zweier 19 D-Loks einzuführen, wofür ein Entwurf mit einem verkürzten GL-Kessel ausgearbeitet wurde. Dies erwies sich jedoch als zu schwer für die vorgeschriebene Achslast. Man unternahm einen

Links: Ein grosser Unterschied besteht hier zu der kleinen Tenderlok, welche meist mit dem Begriff «Industriebahnlok» verbunden ist zu der hier gezeigten Maschine – die Douglas Kohlengrube verwendete ehemalige SAR Garratts der Klasse GM zur Beförderung ihrer aus 40 Drehgestellwagen bestehenden Kohlenzüge von und zum SAR-Übergabebahnhof Vandyksdrift. In Lastrichtung wurden die Züge mit einer 2D1-Lokomotive nachgeschoben.
A. E. Durrant

Die Lok Nr. 4009 der Klasse GEA, bekannt als Rhinoceros und versuchsweise mit einer Funkenfängerausrüstung versehen, bläst ab, bevor sie sich im Dezember 1969 in Caledon vor ihren Morgen-Güterzug setzt. A. E. Durrant

bis dahin ungewöhnlichen Schritt und reduzierte die Wasservorräte auf der Lok auf ein Minimum, der Hauptteil des Wassers kam in einem an die Lok angehängten Wassertender. Der damit konfrontierte Baudienst stimmte der Kuppelachslast zu, die jedoch immer noch höher lag als bei anderen hier zugelassenen Fahrzeugen. Der vordere kleine Wassertank enthält nur den Vorrat für Rangierbewegungen und hinten befand sich nur Kohle. In sonstiger technischer Hinsicht entsprach die Konstruktion der Klasse GL.

1938 baute Beyer Peacock 16 Stück dieser als Klasse GM bezeichneten Loks, die den Betrieb auf der Strecke Zeerust–Johannesburg revolutionierten und wo sie den grössten Teil ihrer Dienstzeit verbrachten. Nach der Elektrifikation der West Rand Linien wurden sie in Krugersdorp stationiert und befuhren in späteren Jahren, hauptsächlich im Güterzugdienst die Strecke nach Mafeking nachdem die Klasse GMA/GMAM eingeführt war. Nach Einführung der Dieseltraktion auf der Strecke Mafeking–Kimberley im Jahre 1972 wurde die Klasse GM nach Pretoria und Pietersburg für den Dienst auf der nördlichen Transvaal-Hauptstrecke umgesetzt. Sie war dort nicht beliebt und wurde nur eingesetzt, wenn nötig. Mitte 1973 zog man sie aus dem Dienst zurück, aber bald darauf entwickelte sich in Breyten akuter Lokmangel und 3 GM-Loks wurden in der Werkstätte Capital Park eiligst überholt. Nach Breyten umgesetzt befuhren sie von dort aus die Strecke nach Piet Retief. Nach über einem Jahr waren sie ziemlich abgefahren und leisteten dann meistens Rangierdienst auf der Kohlengrube Spitzkop. Während der nochmaligen 2 Jahre Einsatz in Breyten kehrten sie nie mehr in die offizielle SAR Lokomotivbestandsliste zurück, sie existierten also offiziell gar nicht mehr. Alle drei reaktivierten GM-Loks verkaufte man an Kohlengruben. Obwohl sie nicht mehr im Betrieb stehen, könnten sie jederzeit wieder überholt und eingesetzt werden. Als Vorläufer der zahlreichsten und erfolgreichsten Garratt-Klasse der SAR, der GMA/GMAM ist es zu bedauern, dass keine Lok GM für die Erhaltung zurückgestellt wurde.

Während des 2. Weltkrieges wurden keine weiteren Garratts nach Südafrika geliefert, obwohl Beyer Peacock solche Loks für andere afrikanische Länder hergestellt hat. Unmittelbar nach Beendigung der Feindseligkeiten bestellte die SAR nicht weniger als 50 neue Garratts, der grösste jemals erteilte Garratt-Einzelauftrag. Diese 2D1 1D2 Maschinen wurden für den Oberbau mit der 30 kg/m-Schiene konstruiert, jedoch als relativ kleine Maschine mit grösseren Vorräten, um auf den besonderen Wassertender (Kesselwagen) verzichten zu können. Da die gleichen äusseren Kesselabmessungen wie bei der Klasse GE verwendet wurden, betrachtete man sie unzutreffend als abgeleitet von dieser Klasse und bezeichnete sie als GEA. Der Kessel war aber nicht der gleiche, er hatte eine runde Stehkesseldecke und war auch sonst konstruktiv völlig verändert. Die Achsanordnung war verschieden, die Triebräder grösser und Barrenrahmen in den Triebgestellen eingebaut, die Gesamtlänge erreichte 25 425 mm.

Die Lok Nr. 4051 als zuerst gebaute der Klasse GMA/GMAM nähert sich mit ihrem Güterzug von Graaff Reinert kommend Rooihoogte auf ihrer Fahrt über den Lootsberg-Pass gegen Ende der Dampftraktion auf dieser Strecke.
A. E. Durrant

Trotz ihrer beachtlichen Abmessungen waren die GEA-Loks handgefeuert und bei einigen ihnen übertragenen schwierigen Diensten zeigten sich die Grenzen der Möglichkeiten eines Heizers. Es waren die ersten Garratts der SAR mit abgerundeten Wassertankstirnwänden, die Beyer Peacock nach dem Kriege einführte, während die Kohlenbunker Variationen aufwiesen. Die Lok Nr. 4009 unterzog man Ende 1967 einem aussergewöhnlichen Umbau. Sie erhielt versuchsweise einen neuen Funkenfängerschornstein. Dieser bestand aus einer horizontalen Verlängerung geradewegs über den vorderen Wassertank mit einem nach oben gekrümmten Ende und sah jenen monströsen Kaminen sehr ähnlich, die M. Petiet bei der französischen Nordbahn in den 1860er Jahren konstruiert hat.

Die Klasse GEA wurde zunächst auf verschiedenen Strecken über ganz Südafrika verstreut eingesetzt einschliesslich der Linie von Kimberley nach Mafeking und rund um Pietermaritzburg. Die meiste Zeit ihres Wirkens waren sie aber vor allem in 3 Regionen anzutreffen. In Natal leisteten sie auf der Südküstenlinie Durban–Shepstone Güterzugdienst, waren aber gewöhnlich auch an der Nordküste auf der Hauptstrecke nach Empangeni vorzufinden. Später ersetzte man sie dort durch die Klasse GMAN und sie wanderten auf die Zweiglinien um Eshowe und Nkwalini ab. Eine ihrer letzten Einsätze war der Rangierdienst für die Zuckerfabrik Filixton, wo sich eine von Natals bemerkenswertesten Sehenswürdigkeiten bot, die, soweit bekannt, nicht auf Film festgehalten wurde. Zum Ende jeder Dienstschicht kehrte die Maschine Klasse GEA in das Depot nach Empangeni zurück. Wegen der starken Streckenbelegung erfolgte diese Überführung nicht als Leerfahrt, sondern gewöhnlich als Vorspann mit dem nächstpassenden Zug, welcher damals häufig schon mit 2 Garratts bespannt war, so dass sich eine Dreifachbespannung mit Garratts ergab.

Am besten bekannt waren die GEA-Maschinen mit den 15 Stück, welche die Strecken von Mossel Bay nach Riversdale und nach Oudtshoorn über den Montagu-Pass befuhren. Da sie tagsüber auch die Personenzüge dort führten, waren sie leicht zu fotografieren. Ein gutes Viertel-Jahrhundert harter Arbeit lag

Garratts zweier Spurweiten begegnen sich! Bei der Feier des 100jährigen Bestehens der Linie Durban–Pietermaritzburg am 29.11.1980 fuhr die SAR einen Gedächtnissonderzug, gezogen von zwei Garratts der Klasse GMAM. Das Bild zeigt diesen Zug nach der Durchfahrt von Umlaas Road Station. Auf der parallel laufenden 610 mm Schmalspurlinie begegnet ihm eine Garratt Klasse NGG 13. A. A. Jorgensen

Kohlenbunker mit Stockertrog einer SAR-Lok Klasse GO Henschel Werkfoto

Kessel einer SAR-Lok Klasse GO Henschel Werkfoto

Führerstand der 2D1 1D2 Garratt-Lokomotive Klasse GO der SAR Henschel Werkfoto

Triebwerk und Steuerung einer SAR-Lok Klasse GO Henschel Werkfoto

2D1 1D2 Garratt-Lokomotive mit Ölfeuerung für die
Caminhos de Ferro Mocamedes CFM in Portugiesisch
Westafrika Henschel Werkfoto

Führerstand der 2D1 1D2 Garratt-Lokomotive der Mocamedes Eisenbahn Henschel Werkfoto

2D1 1D2 Garratt-Lokomotive Klasse GO der SAR
  Henschel Werkfoto

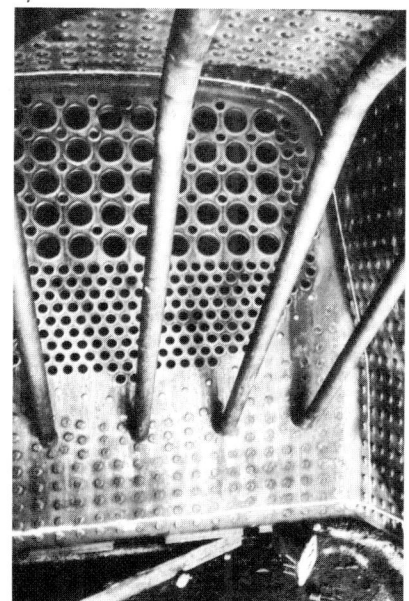

Feuerschirm-Tragrohre in der Feuerbüchse

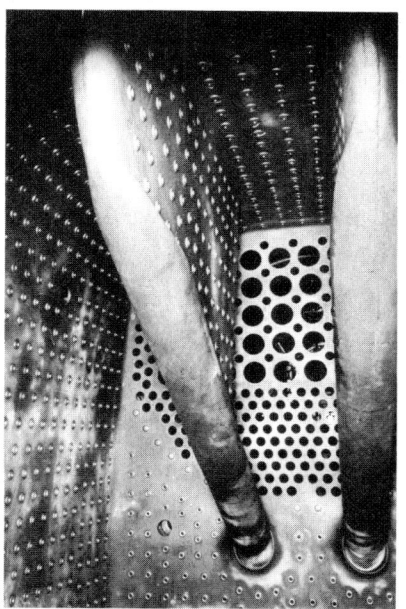

Nicholson-Feuerbüchswasserkammern

Blick zwischen Kesselrahmenende und Kohlenbunker mit Stockermaschine oben links Hintere Triebachse unten

Nummern- und Fabrikschild einer SAR-Lok Klasse GO

hinter ihnen mit schweren Zügen über Steigungen bis 1:36 (27,7‰), bis sie 1974 von der Klasse GMAM abgelöst wurden. Die letzten GEA-Loks befanden sich u. a. in der Kap-Provinz, wo schliesslich mit 24 Stück fast die Hälfte des Bestandes in Kapstadt stationiert waren. Sie bedienten die Caledon Linie nach Protem/Bredasdorp über die steilen Gebirgspässe Sir Lowry und Houw Hoek. Der Höhepunkt war die jährliche Apfelsaison, in welcher häufig Sonderzüge von Elgin zur Kühlanlage in den Kapstadt-Docks zu fahren waren, von wo die Äpfel exportiert wurden. Diese Saison-Güterzüge erhielten über den Sir Lowry's-Pass stets Hilfe, gewöhnlich eine 2D1-Lok. Zuerst schob man die Züge bergwärts nach und später spannte man eine zweite Garratt vor. Die Apfelsaison 1975 war die letzte mit noch reinem Dampfbetrieb, 1976 dampften nur noch wenige GEA-Loks als letzte in regulärem Dienst der SAR.

Nach einiger Abstellzeit verschrottete man die meisten GEA-Loks, einige bot man zum Verkauf an. So kamen 5 Stück in den Dienst bei Kohlengruben, darunter zwei herrlich blau bemalte Exemplare bei der Vryheid Coronation Colliery.

Im Anschluss an die GEA-Loks kehrte die SAR beim Bau der nächsten Garratt Type der Klasse GM zurück zum grossen Kessel mit mechanischer Rostbeschikkung sowie eigenen Wassertendern. Es waren die letzten Garratts der SAR für Kapspur, die in 3 Klassen unterteilt in den 1950er Jahren ausgeliefert wurden. Sie erhielten alle für die Triebgestelle Commonwealth-Stahlgussrahmen mit federbelasteten automatisch nachstellenden Stellkeilen Bauart Franklin aus den USA. Zur Verwendung kamen durchweg Rollenachslager sowie an allen innen gelagerten Radsätzen Cannon-Achslagergehäuse, lediglich die inneren Lenkgestelle erhielten Aussenachslager. Zur Begrenzung der Schienenbeanspruchung wurden die Gegengewichte des Triebwerkmassenausgleichs so bemessen, dass je Rad maximal 1 t senkrechter Fliehkraftüberschuss bei 72,5 km/h wirksam war. Auf den aus geschweissten Doppel-T-Profilen hergestellten Kesselrahmen ist auch der Standard-HT-Stocker aufgebaut. Die Stahlfeuerbüchse ist vollständig geschweisst und mit U-förmigem Bodenring versehen nach dem Vorbild der Bulleid-Pacific-Loks der ehemaligen Southern Railway in Grossbritannien. Auf Feuerbüchswasserkammern (Thermosyphons) wie sie in der früheren Klasse GM eingebaut waren verzichtete man, obwohl ein Teil der Lokführer die GM-Loks wegen ihrer guten Dampferzeugung bevorzugten.

Zwei der neuen Klassen hatten die gleichen nominellen Abmessungen wie die Vorkriegs-GM. Die leichtere dieser beiden, welche geringfügig grössere Wasser- und Kohlevorräte hatte, wurde als Klasse GMA bezeichnet. Für den Hauptstreckendienst, wo mehr Kohle und Wasser nötig und die Achslastbegrenzung weniger hart ist, führte man die Klasse GMAM ein. Die Gesamtlänge war mit 28 750 mm bei beiden Varianten gleich. Um den Anforderungen der Einsatzstrecken zu entsprechen, baute man einige GMAM in GMA um, während man ein paar GMA in GMAM änderte. Die dabei nötigen Modifikationen waren einfach. Jene GMAM-Loks, die für den Betrieb auf der von East London ausgehenden Hauptstrecke gebaut wurden, hatten dampfbetätigte Schornsteinklappen für die Tunnelfahrt.

Seit der Einführung der Dieseltraktion auf dieser Linie sind diese Klappen entfernt und übrig blieb der verstümmelte Schornstein. Nicht weniger als 120 Lokes der Klassen GMA und GMAM wurden von 1953 bis 1958 gebaut und machen sie zu der bei weitem zahlreichsten Garratt-Klasse der Welt. Somit bildet die Klasse GMA/GMAM auf vielen Strecken vor der Traktionsumstellung auf Elektro- oder Dieselbetrieb den letzten Stand der Dampftraktion. Bei einem so grossen Bestand ist auch die Liste der damit befahrenen Strecken lang; abgesehen von der schon erwähnten East London Strecke bewältigten sie den Kohlenverkehr Witbank–Germiston und arbeiteten auf der Eastern Transvaal Hauptlinie durch Waterval Boven bis zur Elektrifikation. Einige unterstützten die Klasse GL auf der Strecke Glencoe–Vryheid, wo sie planmässig im Vorspannbetrieb fuhren. Auch in Natal waren sie zu finden, wo die grösste Konzentration an Garratt-Loks in Südafrika zu verzeichnen war. Dort waren kurz vor Einführung der Dieseltraktion dem Depot Mason's Mill in Pietermaritzburg 101 Garratts zugeteilt, darunter 74 GMA/GMAM-Loks! Kaum glaublich war, dass solch eine Konzentration an hochleistungsfähigen Lokomotiven für den Betrieb auf 2 Zweiglinien – südlich nach Franklin und nördlich nach Greytown vorgehalten wurden. Beide Strecken verliefen parallel zur Küste, überqueren zahlreiche Flusstäler und wiesen allgemein Steigungen oder Gefälle mit 1:30 (33,3‰) auf. Für einen 900 t-Zug waren zwei Loks GMA oder GMAM nötig. Auf der Greytown-Linie traf ein Zug einen anderen der Gegenrichtung bei den meisten Ausweichgleisen, die langen Züge gewöhnlich mit 2 Garratts bespannt. Die Klassen GCA, GF, GMA und GMAM fuhren im Vorspannbetrieb in den verschiedenen Kombinationen. Der Stakkato-Schlag der GMA/GMAM-Loks übertönte vollständig den weichen Auspuff der älteren Garratts. Die Beobachtung und das Geräusch von zwei GMA/GMAM-Loks, die sich mit voller Last die Steigung 1:30 (33,3‰) zum Scheitelpunkt Claridge hinaufkämpften, vielleicht mit Schleudern im Frost eines Wintermorgens ist ein unvergessliches Erlebnis für jene, die dabei waren. Keine zahme Museumseisenbahn, die ihre Loks poliert, kann jemals solch ein durchdringendes Beben dem Zuschauer bieten.

Südlich von Maritzburg war die Zugfrequenz kleiner, aber bot auch Personenzüge und eine fotogene Landschaft mit wilderen, weniger zugänglichen Stellen und verstreuten Zuluhütten, so dass der Reiz etwa gleich gross wie auf der vorher genannten Strecke war. Südlich von Donnybrook teilt sich die Trasse mit dieser Bahn auf einem Abschnitt mit Dreischienengleis für beide Spurweiten. Dort konnte man Garratts beider Spurweiten auf der gleichen Strecke sehen. Aufgrund der Einführung der Dieseltraktion auf dieser Linie setzte man die meisten GMA/GMAM-Loks auf die Nordküstenlinie um, wo sie wieder häufig im Vorspann mit anderen Klassen oder der kleineren GO verkehrten. Einige gingen 1974 nach Mossel Bay im Süden als Ersatz für die Klasse GEA. Mitte 1978 hatte die Cape Midland Division 59 GMAM sowie weitere 19 in Cape Western in Worcester, welche auf den 930 km Sekundärhauptlinien den grössten Teil des Verkehrs bewältigten einschliesslich der Gebirgspässe Montagu und Lootsberg sowie viele andere schwierige Steigungen. Auch diese Linien übernahm die Dieseltraktion, hauptsächlich 1979. Allerdings sind zwei Diesellok unverzichtbar, um eine GMAM-Garratt in der Leistung zu ersetzen. Das andere Haupteinsatzgebiet der GMA/GMAM war die Hauptstrecke Krugersdorp–Mafeking, das sie bis zur Umstellung auf Dieselbetrieb mit ihren GM Vorgängern zusammen bedienten.

So brauchbare und leistungsfähige Traktionsmittel wie die Klasse GMA/GMAM fanden ständig neue Einsatzgebiete. Nach Verlängerung der ländlichen Nebenlinie Derwent–Stoffberg zu den Erzgruben in Roossenkal setzte man zunächst leichte 2D1 Loks Klasse 19D zur Bewältigung der schweren Züge im Vorspannbetrieb ein. Nach Trassenverbesserung und Verlegen schwerer Schienen kamen 2D1 Loks der Klasse 15CB, 15CA und schliesslich 15F zur Einführung. Zum Schluss, kurz vor der Elektrifikation, schickte man noch GMA/GMAM-Loks, die zuerst im Vorspann mit 2D1-Loks fuhren, zuletzt kam auch die Traktion mit 2 Garratts. Eine weitere Strecke mit intensivem Einsatz der GMA/GMAM ist die Querverbindung von Waterval Boven in südlicher Richtung durch Breyten nach Vryheid in Natal. In der Mitte der 1960er Jahre waren auf dieser Route durchgehend GMA/GMAM Loks in Gebrauch. 1977 wurde der Abschnitt Ermelo–Vryheid Teil der mit schweren Schienen ausgebauten elektrifizierten Kohlenexportlinie Richard's Bay. Dies hatte das Verschwinden des grössten Teils der Dampftraktion zur Folge mit Ausnahme des kleinen Gebiets nördlich von Ermelo. Auch hier ist wegen der Eröffnung einer elektrifizierten alternativen Route der Verkehr zurückgegangen. Aber schon 1980 begann ein weiterer Garratt-Einsatz! Die neue Kohlengrube in Witrand knapp südlich von Carolina verfrachtet ihre Kohle nach Norden. Wo bisher die Nahgüterzüge nach Carolina mühelos hinter einer Garratt GMA/GMAM rollten, wurden plötzlich schwere Frachten zusammen mit dem Kohlenverkehr von 2 Garratts im Vorspannbetrieb gefahren – ein neuer Garratt-Doppeleinsatz in den 1980er Jahren!

Ende 1979 brachte Lokomotivmangel in Zimbabwe–Rhodesien zusammen mit der Notwendigkeit einer Reduzierung des Dieselbetriebs zur Einsparung von Öl weitere Garratts in den Dienst zurück. Für den Einsatz von Bulawayo nach Wankie und Gwelo wurden 21 Loks von der SAR an die National Railways of

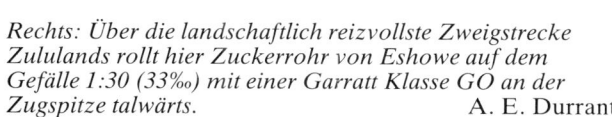

Rechts: Über die landschaftlich reizvollste Zweigstrecke Zululands rollt hier Zuckerrohr von Eshowe auf dem Gefälle 1:30 (33‰) mit einer Garratt Klasse GO an der Zugspitze talwärts.   A. E. Durrant

Zimbabwe NRZ vermietet. Im November 1980 wurden 8 GMA/GMAM für den Dienst in Mozambique von Beira aus an die CFM vermietet, während einige für die Übernahme des Dienstes von 2D1-Loks Klasse 19 D auf der SAR-Strecke Mafeking–Vryburg vorgesehen sind. So hat diese moderne Klasse nach bereits vollständigem Rückzug aus ihrem ersten Lebensabschnitt noch eine nützliche Arbeit gefunden. Zwei Exemplare wurden an Industriewerke verkauft und sieben aufgrund von Unfallschäden verschrottet, welche offenbar auf den dichtbefahrenen eingleisigen SAR-Strecken relativ häufig vorkommen. Der Planeinsatz der Klasse GMAM wurde im Februar 1984 bei der SAR beendet und deren Dienste von den 2D2 Loks Klasse 25 NC übernommen. 2 Loks verblieben zunächst noch im Rangierdienst in Waterval Boven und 2 weitere GMAM versetzte man zum Depot Mossel Bay für die Führung von Touristen-Dampfzügen zwischen Mossel Bay und George. Diese Züge sind so populär, dass der Lokeinsatz einstweilen gesichert ist. Ohne Zweifel wäre das Geld, das man im Kauf von Diesellocks anlegte, in einem Land mit Überfluss an Kohle, aber ohne Öl weit besser in den Ausbau von Strecken auf 2 Gleise investiert worden bei gleichzeitig besserer Ausnutzung der vorhandenen Dampflokomotiven und des Wagenparks.

Die Klasse GO entspricht in technischer Hinsicht vollständig den Klassen GMA/GMAM, nur wurde zur Gewichtsreduktion ein kleinerer Kessel und deshalb auch kleinere Zylinder vorgesehen. Nichtsdestoweniger ist es interessant zu erwähnen, dass das Dienstgewicht einer GO ungefähr das gleiche wie einer Vorkriegs-GM ist, trotzdem die letztere die grössere Lokomotive ist. Dies ist der Preis, der für Bauartverbesserungen wie Stahlgussrahmen und Rollenachslager zu bezahlen ist. Die Klasse GO hat ähnlich wie ihr schweres GMA/GMAM-Gegenstück Wassertanks und Kohlebunker mit einer sehr kompakten «stromlinienförmigen» Gestaltung. Zunächst an verschiedenen Stellen des SAR-Netzes tätig verbrachten die GO-Maschinen den grössten Teil ihres Arbeitslebens auf der Zweiglinie Belfast–Steelport in Ost-Transvaal, wobei sie in Lydenburg stationiert waren. Diese ist eine der schwierigsten Strecken der SAR. Von einem Ausgangspunkt auf 740 m Höhe klettert die Linie auf 152 km Länge zum Scheitelpunkt in Nederhorst, welcher auf 2096 m auch der höchste Punkt im Netz der SAR ist. Die massgebende Steigung beträgt 1:33 (30‰), auf der der harte Schlag des Staccato-Auspuffs einer GO mit dem Wechselspiel des mehr oder weniger grossen Abstandes von der Synchronisation seinesgleichen nicht wieder findet. Nach Umstellung der Strecke auf Dieseltraktion 1972 mussten ständig 2 oder 3 Diesellocks den Zügen vorgespannt werden. Die GO-Loks sandte man nach Transkei, wo sie aber nicht gern gesehen wurden. Für den Einsatz anstelle zwei 2D1 Loks Klasse 14 CRB war sie zu klein und mit ihrem längeren Kuppelachsstand nahm sie wenig freundlich die scharfen Kurven der Übergänge über den Kei River. Deshalb kamen sie schon bald nach Natal an der Nordküste in Dienst. Manchmal lieh sich das am Weg abwärts liegende Mason's Mill einige aus.

Von Empangeni und Stanger aus befuhren sie die Hauptstrecke und die Seitenlinien nach Eshowe und Nkwalani als Ersatz für die Klasse GE. Auf der Strecke Richtung Norden zur Grenze von Swaziland in Gollel ersetzten sie verschiedene 2D1 Loks Klasse 19. Südlich von Empangeni fuhren sie oft im Vorspann mit entweder einer GMA/GMAM oder einer anderen GO und erzeugten dabei den am meisten die Ohren erschütternden Sound, der bei der SAR zu hören war. Von 1975 an wurden sie durch Diesellocks ersetzt. Seither verrottet die ganze Klasse GO in De Aar, als moderne und leistungsfähige Zugkraft, vorzeitig aus dem Dienst gezogen in Weiterführung der unverständlichen Politik, die Abhängigkeit des Landes von importiertem Öl zu erhöhen!

SAR Schmalspur 610 mm

Das im SAR-Eigentum stehende Schmalspurnetz mit 610 mm ist natürlich von geringerer Bedeutung als das Kapspursystem, aber es darf in diesem Kapitel Vorrang einnehmen. Garratts sind dafür schon früher geliefert worden als für die Kapspurhauptlinien, nämlich in 1919. Die erste hatte wie die Klasse GA die Achsfolge 1C C1. Es wurde jedoch für die Schmalspur als gut genug angesehen, diese Lok ohne Überhitzer und nur mit gewöhnlichen Flachschiebern auszustatten.

Drei von diesen mit Belpaire-Kessel versehenen Maschinen wurden gebaut und ihre Leistung als sehr zufriedenstellend bewertet, so dass sie in hohem Masse die weiteren Versuche mit Garratts für Kapspur beeinflussten. Genummert als NG 51–53 wurden nach 40 Dienstjahren 2 von ihnen verschrottet. Die Lok NG 52 wurde aber an die Rustenberg Platinium Minen verkauft, wo sie als Nr. 7 in prächtiger blauer Lackierung noch bis 1970 gelegentlich unter Dampf stand.

Nach dem Erfolg der Loks NG 51–53 wurden 1925 weitere 2 Stück gebaut, in diesem Fall aber mit Überhitzer und Kolbenschiebern. Wie die früheren Maschinen kamen sie zuerst auf der Strecke Umzinto–Donnybrook in Betrieb, wo Kurven bis herab zu 45 m Radius und Steigungen von 1:33 (30‰) reichlich vorhanden sind und ein starker Verkehr von Stammholz und Zuckerrohr anfällt. Nach Ersatz durch grössere Garratts setzte man sie auf die Nebenlinie Estcourt–Weenen um. 1967 wies man sie für den Rangierdienst Port Elizabeth zu. Beide sind nun nicht mehr im Dienst.

Die nächste Klasse NG G12, unter Lizenz von Franco-Belge gebaut, war für die von der Hauptstrecke nach Südwestafrika abzweigende Seitenlinie Upington–Kakamas und Fort Beaufort–Seymour vorgesehen, jeder Strecke wurde eine Lok zugeteilt. Dort waren sehr leichte Schienen mit nur 10 kg/m verlegt.

Diese zierlichen 1C1 1C1 Garratts beförderten weit grössere Lasten als ihre Vorgänger und bewirkten den Aufschwung dieser Zweiglinien.

Zwei Jahre später lieferte Hanomag eine dritte Garratt-Lok Klasse NGG 14, welche geringfügig grösser war. Alle diese zierlichen Maschinen waren mit Plat-

Oben: Die 2. Lieferung der SAR Klasse NGG 11 hatte Überhitzer und war äusserlich an Kolbenschiebern und verbesserten Führerhäusern erkennbar. Sie überlebte in Port Elisabeth bis nach 1970. Die Lok Nr. NG 54 ist hier im Depot Humewood Road zu sehen. A. E. Durrant

Unten: Die allerersten Garratts der SAR waren die Ursprungslieferung der Klasse NGG 11 noch mit Nassdampfkessel und Flachschiebern. Eine davon überlebte durch den Verkauf an die Rustenberg Platinum Mines, wo sie hier 1967 noch in Betrieb gezeigt ist. Gegenwärtig ist sie in wenig erfreulichem Zustand verwahrt. Wesentlich ist, dass diese Maschine als Vorläufer der grössten Garratt-Flotte der Welt renoviert und der Nachwelt erhalten wird. A. E. Durrant

Oben: Die früheren Exemplare der Klasse NGG 16 sind an der runden Stehkesseldecke und an den seitlich oben abgerundeten vorderen Wassertanks genieteter Bauart erkennbar, ebenso wie auch die Klasse NGG 13 diese Merkmale aufweist. Auf dem Bild ist Lok NGG 109 auf der Fahrt mit einem Apfelzug im Jahre 1968 zu sehen. A. E. Durrant

Unten: Brandneu im Jahre 1968! Eine von Hunslet-Taylor gebaute Lok der Klasse NGG 16 windet sich bald nach ihrer Fertigstellung mit ihrem Zug die Strecke Umzinto–Donnybrook entlang. A. E. Durrant

tenrahmen, Kolbenschiebern, Überhitzern und runder Stehkesseldecke ausgestattet. Das Einzelstück NGG 14 fuhr ursprünglich auf der Strecke nach Seymour.

Im Jahre 1940 spurte man diese Strecke auf 1067 mm um und die beiden dort eingesetzten Garratts kamen auf die Linie Kakamas–Upington. Dort blieben sie bis 1949, bis auch hier der Spurweitenumbau ausgeführt wurde. Daraufhin gelangten die beiden NGG 12 Loks zum Verkauf an die Rustenberg Platinum Mines, wo sie die Nr. 5 und 6 erhielten und erst 1959 verschrottet wurden. Die einzelne NGG 14 überstellte man auf die Strecke Estcourt–Weenen, wo sie einige Zeit im Dienst war, bis sie durch die ältere aber stärkere Heissdampflok NGG 11 abgelöst und verschrottet wurde. Wir kommen nun zu den wichtigsten Garratts für 610 mm Spur, den Klassen NGG 13 und NGG 16. Diese beiden Klassen sehen sich äusserlich sehr ähnlich und man sieht deshalb zunächst keinen Grund für die Einteilung in getrennte Klassen. Tatsächlich bestehen zwischen den früher und später gelieferten Versionen der NGG 16 grössere Unterschiede als zwischen der NGG 13 und den nachfolgenden NGG 16. Diese Maschinen konstruierte man für die hauptsächlichen Schmalspur-Zweigstrecken mit 17,3 kg/m Schienen, welche nur wenig leichter sind als die auf einigen Kapspurstrecken verlegten 20 kg/m Schienen. So sind auch die Schmalspur-Garratts nur wenig kleiner als die Klasse GB.

Diese erstmals 1927 von Hanomag gebauten Maschinen haben ebenso wie alle anderen 610 mm Spur Garratts Aussenrahmen, wobei die ersten als Barrenrahmen ausgeführt waren. Ebenso waren Überhitzer und Kolbenschieber vorgesehen sowie Stehkessel mit runder Decke. Die Klasse NGG 13 hat durchweg Gleitlager, während die NGG 16 als einzigen signifikanten Unterschied zwischen den beiden Klassen Rollenlager an den Laufachsen aufweist.

Den 12 Lok NGG 13 folgten vor dem 2. Weltkrieg noch 11 NGG 16. Dann kam 1951 eine 4. Lieferung von 7 Stück.

7 weitere wurden 1959 für die Tsumeb Corporation in Südwestafrika gebaut, aber wegen des Umbaues von deren Anlagen auf Kapspur wurden die Loks an die SAR abgegeben. Die Tsumeb-Lieferung differierte gegenüber den SAR-Loks mit kleineren Wasser- und grösseren Kohlenvorräten bei Verwendung eines eigenen Wassertenders, wie auch bei den Hauptstreckenlok der Klasse GM. Zuletzt bestellte man 1965 weitere 8 Stück der Klasse NGG 16. Da Beyer Peacock kurz vor der Schliessung seines Werkes stand und nicht mehr in der Lage war, den Auftrag auszuführen, wurden diese der Hunslet Engine Co. übertragen. Diese Firma montierte diese Loks bei ihrem südafrikanischen Partner, Messrs. Hunslet Taylor & Co. (Pty) Ltd. 2 Loks wurden Ende 1967 geliefert und die übrigen 6 während des Jahres 1968 in Dienst gestellt. Die Basisklasse erreichte also eine Bauzeit von 40 Jahren, eine grosse Anerkennung für die ursprüngliche Konstruktion. Diese Lieferung sind bis heute die letzten Garratts gewesen, die irgendwo in der Welt gebaut wurden. Es ist ein seltsames Zusammentreffen, dass die letzten ebenso wie die ersten Garratts in Südafrika für 610 mm Spur bestimmt waren.

Die beiden Klassen NGG 13 und NGG 16 fuhren auf dem 283 km langen Abschnitt von Port Elizabeth nach Avontuur. Neben einem starken Saisonverkehr mit Früchten war hier das ganze Jahr über verteilt ein schwerer Kalksteintransport zu den Eastern Province Cement Works zu bewältigen. Von 1975 an ersetzte eine Klasse Schmalspurdiesselloks die Garratts beim Einsatz auf den inneren Strecken und der Dampftraktion verblieben nur noch Aufgaben für die 1D1-Klasse NG 15. Die überzählig gewordenen 40 Garratts sind nun in Natal zusammengefasst, wo die 4 Zweiglinien Estcourt–Weenen, Mid Illovo–Umlaasweg, Umzinto–Donnybrook und Port Shepstone–Harding ausschliesslich mit Garratts betrieben werden. Diese Schmalspur-Garratts dürften die letzten im Betrieb der SAR zu sein, insbesondere seit die Ölkrise die Rückkehr von einigem Verkehrsaufkommen von der Strasse zur Schiene verursacht hat. Diese kleinen Maschinen ziehen 185 t auf der Steigung 1:33 (30‰) und auf leichteren Abschnitten werden bis zu 430 t befördert. Weiterhin sind sie keineswegs langsam und können bis 64,4 km/h schnell sein. Ihre Einführung hat die Kosten des Umbaues der bedienten Strecken auf Kapspur erspart. Der dortige Verkehr besteht grösstenteils aus Exportgütern wie im Fall der Avontuur Linie direkt zum Hafen, so dass der Nachteil des Umladens auf die Kapspur fast ganz entfällt. Diese Strecken mit ihren neuerdings gebauten Garratts können deshalb noch für lange Zeit schmalspurig bleiben.

Industrie Garratts

Die Ölkrise von 1977 und ihre nachfolgenden Auswirkungen machte die Industrie Südafrikas auf die hohen Kosten und einen möglichen Ausfall von Dieselkraftstoff aufmerksam und in der Tat ermahnte die südafrikanische Regierung die Industrie, wo immer möglich Öl zu sparen. Ein Weg in dieser Richtung war die Abhängigkeit von Diesellokomotiven zu reduzieren, und in den letzten Jahren haben über 10 Minen mit Dieselbetrieb oder in Umstellung dazu begriffen, ihre Politik umgekehrt, um zur Dampftraktion zurückzukehren oder diese wieder einzuführen. Eindeutig ist dies sowohl in Aktionärs- als auch im allgemeinen Landesinteresse und es hatte zur Folge, dass sich eine grosse Zahl Garratts im Dienst bei der Industrie wiederfindet. Im Gegensatz hierzu stehen neuerdings die South African Railways. Obwohl ein staatliches Unternehmen, verhalten sie sich vollständig entgegen der nationalen Politik und auf den Rücktritt des Schah's von Iran (Südafrikas damaliger Hauptlieferant für Öl) wurde unmittelbar ein weiterer Grossauftrag für Dieselloks erteilt.

Für den Industrieeinsatz wurden nur 3 Garratts neu gebaut, aber viel mehr wurden von der SAR und auch von den Rhodesia Railways-RR an die südafrikanische Industrie verkauft. Besonders Kohlengruben verwenden diese Loks, da dort schwere Züge aus dem oft tiefer gelegenen Grubengelände über stark ge-

Obwohl bei Bergbaubetrieben Garratts in ausgedehnter Verwendung standen, wurden für Industriebahnen nur 3 Exemplare neu hergestellt. Hier fährt eine davon, die Lok Nr. 2 der Transvaal Navigation Colliery einen Kohlenzug von der TNC-Grube zum SAR-Anschlussbahnhof Bezuidenhoutsrust. (Beyer Peacock Fabrik-Nr. 6353/1927)
A. E. Durrant

neigte Ausschlussbahnen von ca. 1 bis 15 km Länge zum Übergabebahnhof der SAR zu bringen sind. Die fortschreitende Traktionsumstellung durch die SAR auf Elektro- und Dieselbetrieb während der letzten Dekade hat eine grosse Zahl von Garratts freigesetzt, welche im Ausschreibungsverfahren an andere Benutzer verkauft wurden. Unter den Käufern sind auch die Dunn's Locomotive and Boiler Works in Witbank, Zentrum des Kohlenreviers von Transvaal. Diese Firma kauft, verkauft, vermietet und überholt Lokomotiven von Industriebahnen. Abgesehen von direkt an die Industrie verkauften Garratts sind solche auch im Besitz der Firma und werden nach ausserhalb vermietet. Daher ist die folgende Aufstellung Gegenstand beträchtlicher Veränderungen im Laufe der Zeit. Im Einzelnen erschienen auch jetzt noch weitere Garratts im Industrieeinsatz und weitere Plätze auf der Liste der Betreiber, da viele südafrikanische Minen infolge der Ölkrise die früher begonnene Umstellung auf Dieselbetrieb abgebrochen und z. T. sogar rückgängig gemacht haben.

Von den 3 für Industrieeinsatz gebauten Garratts war die erste, die Beyer Peacock Fabrik-Nr. 6206/1925, von der gleichen allgemeinen Bauart wie die an die New Cape Central Railway geliefert und bei der SAR als Klasse GK eingereihte 1C1 1C1 Lok. Dies führte irrtümlich zur Bezeichnung GK der für die Industrie gebauten Garratts. Die beiden später hergestellten Exemplare mit den Beyer Peacock Fabrik-Nr. 6353/1927 und 6780/1935 waren aber viel grösser als die SAR Klasse GK. Die erste dieser beiden Maschinen für die Dundee Coal Co. wäre dem Wesen nach die Prototype einer Klasse, die schliesslich an zwei Bahnen in Spanien geliefert wurde, entsprechend abgewandelt für Meterspur, ebenso wie ein weiteres Exemplar in Südafrika. Alle anderen Garratts stammen aus dem Hauptstreckendienst der SAR und es ist zweckmässig, diese geographisch aufzulisten. Der Betriebseinsatz ist besonders bei Bahnen der Kohlengruben sehr eindrucksvoll mit den verschiedensten Zusammenstellungen von Garratt- und normalen Lokomotiven im Vorspann- und Schiebebetrieb, wenn schwere Kohlenzüge aus niedriger gelegenen Grubenanlagen herauszufahren sind.

Transvaal

Blesbok Colliery, Broodsnyersplaas

Nr. 3 ehemalige SAR Lok Nr. 2624 Klasse GCA gekauft 1966, derzeit herrenlos.

New Clydesdale Colliery, Bezuidenhoutsrust

Nr. 2 Garratt-Industriebahnlok Beyer Peacock Fabrik-Nr. 6780/1935, ex New Raleigh Colliery. Die Kohlengrube wurde ab Mitte der 1970er Jahre von Transvaal Navigation Co-TNC- betrieben und die Lokomotive um 1978 verschrottet. Verschiedene andere TNC-Garratts waren und sind noch im Besitz in New Clydesdale.

Transvaal Navigation Collieries TNC Bezuidenhoutsrust

Diese Mine übernahm Mitte der 1970er Jahre die New Clydesdale Colliery. Dies war ein zweckmässiger Zusammenschluss, da nun die beiden Werkbahnen sich ergänzen konnten und vom Betriebsbahnhof bei der Mine bis zum SAR-Übergabebahnhof eine «Hauptstrecke» bildeten. Die Lokomotiven beider Minen wurden nun in einen Pool gemeinsam auf optimale Weise eingesetzt, die beiden getrennten Depots aber zunächst noch beibehalten. Das Depot Clydesdale wurde dann um 1977/78 geschlossen. Die grossen Industrie-Garratts der beiden Minen kamen nach Übereinkommen unter ein Eigentum. Weitere ehemalige SAR-Hauptstrecken-Garratts wurden noch erworben bis auf dem Höhepunkt des Dampfbetriebes 5 Garratt-Loks von 4 verschiedenen Typen vorhanden waren:
1 TNC Nr. 2 – Industriebahn-Garratt von Beyer Peacock Fabrik-Nr. 6353/1927 ex Dundee Coal Co. Verschrottet 1978
2 Industriebahn-Garratt von Beyer Peacock Fabrik-Nr. 6780/1935, übernommen von New Clydesdale, verschrottet um 1978
3 609 ex RR Klasse 16 Nr. 609, angemietet von Fa. Dunn's in der Mitte der 1970er Jahre, dann Rückgabe an Eigentümer
4 Ex SAR Klasse GM Nr. 2304, auch angemietet von Dunn's, Rückgabe 1978
5 Ex SAR Klasse GF Nr. 2433, gekauft 1975 und noch in Betrieb
Kurz vor der ersten Ölkrise bestellte die Mine zwei Dieselloks, aber die steigenden Ölpreise hatten keine weitere Diesellok-Beschaffungen mehr zur Folge. Gegenwärtig sind im Bestand 2 Diesellok, eine 2D1 und die letztgenannte GF-Garratt, wovon täglich 2 von diesen Loks in Betrieb stehen.

Tweefontein United Collieries, Minnaar

Diese Grube besass nie eine eigene Garratt, aber zu verschiedenen Zeiten waren 2 von der Firma Dunn's angemietet. Wegen der hohen Anforderungen durch die Traktion der Kohlenzüge aus dem Tal nach oben wurde gewöhnlich mit Vorspann gefahren und die kleinere GF-Garratt fuhr oft zusammen mit einer anderen Lok. Die grosse GM-Garratt mit mechanischer Rostbeschickung wurde nur kurz eingesetzt. Solch eine Maschine ist wohl für den Grubeneinsatz weniger geeignet, wenn sie nicht auf längeren Strecken mit einem entsprechend geschulten Heizer gefahren wird.
Ex SAR Klasse GM Nr. 2304 war 1977 kurz in Betrieb
Ex SAR Klasse GF mit nicht einwandfrei festgestellter Identität, benutzt von 1977 bis 1979). Ende 1983 wurden von Durnacol (S. 158) die beiden GMAM Loks Nr. 4125 und 4168 übernommen, wobei letztere im Februar 1984 eine Druckluftbremse erhielt.

Consolidated Main Reef Mines and Estates Ltd, Langlaagte

Dieser grosse Goldminenbetrieb in West Rand bei Johannesburg erwarb die Industriebahn-Garratt neu von Beyer Peacock mit Fabrik-Nr. 6780/1935. Diese erwies sich als zu gross und wurde daher ziemlich bald an die New Raleigh Colliery verkauft, wo sie zuerst die Nr. 1 und später Nr. 5 trug.

New Douglas Colliery, Vandyksdrift

1 Lok Nr. 3, eine ehemalige RR Klasse 16 Nr. 603 in Betrieb 1964–75, dann verkauft an Fa. Dunn's im Teilaustausch für eine GM-Garratt
2 Ex RR Klasse 16 Nr. 604, 1973–74 von Fa. Dunn's angemietet
3 Lok Nr. 2301 ex SAR Klasse GM im Dienst von 1975–77 mit einem Tender der ehemaligen SAR-Mallet-Lok MC1 Nr. 1643 anstelle des Standard-Wassertenders. Die Lok leistete auf dieser Grube sehr schweren Dienst mit regelmässig Vorspann- oder Schiebelok. 1977 wurden 2 Diesellok gekauft, aber die GM-Maschine blieb im Bestand, ist jedoch stark überholungsbedürftig.

New Raleigh Colliery

Diese Grube besass die Industriebahn-Garratt Beyer Peacock Fabrik-Nr. 6780/1935 und verkaufte sie an New Clydesdale Colliery nach Betriebseinstellung.

Rustenburg Platinum Mines Ltd, Rustenburg

Es ist ein ausgedehnter und noch expandierender Betrieb in Nordwest-Transvaal, der urspünglich durch ein Gleisnetz mit 610 mm Spurweite bedient wurde, worauf früher auch 3 ehemalige SAR-Garratts fuhren. Diese ersetzte man durch Dieselloks, aber die Schmalspur dürfte voraussichtlich im Zusammenhang mit der Erweiterung des Kapspurnetzes ebenfalls abgelöst werden.
1 Nr. 5 ehem. SAR Klasse NGG 12 Nr. 56 gekauft um 1956 und verschrottet 1959
2 Nr. 6 ehem. SAR Klasse NGG 12 Nr. 57 gekauft um 1955 und verschrottet 1959
3 Nr. 7 ehem. SAR Klasse NGG 11 Nr. 52 gekauft 1958 und bis 1967 in Reserve, nun erhalten in der Nähe von Johannesburg. Dies ist eine sehr bemerkenswerte Lokomotive, da sie die einzige Überlebende aus der ersten Garratt-Lieferung an die SAR

darstellt; es wäre wünschenswert, dass für sie bessere Erhaltungsbedingungen geschaffen werden.

South African Coal Estates, Landau Colliery Blackhill

Nr. 1 ehem. RR Klasse 16 Nr. 605, gekauft 1964 eine prächtige Lokomotive und einwandfrei erhalten in kastanienbrauner Bemalung. Von 1978/79 an wurde der Transport von der Grube zum Verladen der Exportkohle auf Förderband umgestellt und diese Garratt, nun überzählig, ist zu verkaufen.

South African Iron & Steel Corporation-ISCOR Pretoria

Nr. 20 ex SAR Klasse U Nr. 1373 gekauft 1959 und anschliessend später verschrottet.

Natal

Dundee Coal and Coke Ltd, Wasbank

Diese Mine war der Käufer von Beyer Peacock's schwerer Industriebahn-Schmalspur-Garratt Fabrik-Nr. 6353/1927. Burnside nahe bei Glencoe ist von Wasbank aus durch eine ziemlich lange Zweiglinie zu erreichen. Die Mine wurde zu einem unbekannten Datum geschlossen und die Garratt an die TNC-Transvaal Navigation Collieries verkauft. In der Dundee-Liste war sie die Nr. 5.

Durban Navigation Collieries (Durnacol)-DNC Dannhauser

Wie aus ihrem Namen hervorgeht, lieferte die DNC ursprünglich vor allem Bunkerkohle für Schiffe im Hafen Durban. Als in den 1960er Jahren die kohlegefeuerten Schiffe weniger wurden, schien auch diese Grube ein rückläufiges Geschäft hinnehmen zu müssen. In der Mitte der 1970er Jahre aber entdeckte man einen neuen Flöz mit Hüttenwerkskohle und die Strecke wurde zu einem neuen Schacht verlängert. Der ganze Betrieb wurde daraufhin von ISCOR übernommen. Stärkerer Verkehr bedeutete schwerere Lokomotiven, der Bestand umfasste auch Garratts verschiedener Typen, so die folgenden Loks:
1 Nr. 618 ex RR Klasse 16 Nr. 618, angemietet von Fa. Dunn's Daten sind unbekannt, später abgegeben nach Enyati.
2 Nr. 612 ex RR Klasse 16 Nr. 612, angemietet von Fa. Dunn's um 1973/74 und später mit Giesl-Ejektor ausgerüstet, um sie vergleichsweise zur Lok 618 zu testen. Letztere jedoch wurde nach Enyati überstellt und die Vergleichserprobung fand nie statt. 1977 kombinierte man die Kesseleinheit der Lok 612 mit den Triebgestellen aus der Nr. 608, welche bei Fa. Dunn's überholt worden waren, und diese Kombination 608/612 war für ein bis zwei Jahre in Betrieb, bis sie zu Dunn's zurückkehrte.
3 Ex SAR Klasse GM Nr. 2303, sie wurde um 1976 von Fa. Dunn's angemietet und für 2 Jahre eingesetzt zusammen mit einem Tender von einer alten 2D-Lok der Klasse 1 anstelle des bei der SAR üblichen Wassertenders. Als grössere Reparaturen fällig wurden stellte man sie ab und ersetzte sie durch Lok Nr. 4168. Sie steht noch an Ort und Stelle.
4 Nr. 4168 ex SAR Klasse GMAM Nr. 4168, Anfang 1979 als Ersatz für Lok 2303 von Fa. Dunn's gekauft, ist sie die einzige GMAM im Industriebahneinsatz. Sie fährt im Wechsel mit zwei 2D1-Loks Klasse 15 CB.
5 Ex SAR Klasse GMAM Nr. 4125 von Fa. Dunns 1983 angemietet. Wegen rückläufigem Stahlgeschäft und Auseinandersetzungen um den Mietpreis stellte man den Dampfbetrieb ein. Die Dienste wurden von Dieselloks übernommen, welche in den ISCOR-Stahlwerken verfügbar waren. Ende 1983 kamen die beiden Garratts mit ex SAR Nr. 4125 und 4168 zu den Tweenfontain Collieries Transvaal Minaar Station.

The Enyati Railway

Dies war ohne Zweifel die bemerkenswerteste Kohlengrube in Afrika, möglicherweise in der Welt, als sie den Bahnbetrieb aufnahm. Enyati (auch Inyati oder Nyati geschrieben) ist das Zuluwort für Büffel und zeigt deren Vorkommen in dieser Gegend an, bevor hier Kohle abgebaut wurde. Die erste Grube war die Ammonium Colliery, die 1913 zur Ausbeutung einer besonders für die Herstellung von Ammoniak geeigneten Kohle eröffnet wurde. Die Grube wurde durch eine Schmalspurbahn mit 610 mm Spur von der SAR-Station Boomlager aus bedient. Bald darauf entdeckte man Kohle in Inyati und die Enyati-Bahn wurde 1918 mit Kapspur erbaut, während die Ammoniak-Bahn schliesslich durch eine Verbindung von «The Nek», einer Abzweigstelle an den Rangierbahnhof unterhalb des Gipfels von Pondwana angeschlossen und damit von Pondwana ersetzt wurde.
Heute ist die Enyati-Bahn stillgelegt, aber die geförderte Kohle wird noch mit einer Seilbahn quer über das Tal von der Mine aus am Mount Ngwibi abtransportiert. Vor wenigen Jahren waren noch ausgemusterte Kohleselbstentladewagen mit der Aufschrift «Buffalo» zur Verschrottung abgestellt, dem englischen Wort für Enyati, wie sich aber das in die Geschichte einfügt, bleibt im Dunkeln!
Wie bei den meisten Minen-Eisenbahnen begann der Betrieb mit Tenderlokomotiven, aber wie sich im Verlauf der Verkehrssteigerung der Bedarf an leistungsfähigerer Traktion ergab, wurde diese zuerst durch 1E1-Tenderloks von Baldwin befriedigt. Die nächste Stufe bildeten ehemalige SAR Lokomotiven mit Tender und als während der 1970er Jahre Garratts verfügbar wurden, hatte diese Industriebahn in den letzten Jahren wenigstens 14 Garratts von 3 Klassen im Einsatz. Die Unsicherheit über die Transportmengen führte zur Anmietung von Maschinen bei Fa. Dunn's, welche die meisten ihrer Lokomotiven ohne Hinweis auf deren Herkunft betrieb.
Garratts begannen um 1973/74 auf den Anlagen dieser Grube zu erscheinen, als die ex SAR Klasse GF Nr. 2371 und die ex RR Klasse 16 Nr. 618 eintrafen. Diese beiden waren zu der Zeit kastanienbraun als Pat Lowell Betriebsleiter dieser Bahn war, ein früherer Lok-

Oben: Die Lok Nr. 2 der Vryheid Railway, Coal & Iron wurde nach den Plänen der New Cape Central Railway Garratts (SAR Klasse GK) gebaut, die ihrerseits der SAR Klasse GC sehr ähnlich sind. Im Jahre 1969 wartet diese Industrielok in der Hlobane Colliery in Natal auf ihr Schicksal, lange nachdem die SAR Klassen GO und GK verschrottet wurden. (Beyer Peacock Fabrik-Nr. 6206/1925)
A. E. Durrant

Unten: Ein seltener Anblick ist in der Tat ein Zug, der mit drei Garratts bespannt ist. 3 Loks der Klasse GF führen einen Leerzug vom SAR-Anschlussbahnhof Boomlager zu den Kohlengruben nach Enyati, Natal.
A. E. Durrant

heizer bei der ehemaligen Great Western Railway in Grossbritannien und später Lokführer bei der RR. Er sprach Afrikaans zu seinen Lokführern, Zulu zu den Eingeborenen und Englisch mit einem breiten Bristol Akzent zum Autor! 1978 waren 6 Loks Klasse GF mit Nr. 2371, 2377, 2386, 2387, 2404 und 2408 vorhanden, zu denen im folgenden Jahr sich noch die Nr. 2375, 2399, 2415 und 2425 zugesellten, zusammen also 10 GF-Maschinen. Der ex RR-Lok 618 gesellte sich kurz die Nr. 606 hinzu, die von der Vryheid Coronation kam und 1979 erfolgte die Beschaffung zweier GEA-Loks, der Nr. 4020 und vermutlich 4050.

Während des Jahres 1979 begann die SAR mit der Einführung druckluftgebremster Blockzüge für Exportkohle, was für die Lokomotiven die Ausrüstung mit Druckluftbremsen bedingte. Da die traditionellen Lieferer von Bremsausrüstungen auf Anfragen enorm hohe Preise für normale dampfbetriebene Luftpumpen und deren Zubehör forderten, begann die Enyati-Bahn ihre Garratts mit völlig ungewöhnlichen Anlagen auszurüsten, – dieselgetriebene Luftkompressoren auf Dampflokomotiven! Bei der Klasse GF setzte man diese Maschinenaggregate auf die freie Plattform hinter den Kohlenbunker, aber die GEA- und die Tenderlokomotiven benötigten einen speziellen Kompressortender zur Unterbringung dieser mit Hilfseinrichtung einmaligen Ausrüstung. Der Betrieb auf der Enyati-Bahn ist spektakulär und bietet von Zeit zu Zeit mehrere Lokomotiven an einem Zug entsprechend der Belastung. Dreifachbespannung mit Garratts wurde wiederholt festgestellt, während im Normalbetrieb die vom Nek heraufkommenden beladenen Züge mit je einer Garratt gezogen und geschoben werden. Dazu führt die Bahn durch das landschaftlich sehr schöne Zululand mit seinen sanft gewellten Hügeln und Tälern. Möchte jemand heute den Garratt-Betrieb in Afrika erleben, so darf dabei Enyati nicht fehlen.

Hlobane Colliery

Ursprünglich die Vryheid Railway Coal and Iron Co war diese Gesellschaft später einfach als Hlobane Colliery bekannt. Sie bediente die Mine an der Endstation dieses Namens. Bis um 1970 bestand noch eine beträchtliche Verlängerung dieser Linie zum Anschluss der Kokereianlagen, welche nun eingestellt ist. Es war die erste Industriebahn Südafrikas mit dem Einsatz von Garratts. Sie kaufte eine von Beyer Peacock unter Fabrik-Nr. 6206/1925 neu gebaute 1C1 1C1 Maschine entsprechend der New Cape Central Konstruktion, später SAR Klasse GK. Es waren schwere Kohlenzüge von der im Tal gelegenen Grube zu den auf dem Hochplateau befindlichen Kokereianlagen zu befördern, zu denen dann die Strecke ziemlich eben weiterführte. Diese Lok wurde später durch eine schwere 1E1-Tenderlok von Baldwin ergänzt und wiederum später kam noch eine ehemalige SAR-Klasse GCA hinzu. Letztere erhielt durch Umbau abgerundete Tankstirnseiten vorn und hinten (Stromlinienform!), was ihr die Scherzbezeichnung Klasse GCB eintrug. Die «GCB»-Lok war ab 1969 betriebsbereit und ersetzte die erste Industriebahn-Garratt, welche dann verschrottet wurde. Der Einsatz der ex SAR Garratt dauerte aber nur kurze Zeit und 1973 verschwand sie. Um 1976 vor der ersten schweren Ölkrise kaufte die Mine eine Diesellok für die verbliebene Arbeit, die sich heute auf den Rangier- und Übergabedienst von und zu den SAR-Gleisen beschränkt.

Vryheid Coronation Colliery

Es ist die dritte aus der kleinen Gruppe der Natal-Kohlengruben alphabetisch aufgezählt, aber auch in geographischer Reihenfolge entlang der Seitenlinie von Vryheid nach Hlobane wobei Vryheid der Name eines örtlichen Berges ist. Die Coronation Colliery Mines befinden sich am Abhang des Matshongololo und besitzen ihre über 10 km lange eigene Bahn zum Anschluss an die SAR-Station Hlobane. Nach Betriebsaufnahme mit den üblichen Tenderlokomotiven war deren Leistungsfähigkeit eines Tages überfordert und bis heute hat man 5 Garratts eingesetzt. Die erste war die ex RR Klasse 16 Nr. 606, bald gefolgt von der ex SAR Klasse GCA Nr. 2193. Diese beiden Loks waren in den späteren 1960er und frühen 1970er Jahren sehr intensiv eingesetzt. Eine weitere nicht identifizierte GCA war in dieser Zeit ebenfalls in Betrieb. Mitte der 1970er Jahre kaufte die Bahn eine Bo Bo dieselelektrische Lok für die Abwicklung des Hauptstreckenverkehrs. Die beiden ex RR-Garratts dienten als Reserve und die Tenderloks versahen den Rangierdienst bei den Koksöfen. Nach Aufkommen der Ölkrise 1977 mit der Einfuhrbeschränkung und Verteuerung des Dieselkraftstoffes sowie einem Bedarf an sehr teueren Dieselersatzteilen kaufte man von der SAR eine Klasse GEA. Diese war aber mehr oder weniger ein Reinfall, da diese Lok grössere Kesselarbeiten und neue Heiz- u. Rauchrohre benötigte. 1980 kaufte man deshalb eine zweite GEA. Es ist verständlich, dass nun eine dritte GEA gesucht wurde, um die Mine in die Lage zu versetzen, ganz zur Dampftraktion zurückzukehren. Der Aussenanstrich der Vryheid Lokomotive ist ein attraktives Blau und abgesehen von den früheren Maschinen für königliche Sonderzüge dürften dies die einzigen Garratts sein, die regulär in Blau betrieben werden.

Randfontain Estates Gold Mines – REGM

Im Jahre 1983 kaufte diese Mine in 2 Lieferungen 9 GMAM-Garratts für ihr 25 km langes intensiv befahrenes Erzbahnnetz. Nach Vergleichsuntersuchungen über Elektro- und Dieselbetrieb sowie Förderbänder entschied man sich für Dampftraktion als wirtschaftlichste Lösung. Die erste Lieferung im Januar 1983 umfasste die ex SAR Loks Nr. 4084, 4107, 4123, 4128 und 4136 und die zweite im September bestand aus Nr. 4059, 4060, 4073 und 4079. Bei der Mine erhielten die Loks die Nr. R 9 bis R 12 und R 14 bis R 18 und eine neue farbenprächtige Lackierung. Die drei ersten Maschinen R 9 bis R 11 trugen zunächst das blaue Farbkleid «Caledonian Blue», das bei der bis 1923 bestehenden britischen Bahn üblich war. Beschrif-

tung und Zierlinien waren in Gelb gehalten. Ab der 4. Lok entschloss man sich zum Farbwechsel auf kastanienbraun mit Linien und Beschriftung in Gold. Für einige Zeit konnten beide Ausführungen gleichzeitig bewundert werden, inzwischen sind alle 9 Garratts der REGM braun. Ein Teil der Loks erhielt noch die Namen von den Ehefrauen der Minendirektoren wie folgt:
R 9 KATHY
R 11 VIVIENNE
R 12 BARBARA
R 14 CHERRIE
R 15 MAY

Andere Industriebahnen

So wie die SAR, ihren Dampflokbestand verminderte, griffen industrielle Betreiber mit Käufen an Lokomotiven schnell zu, die für die Verwendung von Südafrikas billigster und reichlich vorhandener Energiequelle geeignet sind. Deshalb war es bei aller Sorgfalt nicht möglich, diese Angaben auf den jeweils letzten Stand zu bringen. Es ist durchaus möglich, dass noch weitere Garratts in Betrieb stehen, wenn dieses Buch in den Regalen der Buchhändler erscheint.

Neulieferung von Garratt-Lokomotiven für 1067 mm Spur an Industriebahnen Südafrikas

Besteller	Lok-Nr.	Achsanordnung	Beyer-Peacock Fabrik-Nr.	Tech. Daten	Baujahr	weiterverkauft an	ausser Dienst
Natal Navigation Colliery	3	1C1 1C1	6206	wie SAR Klasse GK	1925	Vryheid Railway Coal & Iron Co.	1969
Dundee Coal Co.	5	1C1 1C1	6353	Tabelle Seite 164 letzte Zeile	1927	Transvaal Navigation Collieries Nr. 2	1978
Consolidated Main Reef Mines and Estates Ltd	5	1C1 1C1	6780	Tabelle Seite 164 letzte Zeile	1935	New Raleigh Colliery Nr. 1/5 New Clydesdale Colliery Transvaal Navigation Collieries	1978

Garratt-Lokomotiven der SAR für 1067 mm Spur

Klasse	Bahn-Nr.	Hersteller	Fabrik-Nr.	Baujahr	Zahl	
GA	1649, später 2140	Beyer P.	5941	1920	1	1
GB	1650, später 2166	Beyer P.	5942	1921	1	
GB	2160 – 2165	Beyer P.	6181–6186	1924	6	7
GC	2180 – 2185	Beyer P.	6187–6192	1924	6	6
FC[3]	2310, später 670	NBL	23140	1924	1	1
GCA	2190 – 2202	Krupp	970–982	1927	13	
GCA	2600 – 2625	Krupp	1043–1068	1928	26	39
GD	2220 – 2223	Beyer P.	6263–6266	1925	4	
GD	2228 – 2234	Beyer P.	6281–6287	1925	7	
GD	2235 – 2237	Beyer P.	6288–6290	1926	3	14
FD[3]	2320 – 2323 später 671 – 674	NBL	23294–23297	1926	4	4
GDA	2255 – 2259	Linke H.	3115–3119	1929	5	5
GE	2260 – 2265	Beyer P.	6193–6198	1924/25	6	
GE	2266 – 2275	Beyer P.	6339–6348	1926	10	
GE	2276 – 2277	Beyer P.	6716–6717	1930	2	18
HF[3]	1380 – 1389	Henschel	20698–20707	1927	10	
HF	1390	Henschel	21052	1928	1	11
GEA	4001 – 4050	Beyer P.	7168–7217	1945/47	50	50
GF	2370 – 2406	Hanomag	10512–10548	1927/28	37	
GF	2407 – 2424	Henschel	21053–21070	1928	18	
GF	2425 – 2434	Maffei	5748–5757	1928	10	65
GG	2290	Beyer P.	6232	1925	1	1
GH[4]	2320 – 2321	Maffei	5687–5688	1927	2	2
U[4]	1370 – 1379	Maffei	5673–5682	1927	10	10
GK	G1–G2 der NCCR 2340 – 2341 der SAR	Beyer P.	6135–6136	1923	2	2
GL	2350 – 2351	Beyer P.	6530–6531	1929	2	
GL	2352 – 2357	Beyer P.	6639–6644	1930	6	8
GM	2291 – 2306	Beyer P.	6883–6898	1938	16	16
GMA/GMAM	4051 – 4075[2]	Henschel	28680–28704	1952/53	25	
GMA/GMAM	4076 – 4078	Beyer P.	7550–7552	1956	3	
GMA/GMAM	4079 – 4083	Beyer P.	7677–7681	1956	5	
GMA/GMAM	4084 – 4098	Beyer P.	7750–7764	1956	15	
GMA/GMAM	4099 – 4110[1]	NBL	27691–27702	1956	12	
GMA/GMAM	4111 – 4120[1]	NBL	27769–27778	1958	10	
GMA/GMAM	4121 – 4130	Beyer P.	7836–7845	1958	10	
GMA/GMAM	4131 – 4140[1]	NBL	27783–27792	1958	10	
GMAM	4141 – 4170	Henschel	29600–29629	1957/58	30	120
GO	2572 – 2596	Henschel	28705–28729	1954	25	25
				zusammen		405 Loks
				davon echte Garratts		377

1) ursprünglich als Beyer Peacock Fabrik-Nr. 7765–7776, 7826–7835 und 7846–7855 vorgesehen, bevor als Unterlieferung an NBL abgetreten
2) 20 Loks GMAM Nr. 4051–4070 und 5 Loks GMA Nr. 4071–4075
3) Modified Fairlie 16 Loks
4) Garratt-Union 12 Loks

Garratt-Lokomotiven der SAR für 610 mm Spur

Klasse	Bahn-Nr.	Hersteller	Fabrik-Nr.	Baujahr	Zahl	
NGG 11	NG 51–53	Beyer P.	5975–5977	1919	3	
NGG 11	NG 54–55	Beyer P.	6199–6200	1925	2	5
NGG 12	NG 56–57	Franco-B.	2506–2507[1]	1927	2	2
NGG 13	NG 49–50	Hanomag	10599, 10598	1928	2	
NGG 13	NG 58–69	Hanomag	10549–10560	1927	12	
NGG 13	NG 77–83	Hanomag	10629–10635	1928	7	21
NGG 14	NG 84	Hanomag	10747	1928	1	1
NGG 16	NG 85–88	Cockerill	3265–3268	1937	4	
NGG 16	NG 109–116	Beyer P.	6919–6926	1937	8	
NGG 16	NG 125–131	Beyer P.	7426–7432	1951	7	
NGG 16	NG 137–143[2]	Beyer P.	7862–7868	1958	7	
NGG 16	NG 149–156	Hunslet-Taylor	3894–3901	1967/68	8	34
				zusammen		63 Loks

1) als Beyer Peacock Fabrik-Nr. 6365–6366 vorgesehen
2) hergestellt bei Tsumeb Corporation als Fabrik-Nr. TC 6–TC 12

Garratt-Lokomotiven der Südafrikanischen Eisenbahnen für Schmalspur 610 mm

Bahn	Spur-weite	Klasse	Zahl	Achsan-ordnung	Zylinder-durch-messer Kolben-hub	Trieb-rad durch-messer	Kessel-druck	Zugkraft bei 75% Kessel-druck	Rost-fläche	innerer durch-messer Kessel	Heizflächen m²				Dienstgewichte t			Vorräte		V_{max}	Literaturhinweise
											Feuer-büchse	Rohre	Über-hitzer	größte Achs-last	Rei-bungs-gewicht	Ge-samt-gewicht	Was-ser	Brenn-stoff		
	mm				mm	mm	bar	kg	m²	mm							m³	t / l	km/h	
South African Railways SAR	610	NGG 11	3	1C C1	266 x 406	762	12,65	7200	1,79	1270	7,52	83,5	–	6,3	36,7	45,5	6,1	2,5	35	Loco 1920 S. 25
		NGG 11	2	1C C1	266 x 406	762	12,65	7200	1,81	1270	7,49	61,4	13,1	6,6	39,3	49	6,1	2,5	35	Loco 1925 S. 139
		NGG 12	2	1C C1	216 x 406	762	12,65	4710	0,98	1076	4,18	35,1	9	3,8	22,8	36,6	4,5	2	35	
		NGG 13	21	1C1 1C1	304 x 406	838	12,65	8550	1,81	1416	7,63	77,9	13,8	7,2	41,8	62,6	8,1	4	40	Loco 1937 S. 105 HR 1936 S. 3 HaN 1927 S. 155 Ry Gaz 1939 I S. 1069 Ry Gaz 1927 II S. 431 Organ 1928 S. 122
		NGG 14	1	1C1 1C1	228 x 406	762	12,65	5290	0,98	1076	4,18	35,1	9	4	24	38,3	4,5	2	35	HR 1936 s. 5
		NGG 16	12	1C1 1C1	304 x 406	838	12,65	8550	1,78		6,97	78,5	13,6	7		61,5	8,3	4	40	Loco 1951 S. 52 + 1937 S. 105
		NGG 16	22	1C1 1C1	304 x 406	838	12,65	8550	1,78		6,97	78,5	13,6	7,3		63,2	8,3	4	40	
		zus.	63																	

Garratt-Lokomotiven der Südafrikanischen Eisenbahnen für Kapspur

Bahn	Spurweite mm	Klasse	Zahl	Achsanordnung	Zylinderdurchmesser Kolbenhub mm	Triebraddurchmesser mm	Kesseldruck bar	Zugkraft bei 75% Kesseldruck kg	Rostfläche m²	innerer Kesseldurchmesser mm	Heizflächen m² Feuerbüchse	Heizflächen m² Rohre	Heizflächen m² Überhitzer	Dienstgewichte t größte Achslast	Dienstgewichte t Reibungsgewicht	Dienstgewichte t Gesamtgewicht	Vorräte m³ Wasser	Vorräte t Brennstoff	Bemerkungen	Literaturhinweise
South African Railways SAR	1067	GA	1	1C C1	457 x 660	1219	12,65	21495	4,81	2057	19,63	217,7	48,9	17,8	106	136	20,9	9		Loco 1921 S. 113 Ry Eng. 1922 S. 181 Lok 1929 S. 199
		GB	7	1C1 1C1	305 x 508	1085	12,65	8250	2,16	1368	9,73	87,7	16,1	7,6 7,9	45,6 47,5	71,8 76	9,1 10,5	4		Loco 1925 S. 32
		GC	6	1C1 1C1	355 x 584	1085	12,65	12913	3,16	1574	14,57	117,6	23	10,6	64	97,5	13,6	5		Loco 1925 S. 33 + 269
		FC	1	1C1 1C1	355 x 584	1085	12,65	12913	3,16	1568	14,4	114,4	26	10,6	64	101,3	13,6	5	Modified Fairlie	Loco 1925 S. 168
		GCA	39	1C1 1C1	355 x 584	1085	12,65	12913	3,16	1574	13	113,9	21	11 11,9	66,3 67,9	1043 107,5	13,6	5 7		Organ 1928 S. 122 Gl. Ann. 1928 II S. 73
		GD	14	1C1 1C1	381 x 610	1155	12,65	14533	3,75	1828	15,51	140,3	33,4	12,9	76,5	115,9	17,2	5	Modified Fairlie	Loco 1926 S. 387
		FD	4	1C1 1C1	381 x 610	1155	12,65	14533	3,8	1828	17,65	144,4	33,4	12,5	74	115,9	17,2	5	Modified Fairlie	
		GDA	5	1C1 1C1	381 x 610	1155	12,65	14533	3,75	2057	16,81	144,9	36,2	13,9	80,8	121,7	17,2	5	Modified Fairlie	
		GE	18	1D1 1D1	482 x 610 457 x 610	1155	12,65	23065 20928	4,83	2057	19,51	219,2	36,2	13,6	105,1	150,7	20,9	9,1		Loco 1925 S. 138 Ry Eng 1927 S. 299
		HF	11	1D1 1D1	457 x 610	1155	12,65	20928	4,92	1806	19,42	193,1	53,6	13,3	104,4	152,4	20,9	9,1		Loco 1927 S. 178 Organ 1928 S. 122 ZVDI 1927 II S. 1103 Ry Eng 1927 S. 299
		GEA	50	2D1 1D2	470 x 660	1219	14,06	25228	4,77	2057	19,69	216,3	43,6	15,3	117,6	188,5	25,4	10,1		Loco 1946, S. 56
		GF	65	2C1 1C2	406 x 660	1371	13	15512	4,09	1879	18,58	190	43,2	14,4 14,2	85,3 83,8	147,9 145,5	18,2	10,1		HaN 1927 S. 155 Ry Eng. 1928 S. 327 Organ 1928 S. 122 Lok 1929 S. 157 + 197
		GG	1	1C1 1C1	457 x 660	1447	12,65	18098	4,83	2057	19,51	219,8	36,2	16,4	96	150	20,9	10,1		Loco 1925 S. 269
		GH	2	2C1 1C2	495 x 660	1524	12,65	20180	5,53	2108	22,23	223,2	59,5	18,4	109,2	187,7	27,2	13,7	Garratt-Union Engg 1927 II S. 758	Loco 1928 S. 40 Organ 1928 S. 122 ZVDI 1928 II S. 937 Gl. Ann. 1928 I S. 109
		U	10	1C1 1C1	470 x 660	1219	12,65	22702	5,53	1854	18,39	240,3	56,7	18,9	111,7	167,2	24	14,2	Garratt-Union	Loco 1927 S. 208
		GK	2	1C1 1C1	381 x 558	1085	12,65	14179	3,15	1574	14,45	142,1	27,9	10,6	64	96,4	13,6	4		Loco 1923. S. 256 1932, S. 340 Ry Eng. 1929 S. 332
		GL	8	2D1 1D2	558 x 660	1219	14,06	35674	6,92	2133	31,59	282	75,1	19	147,1	214,5	31,8	12,2		Loco 1929 S. 275 Ry Gaz 1929 II S. 181 MT 3.8.1929 S. 3 Organ 1930 S. 287
		GM	16	2D1 1D2	520 x 660	1371	14,06	27532	5,9	2133	26,10	258,7	72,3	15,2	117	177	7,2	10,1	Wasserwagen mit 30,6 m³	Loco 1939 S. 32 Ry Gaz 1938 II S. 937 The Eng. 1939 I S. 326
		GMA	120	2D1 1D2	520 x 660	1371	14,06	27532	5,9	2133	22,39	276,3	69,4	15,2	120	190,4	7,5	11,8	Wasserwagen mit 31 m³	Loco 1955 S. 77
		GMAM		2D1 1D2	520 x 660	1371	14,06	27532	5,9	2133	22,39	276,3	69,4	15,6	122,7	194,8	9,6	14,2 t	Wasserwagen mit 31 m³	Loco 1957 S. 102 HeN 1958 Nr. 1/2 Gl. Ann. 1954 S. 269
		GO	25	2D1 1D2	470 x 660	1371	14,06	22316	5,26	1898	21,46	202,2	50,7	13,9	111,1	178	7,5	11,4	Wasserwagen mit 31 m³	Lok M 1974 Nr. 64 Lok M 1975 Nr. 70
Industriebahnen	1067		2	1C1 1C1	432 x 588	1085	12,65	18210	3,89		15,93	170,5	41,6	14,2	83	116,3	15,9	7,1	geliefert an Dundee Coal Co. und Consolidated Main Reef Mines and Estates Ltd	Loco 1935 S. 388

9 Centralafrika

Dieses Kapitel umfasst den Länderstreifen, der sich quer über Afrika von Angola im Westen nach Mozambique an der Ostküste erstreckt, beide genannten Länder waren früher portugiesische Besitzungen. Dazwischen liegt Zaire (früher Belgisch-Kongo), Zambia (früher Nordrhodesien), Zimbabwe (früher Südrhodesien), und einfach als Rhodesien bekannt während der Jahre der selbst deklarierten Unabhängigkeit in den 1960er und 1970er Jahren, sowie der kleine Staat von Malawi (früher Nyasaland). Diese Länder haben alle Kapspur 1067 mm wie die Südafrikanischen Bahnen und bilden im ganzen südlichen Afrika ein zusammenhängendes Netz von Strecken in dieser Spur, das eine Reise von Küste zu Küste auf Schienen ermöglicht.

Zaire
früher Belgisch-Kongo

Den Belgiern gebührt die Ehre, im Jahr 1911 die Garratt Type in Afrika eingeführt zu haben, wo später auch die grössten Typen der Garratt-Lok sowie ihre weiteste Verbreitung realisiert wurden und wo sie ihre wirkliche Heimat fand, ihr Nest gemacht hat. Die ersten Congo-Garratts waren für nicht mit dem Hauptnetz verbundene Schmalspurbahnen bestimmt und bildeten einen bescheidenen Anfang.

Chemins de Fer du Mayumbe

Diese kleine Bahn mit 600 mm Spur, welche von Boma in der Nähe der Kongomündung in Richtung Norden beinahe bis Gabun führt, betrieb die ersten Garratt-Loks in Afrika, zwei BB Maschinen, gebaut von der Societe Anonyme de Saint Leonard in Lüttich, Belgien.

Diese kleinen Maschinen waren unter den Garratts wohl diejenigen mit dem typischsten Schmalspurcharakter, die je gebaut wurden. Sie hatten Aussen-Plattenrahmen und Gegengewichtskurbeln. Die Zylinder besassen Flachschieber mit Betätigung durch eine Walschaerts-Steuerung, wofür ein Belpaire-Nassdampfkessel mit einem langen Ofenrohrschornstein den Dampf lieferte. Der Führerstand war oberhalb Taillenhöhe allseitig offen und das Dach trugen 4 Stützen, als Brennstoff diente Öl.

Diesen ersten 4 Lokomotiven der Klasse A folgten 11 vergrösserte Maschinen der Klasse B, welche in ihrer äusseren Erscheinung durch Anbau von seitlichen

Die erste Garratt in Afrika! Die gewaltigen Maschinen, welche auf Afrikas Schienen die schwersten Dienste leisteten, wurden aus dieser kleinen putzigen belgischen Koloniallok entwickelt, die bei der Mayumbe-Bahn in Betrieb stand. Diese Bahn bildete vom Kongo-Fluss ausgehend eine kleine Seitenlinie in das Gebiet der Mayumbe-Berge im Norden von Belgisch-Kongo. St. Leonard

Die Klasse B der Mayumbe-Bahn erhielt gegenüber der Erstausführung zusätzlich seitliche Wassertanks sowie verschiedene Detailänderungen. Societe St. Leonard

Wassertanks neben dem Kessel differierten. Dann kamen zum Schluss 4 Lokomotiven der Klasse C und eine der Klasse E. Die Klasse C von 1926 war ihren Vorgängern ähnlich, aber mit grösseren Kesseln für Holzfeuerung. Die hinteren Brennstoffbehälter trugen oben Holzleisten. Die letzte bekannte Klasse war die E und der Klasse C sehr ähnlich, aber mit leicht geänderten Kesseldimensionen und mit hölzernen Gestellen auf den seitlichen Wassertanks zur Aufnahme von zusätzlichem Brennholz. Es ist nicht bekannt, welche Loks die Klasse D bilden, möglicherweise eine Einrahmentype für den Rangierdienst.
Diese kleinen Maschinen überlebten wahrscheinlich das Ende der Dampftraktion bei dieser Bahn. Die Umstellung auf Dieseltraktion erfolgte um 1960. Es ist jedoch nicht ausgeschlossen, dass einige dieser Mini-Garratts in Boma noch heute vor sich hinrosten. Die Baudaten sind:

Bahn-Nr.	St. Leonard Fabrik-Nr.	Zahl	Baujahr
1A–2A	1708–1709	2	1911
3A–4A	1715–1716	2	1911
1B–2B	1899–1900	2	1919
3B–6B	1953–1956	4	1921
7B–11B	2021–2025	5	1924
1C–4C	2056–2059	4	1926
1E	2096	1	1927

Bei den verschiedenen Lieferungen an die Mayumbe-Bahn führte man aufgrund der gemachten Erfahrungen Verbesserungen ein. So erhielt die Klasse C zur Vergrösserung des Holzvorrats einen Gitteraufsatz auf dem Brennstoffbunker und einen Funkenfängerschornstein. St. Leonard

Oben: Bei der letzten Lieferung an die Mayumbe-Bahn, der Klasse E brachte man über den seitlichen Wassertanks Gitter an, um darauf zusätzlich Brennholz unterbringen zu können. Welche Änderungen an den früheren Lokomotiven vorgenommen wurden um diese den späteren Ausführungen anzugleichen war nicht mehr zu ermitteln. St. Leonard

Unten: Die erste Garratt Nr. 101 der CF Congo. Beachte die unter dem Kessel hängenden Feuerrohre und den auf dem vorderen Triebgestell montierten Brennstofftank für die ursprünglich vorn eingebauten Ölbrenner. St. Leonard

Unten: Die zweite Gruppe von Congo Ocean Garratts mit normalem Belpaire-Kessel und Kohlefeuerung. St. Leonard

Die dritte Gruppe von Congo Ocean Garratts mit geändertem Brennstoffbunker und anderer Rohranordnung. St. Leonard

Compagnie du Chemins de Fer du Congo

Diese Bahn mit 750 mm Spur verlief auf der Südseite des Kongoflusses von Matadi etwa gegenüber Boma flussaufwärts nach Leopoldville vorbei an den mit Schiffen nicht passierbaren Stromschnellen.

Die für diese Strecke gebauten CC Garratts waren den Mayumbe-Maschinen in ihrer äusseren Erscheinung ähnlich, aber grösser. Die erste dieser Maschinen war ein erfolgloses Experiment. Ausgerüstet für Ölfeuerung hingen unter dem Kesselrahmen zwei gewellte Feuerrohre, welche an ihren vorderen Enden jeweils einen Ölbrenner enthielten, die aus dem zylindrischen Öltank auf dem vorderen Triebgestell versorgt wurden. Am Hinterende führten die Feuerrohre in die Feuerbüchse. Die heissen Verbrennungsgase durchströmten von den Brennern zunächst die aussen liegenden Feuerrohre und gelangten erst dann durch Feuerbüchse und Kesselheizrohre, welche als Serve-Rippenrohre ausgebildet waren, in üblicher Weise in die Rauchkammer. Den Misserfolg dieser Anordnung bedingte der hohe Verlust an Wärmeenergie in den ausserhalb des Kessels befindlichen Feuerrohren, die als Brennkammer dienten und mit ihrer grossen Oberfläche keinen Wärmeübergang an das Kesselwasser ermöglichten, d. h. gerade die wertvolle Brennraumheizfläche wurde nicht genutzt!

Der erzeugte Nassdampf sammelte sich im Dom und gelangte durch aussenliegende Leitungen zu den Zylindern. Die Zylinder hatten Flachschieber. Ein kennzeichnendes Merkmal war der vordere zylindrische Öltank zwischen 2 Seitenwasserkästen.

Im Einsatz erwies sich die Maschine infolge der ungewöhnlichen Kesselfeuerung als Fehlschlag und wurde deshalb auf normale Feuerung umgebaut. In dieser Form arbeitete die Maschine gut und 1919 wurde eine Serie von 12 Loks geliefert. Diese wiesen Überhitzer auf, wobei der Nassdampf vom Dom durch ein aussenliegendes Rohr dem Dampfsammelkasten in der Rauchkammer zuströmte. Die Steuerung erfolgte durch Kolbenschieber mit äusserer Einströmung, Wasser enthielt der Rechtecktank auf dem vorderen Triebgestell, Kohle befand sich im hinteren Bunker. 9 ähnliche Maschinen folgten 1924.

Zuletzt wurden nochmals 10 Lok geliefert. Sie waren etwas grösser als ihre Vorgänger und wieder für Ölfeuerung gebaut, der Ölvorrat war im ovalen ausgebildeten hinteren Tank enthalten. Diese Garratts bewältigten den Verkehr zwischen Matadi und Leopoldville bis nach dem 2. Weltkrieg, als die Linie auf Kapspur umgebaut und nachfolgend auf Dieseltraktion umgestellt wurde. Die Baudaten sind:

Die letzte Lieferung der Congo Ocean Garratts mit ovalem hinterem Heizöltank. St. Leonard

Die rhodesische Lok Nr. 165 der Klasse 13 mit der Aufschrift «MR» (Mashonaland Railway) wurde vor einem Schotterzug aufgenommen.   Rhodesia Railways

Bahn-Nr.	St. Leonard Fabrik-Nr.	Zahl	Baujahr
111	1744	1	1911
112–123	1901–1912	12	1919
124–132	2001–2009	9	1924
133–142	2040–2049	10	1925

Chemins de Fer du Bas Congo à Katanga

Die einzigen bei dieser Bahn betriebenen Garratts waren von Forges Usines et Fonderies de et á Haine-St-Pierre in Belgien gebauten 12 Loks von der gleichen Konstruktion, als jene 2 Jahre vorher nach Mozambique gelieferten. Der einzige Unterschied von Bedeutung war, Öl statt Kohle als Brennstoff. Da diese Maschinen bei der Compagnie des Chemins de Fer Katanga–Dilolo–Leopoldville fuhren, welche durch die BCK betrieben wird, trugen sie die Bezeichnung KDL. Interessant ist noch die Tatsache, dass die Bahn nicht bis Leopoldville, sondern nur bis Port Francqui führte, von wo der Verkehr auf die Flüsse Kasai und Congo überging.
Die 12 Loks trugen die Bahn-Nr. 901–912, die Haine St. Pierre Fabrik-Nr. 2097–2108 von 1953 und sind nun lange ausser Dienst.

Zimbabwe
früher Southern Rhodesia
Zambia
früher Northern Rhodesia

Der Name Rhodesien ist nun aus den Atlanten der Welt zugunsten der nun international anerkannten Grenzen verschwunden. Dabei entehrte man auch den Mann, der nach häufigen Streitigkeiten das frühere Stammterritorium zusammengeschweisst hat. Dies hat sowohl für die Eisenbahn als auch die Geschichte der Garratt Bedeutung. Alle Garratts in diesen Territorien wurden von den Rhodesia Railways RR in Auftrag gegeben und stehen unter Verwaltung und Betrieb der Bahnen von Zimbabwe und Zambia. Die früheren Rhodesischen Eisenbahnen entstanden aus dem Zusammenschluss mehrerer Bahnen, was bis zurück auf die Anfänge in dem Buch von Anthony Croxton: Railways of Rhodesia gut dargestellt ist. In den frühen Tagen der Garratts waren die einzigen Spuren der Vorgängerbahnen die Aufschriften RRM auf einigen Lokomotiven als Bezeichnung der Mashonaland Sektion dieser Bahn.
Sie bediente die östlichen Landesteile, Gebiete des Shona-Stammes und sollte korrekt ma Shona geschrieben werden.
Bis 1964 bedienten die Rhodesia Railways RR die beiden Territorien von Nord- und Südrhodesien. In diesem Jahr wurde aus Nordrhodesien die Republik von Zambia. Zunächst wurden die RR als einheitli-

Eine seltene Kombination auf der Zweiglinie nach West Nicholson – Lok Nr. 504 der Klasse 14 leistet Vorspanndienst vor einer Klasse 14A bei einem Kalksteinzug auf der Mulungwane-Rampe. F. C. Butcher

ches Netz noch einige Zeit weitergeführt, aber schliesslich gingen aus dem Netzteil nördlich des Sambesi die Zambian Railways ZR hervor. Ab der einseitigen Unabhängigkeitserklärung im Jahre 1965 wurde aus Südrhodesien einfach Rhodesien und die Bahnen blieben die RR. Nach der Unabhängigkeitswahl von 1979 wurde (Süd-) Rhodesien zu Zimbabwe-Rhodesia und zum mindesten eine Garratt trug neue Nummernschilder mit den Buchstaben ZRR. Nach der international anerkannten Unabhängigkeit wurde 1980 der Name «Rhodesia» fallengelassen und die RR sind nun die National Railways of Zimbabwe NRZ.

Die RR betraten das Feld des Garratt-Betriebes 1926 mit einem Paukenschlag und bestellten 12 1C1 1C1 Maschinen zu einer Zeit, wo die meisten Bahnen mit einer einzelnen Garratt die Erprobung begannen.

Diese ersten Garratts der Klasse 13 hatten Plattenrahmen, Kolbenschieber und die beiden letzten Lentz-Ventilsteuerung. Dampf lieferte ein Belpaire-Kessel mit Überhitzer. Sonst waren sie ähnlich der SAR-Klasse GD, welche ein Jahr vorher eingeführt und auf deren Konstruktion sie aufgebaut war.

Diese Maschinen wurden auf der schwierigen Beira-Route von Vila Machado auf portugiesischem Gebiet nach Umtali knapp hinter der rhodesischen Grenze in Dienst genommen. Diese Strecke durchquert das Amatongas-Mountain-Gebiet mit Durchschnittssteigung von 1:38 (26‰) und Bogenhalbmessern von 100 m bei einer Gipfelhöhe von 1026 m in Umtali. Die Klasse 13 verblieb auf dieser Strecke bis zum Verkauf der Linie an die CFM im Jahre 1949. Die Garratts setzte man nach Salisbury um, von wo aus sie bis zur Verschrottung i. J. 1958 Nebenstrecken bedienten. Die beiden Loks Nr. 162 und 163 waren schon 1939 an die Rhokana Corporation im südlichen Rhodesien verkauft worden, wo sie Kupferzüge vom Schacht in Mindola zur Hütte nach Nkana beförderten. Eine dieser beiden beendete ihr Leben spektakulär bei einer Kollision mit einem mit Dynamit beladenen Lastkraftwagen.

Die Plattenrahmen der Klasse 13 erwiesen sich als Schwachstelle. Deshalb wurde schon 1928 eine verbesserte Version mit Barrenrahmen geliefert und als Klasse 14 bezeichnet. Weiter hatten sie runde Stehkesseldecke, waren aber im übrigen von allgemein ähnlicher Abmessungen gebaut. Sie wurden ebenfalls der Beira-Linie zugeteilt und 8 von ihnen verkaufte man zusammen mit dieser Strecke 1949 ebenfalls an die CFM. Die übrigen Loks der Klasse 14 verblieben in Salisbury für Rangier- und Nebenstreckendienst.

Zwei Loks der ursprünglichen Klasse 15 mit stark abgerundeten vorderen Wassertanks führen zusammen im Jahre 1947 den Königszug auf der Strecke zu den Victoria-Fällen.
Rhodesia Railways

Während der frühen 1970er Jahre wurde der Raum Salisbury voll auf Dieseltraktion umgestellt und die Klasse 14 konzentrierte man in Bulawayo für den Rangierdienst. Bei weiterer Ausdehnung des Dieselbetriebes ersetzte man sie durch neuere Garratts und um 1975 war die Klasse 14 nicht mehr öffentlich zu sehen. Als dann 1979, nachdem sie 4 Jahre ausser Dienst waren, der hohe Ölpreis und die mangelhafte Ölversorgung ein Umdenken in der Traktionspolitik verursachte, wurden 3 Lok Klasse 14 für den Rangierdienst in Bulawayo wieder eingesetzt. 1980 kamen 2 weitere Lok hinzu. Die Lok Nr. 500 ist als Museumsstück erhalten, die 502 und 504 verkaufte man Ende 1980 als Schrott.

Für noch schwerere Dienste von Wankie nach Dett und Livingstone wurde 1929 die Klasse 16 geliefert. Diese sind als 1D1 1D1 Garratts technisch der Klasse 14 ähnlich, aber insgesamt grösser, ihre Gesamtlänge ist 23 750 mm. Zu Anfang baute man 8 Stück und 1938 ein weiteres Dutzend. Die Bestandserhöhung mit der 2. Lieferung erlaubte ihren Einsatz bis nach Umtali hinab auszudehnen und schliesslich wanderten die meisten dieser Klasse auf die Linie Salisbury–Umtali ab.

Mit dem Einsatz der Dieseltraktion in den frühen 1960er Jahren wurden diese brauchbaren Maschinen, die in der Lage waren 700 t über Steigungen 1:40 (25‰) zu befördern, grösstenteils überzählig. Neun Loks wurden an die Benguela Railway in Angola und 7 an die Dunn's Locomotive and Boiler Wirks in Witbank, Südafrika, verkauft. Die letzteren gingen von dort aus im Wiederverkauf an Kohlengruben. Nach Abgabe dieser Loks entstand für noch schwerere Dienste bei gleichzeitiger Lockerung der Achslastbeschränkungen Bedarf an Zugkraft. Dies hatte für viele RR-Garratts die Notwendigkeit grösserer Wasser- und Kohlevorräte ergeben. Die Klasse 16 war auch unter den entsprechend umgebauten Loks und erhielt 2500 l Wasser- und 2,2 t mehr Kohlevorrat bei einer Erhöhung des Gesamtgewichts um 5 t. Nur 2 Stück der Klasse 16 kamen nicht zum Verkauf für anderweitigen Einsatz, eine wurde nach einem Unfall verschrottet und die Prototype steht nun im Eisenbahnmuseum in Bulawayo.

Bis zu dieser Zeit betrachtete man die Garratt als Zugkraft für die harte Arbeit auf schwierigen Steigungen, bei relativ niedrigen Geschwindigkeiten. Die guten Laufeigenschaften auch von kleinräderigen Typen führten zur Erkenntnis, dass eine Garratt mit grösseren Rädern eine ideale Hauptstreckenlokomotive sein könnte. Die Gedanken kreisten zuerst um eine Doppel-Pacific mit dem gleichen Kessel und anderen

Die Lok Nr. 360 aus der 2. Serie der Klasse 15 mit hohem vorderen Wassertank verlässt an einem kühlen sonnigen Morgen Victoria Falls. F. C. Butcher

Typisch Afrika – Lok Nr. 417 der Klasse 15A mit normalem vorderem Wassertank – eingerahmt von zwei Baobab Bäumen – auf der Steigung von der Brücke zur Station Victoria Falls. Christine Durrant

Teilen der Klasse 16. Der leitende Maschineningenieur Major M. P. Sells vergrösserte wohl beeinflusst durch die Sudan-Lokomotiven die Konstruktion zu einer 2C2 2C2, auf der mehr Vorräte an Wasser und Kohle unterzubringen waren.

Zunächst wurden 4 Loks dieser neuen Klasse 15 bestellt und für die Linie von Bulawayo nach Mafeking vorgesehen. Der grösste Teil dieser Strecke befindet sich in Botswana, früher bekannt als Bechuanaland. Abgesehen von der Achsanordnung bestand der prinzipielle Unterschied zwischen diesen Maschinen und der Klasse 16 in der äusseren Form des vorderen Wassertanks. Hier führte man erstmalig den «Stromlinienstil» – abgerundete Stirnseiten an den äusseren Enden – ein, der später auch von Beyer Peacock für weitere Garratts der rhodesischen und anderer Bahnen übernommen wurde. Der hintere Tank bzw. Bunker dieser 4 zuerst gebauten Loks blieben in der konventionellen Form, ein Merkmal, womit sie heute leicht unterschieden werden können.

Zunächst war ihnen der Einsatz auf der vorgesehenen Strecke verwehrt, da infolge Ausbruch des 2. Weltkrieges sich einige notwendige Brückenverstärkungen verzögerten. Sie fuhren von Salisbury nach Gwelo und besorgten auch die Beförderung des «Rhodesia Express». Die von diesen ersten 4 Exemplaren der Klasse 15 erbrachten Leistungen waren ganz erstaunlich, vor allem deren Verfügbarkeit. In ihren ersten 6 Dienstjahren erreichten sie eine Laufleistung im Monatsdurchschnitt von fast 9660 km einschliesslich aller Reparaturzeiten. Wenn man berücksichtigt, dass dies bei einer eingleisigen Bahn mit gemischtem Verkehr

Lok Nr. 626 der Klasse 16A im Bahnhof Heany Junction bei der Abfahrt mit einem Zug nach West Nicholson und Einfahrt eines Güterzuges mit einer Klasse 15A von Bulawayo nach Gwelo im Jahre 1979. A. E. Durrant

auf 1067 mm Spur gefahren wurde und nicht auf einer ebenen mehrgleisigen Strecke, ist dieser Wert um so höher einzuschätzen. Später konnte man ihn sogar noch darüber hinaus verbessern und erreichte monatliche Laufleistungen bis zu 16 000 km.

Der Erfolg der ursprünglichen Klasse 15 führte zum Bau 30 weiterer Loks in zwei geringfügig verschiedenen Variationen, die Gesamtlänge mit 28 142 mm ist bei allen Lieferungen beibehalten worden.

Die zweite Serie von 10 Loks hatten hohe vordere Wasserkästen etwa 228 mm höher als bei der 1. Serie und mit seitlichen 90°-Kanten. Der hintere Bunker war mit abgerundeten Querkanten versehen bei gleichem Fassungsvermögen an Kohle und Wasser wie vorher. Die letzte Lieferung von 20 Loks hatte vordere Wassertanks mit ähnlichen Konturen wie die 1. Lieferung, aber mit den 90°-Kanten der 2. Lieferung. Der Kohlenkasten mit von 10 auf 12,5 t vergrössertem Inhalt wurde nach oben erhöht und seitlich nach innen abgerundet. Der vordere Tank der 3. Serie wurde zur Standardausführung und nachträglich auch den Loks Nr. 352 und 353 sowie einigen der 2. Serie aufgebaut. Auf die 3. Serie der Klasse 15 kamen 40 Maschinen der Klasse 15A vom gleichen äusseren Aussehen wie die Klasse 15, jedoch mit von 12,65 auf 14 bar erhöhtem Kesseldruck. Insgesamt erreichte diese gut gelungene Klasse 74 Exemplare und wurde zur zahlreichsten Type der RR für allgemeine Verwendung. Abgesehen von den vorerwähnten Variationen erga-

ben sich von Zeit zu Zeit noch andere Bauartenunterschiede, so wurden z. B. ein oder zwei Kessel mit Feuerbüchswasserkammern ausgerüstet, welche zwar nicht mehr ausgebaut, aber auch nicht in weitere Kessel eingebaut wurden. In den späten 1960er Jahren erhielten 2 Loks Giesl-Ejektoren in der Rauchkammer und eine der beiden hatte eine Boostermaschine für Heissdampfbetrieb. Die Kessel mit den genannten Sonderausrüstungen zirkulierten innerhalb der Klasse entsprechend der normalen Instandhaltungs-Praxis bei Standard-Lokomotiven und sie erschienen auf den Maschinen-Nr. 380, 381, 382 und 419 zu verschiedenen Zeiten. Infolge gleicher Abmessungen sind die Kessel der Klasse 15, 15A und 16A frei untereinander getauscht worden, so dass es nicht mehr möglich ist, anhand der Lok-Nr. eine Klasse 15 von einer 15A zu unterscheiden. Zum Beispiel fuhren im Februar 1974 acht frühere 15A als Klasse 15, während 19 frühere 15 zur 15A aufgestuft wurden. Wo eine 15 bzw. 15A Lok einen Kessel hat, der früher auf einer Klasse 16A verwendet wurde, kann dies auf der rechten Seite der Rauchkammer durch den Flicken auf der verschlossenen Öffnung erkannt werden, wo bei der Klasse 16A die Hauptdampfleitung zum hinteren Triebgestell herausgeführt wird.

Nach dem Verkauf zeigt sich hier eine RR Lok Klasse 16A im Dienst des Bergbaues bei harter Arbeit für die Enyati-Railway. A. E. Durrant

Eine 2C2 2C2-Garratt Klasse 17 der RR beim Rangierdienst in Bulawayo, früher bei den Sudan Railways. F. C. Butcher

Die Giesl-Ejektoren ergaben gute Resultate, die Verhängung von politischen Sanktionen über Rhodesien verhinderte den Umbau weiterer Maschinen. Im Jahre 1970 wurde die Lok Nr. 376 mit einem in Rhodesien konstruierten Sechsstrahlblasrohr – bekannt als Pfeffertopf – ausgerüstet, das durch einen Schornstein der Klasse 20 ausbläst. Diese Auspuffanlage zeigte nach Mitteilung der Ingenieure in Bulawayo ebenfalls ausgezeichnete Resultate, fast so gut wie ein genau eingestellter Giesl-Ejektor und weit besser als ein schlecht eingestellter Ejektor. Die Einstellschieber waren ein Schwachpunkt, wenn in der Werkstatt daran unsachgemäss gearbeitet wurde. Als Ergebnis haben alle in Zimbabwe betriebenen Loks der Klasse 15 und 15A nun die «Pfeffertopf»-Blasrohre.

Vom Standpunkt des Betriebes aus gesehen erwiesen sich die Klassen 15/15A als so universell verwendbar, dass sie auf allen Hauptstrecken zu sehen war; Bulawayo–Salisbury, Gwelo–Malvernia, Bulawayo–Mafeking und Bulawayo–Victoria Falls sowie einige nördlich des Zambesi. Bis zur Einführung der Dieseltraktion 1973 hatten sie auf der Mafeking Linie praktisch das Traktionsmonopol und fuhren mit 2 Lokpersonalen im Caboose-System 1550 km lange Umläufe mit Durchquerung dreier Länder (Rhodesien, Botswana und Südafrika), ein einzigartiger Dampflokeinsatz. Heute sind sie im Betrieb anzutreffen von Bulawayo nach West Nicholson vor allen Zugarten von Postzügen bis zum Rangierdienst – ein unverwüstliches Mädchen für alles. Sie sind auch im später behandelten Dampf-Rehabilitationsprogramm enthalten.

Der nach dem Krieg einsetzende Verkehrsaufschwung hatte einen Lokbedarf hervorgerufen, der nicht leicht zu befriedigen war, weshalb zur Aushilfe zwei Klassen aus 2. Hand eingesetzt wurden, bis neue Lokomotiven bestellt und gebaut waren. Die ersten Loks waren 9 Stück des ehemaligen Kriegsministeriums 1D1 1D1, welche als Klasse 18 in den RR-Bestand aufgenommen wurden. Sie waren jedoch nur kurze Zeit in Rhodesien und wurden schon 1949 zusammen mit der Linie Umtali–Beira an die CMF verkauft. Einzelheiten über diese Loks sind in Kapitel 11 zu finden.

Im gleichen Jahr 1949, in dem die Klassen 18 und 14 nach Mozambique verkauft wurden, konnten die RR vom Sudan die Klasse 250 mit 10 Stück 2C2 2C2 Garratts kaufen, gebaut 1937 von Beyer Peacock (siehe Kapitel 7). Sie waren die Vorläufer der Klasse 15, die sie später ergänzten, und blieben als Klasse 17 bis 1964/65 bei den RR, um dann nach Mozambique verkauft zu werden.

Der nach dem 2. Weltkrieg einsetzende Verkehrsaufschwung war sowohl auf den Zweig- wie auf den Hauptlinien fühlbar und ergab Bedarf an Garratts von ähnlicher Leistungsfähigkeit wie die Vorkriegsklassen 14 und 16. Es wurden aber im Sinne einer klugen Voraussicht nicht einfach die früheren Konstruktionen nachgebaut, sondern die einzelnen Bauarten vollständig überarbeitet mit dem Ziel verbesserter Zugänglichkeit für die Instandhaltung und allgemein gesteigerte Verfügbarkeit. Äusserlich waren die neuen Konstruktionen der Klasse 14A und 16A an den abgerundeten vorderen Wassertanks («streamlined») und den ähnlich geformten Kohlebunker erkennbar, während natürlich solche Einzelteile wie Hadfield Kraftumsteuerung und Beyer Peacock Drehzapfen mit selbsttätiger Nachstellung mit in die Konstruktion einbezogen wurden. Als erste wurden 30 Maschinen der Klasse 16A gebaut, unmittelbar anschliessend 18 Loks Klasse 14A. Die kleinere Klasse 14A verblieb vollzählig in Südrhodesien im Dienst auf verschiedenen Zweiglinien, insbesondere die von Gwelo ausgehenden Strecken nach Fort Victoria, Selukwe und Shabani sowie gemischte Züge zwischen Bulawayo und West-Nicholson. Die Klasse 16A war weiter verbreitet von Salisbury bis zum zambischen Kupfergür-

Mitten im Winter kann es in der ersten Stunde des hellen Tages in Wankie kalt sein. Eine Garratt der Klasse 20 hinterlässt beim Durchfahren der Hufeisenkurve eine hübsche Dampffahne vor dem gemischten 7.30 Uhr-Zug von Thomson Junction nach Bulawayo im Jahre 1978.

A. E. Durrant

tel, 11 von ihnen blieben anteilmässig in Zambia. Die übrigen konzentrierte man allmählich im Raum Bulawayo–Gwelo für Seitenlinien und schweren Rangierdienst. Eine der bedeutenden Aufgaben des Landes war auf der Zweigstrecke nach West-Nicholson zu erfüllen, wo Kalkstein von den Brüchen in Colleen Bawn zu den Zementwerken zu befördern war. Den grössten Teil der Strecke ging es bergwärts, und in Balla Balla vor der Maximalsteigung teilte man die Last. Einmal am Tag kam ein Paar Lokomotiven aus Bulawayo angefahren, nahm die abgehängten Wagen der Überlasten, fuhr im Vorspann zur Fabrik und bildeten einen herrlichen Anblick und Sound, wenn sie durch die wilde Schlucht nach Mulungwane hinaufkletterten. Während der Bauzeit des Cabora Bassa Damms bestand grosser Bedarf an Zement mit manchmal 2 doppelt bespannten Zügen am Tag, heute jedoch ist so etwas selten. Wenn die wilderen politischen Elemente gezähmt werden können und Zimbabwe zu einer gedeihlichen Entwicklung zurückkehrt, steigt hoffentlich der Verkehr wieder, so dass verschiedene Kombinationen der Klassen 14A und 16A wieder nach Mulungwange hinauffahren werden. Abschliessend kommen wir zu Rhodesiens letzter Garratt, den herrlichen 2D1 1D2 Loks der Klasse 20 und 20A, die abgesehen von der grösseren Zahl der Triebräder gegenüber den früheren RR Garratts auch für eine höhere Achslast gebaut wurden, was durch den Austausch der Schienen auf den Hauptstrecken gegen solche mit 39,7 kg/m möglich wurde.

Das Gesamtgewicht einer Klasse 20 ist grösser als das von Südafrika's Klasse GL, wobei das Mehrgewicht teilweise zur Erhöhung von Wasser- und Kohlevorräten verwendet wurde. In ihrer äusseren Grösse und Leistung entsprechen sie mehr der SAR Klasse GM, die Gesamtlänge beträgt 31 450 mm.

Technisch sind sie nach meist modernen Baugrundsätzen hergestellt, wie dies in neueren Garratts Stand der Entwicklung ist. Die Klasse 20 ist aufgebaut auf Barrenrahmen, und hat Kolbenschieber mit Walschaerts-Steuerung. Die Heissdampfkessel haben runde Stehkesseldecke mit Feuerschirmwasserrohren und mechanischer Rostbeschickung. Als erste und einzige rhodesische Klasse, nahm sie von der Handfeuerung

Im Jahre 1980 wieder zurück in den Dienst! Die Lok Nr. 728 Klasse 20A der Zambian Railways nähert sich mit einem südwärts fahrenden Güterzug der Station Victoria Falls. Für mehrere Jahre waren die ZR voll auf Dieselbetrieb umgestellt. Die Weltölkrise gab Anlass zu teilweiser Rückkehr zur Dampftraktion. R. Dickinson

Garratts in Wiederherstellung im Jahre 1980! Die Montagehalle der RESSCO-Werke in Bulawayo, wo die NZR Garratts von Grund auf wieder aufgearbeitet werden, um bis etwa 1990 wieder eingesetzt werden zu können – die Umkehrung einer früheren Umstellung auf Dieseltraktion.
Alan Harris mit freundlicher Erlaubnis der Firma RESSCO

Abschied. Selbstverständlich waren auch Hadfield Kraftumsteuerung und Beyer Peacock Drehzapfen mit selbsttätiger Nachstellung in die Konstruktion einbezogen worden. 21 Loks Klasse 20 und 40 Loks Klasse 20A wurden gebaut, wobei der einzige Unterschied im Durchmesser der inneren Laufräder besteht, der bei den 20A auf den Wert der Drehgestellräder reduziert wurde, die Höchstgeschwindigkeit liegt bei 70 km/h.

Eine ganze Anzahl Störungen traten bei der Klasse 20 an 2 Stellen auf, Brüche an Triebgestellrahmen und Feuerbüchsschäden. Die Rahmenbrüche hätten sich wahrscheinlich vermeiden lassen, wenn man wie bei den gleichzeitig an die SAR gelieferten Loks der Klassen GMA/GMAM Stahlgussbetten gewählt hätte, während die Kessel, die fast identisch mit jenen der SAR Klassen sind, keine Schwierigkeiten geben dürften.

Sie waren die leistungsfähigsten Lokomotiven der RR und konnten problemlos 1270 t über die Bergstrecke Kafure–Broken Hill mit 1:64$^{1}/_{2}$ (15,5‰) kompensierter Steigung befördern. Trotzdem hatten die Klassen 20/20A ein relativ unglückliches Leben. Auf ihre Anfangsschwierigkeiten folgte danach die Teilung des Landes, wobei das frühere Nordrhodesien nun Zambia wurde, so hatte man mit einer unzureichenden Instandhaltung zu kämpfen. Die meisten Loks dieser Klasse teilte man diesen vorgenannten Wankie Kohlenfeldern hinauf zum Kupfergürtel zu. Weiterhin wurden aufgrund schwerer Beschädigung bei Kollisionen sowohl die erste Nr. 700 als auch die letzte Nr. 760 dieser Klasse nach sehr kurzer Betriebszeit verschrottet.

Nichtsdestoweniger erwies sich die Klasse 20, abgesehen von den mechanischen Schwierigkeiten, als ausgezeichnete Maschinen und bald nach der Inbetriebnahme war der betriebliche Engpass auf der Strecke Kafue–Lusaka beseitigt. Anderseits liess ihre hohe Leistungsfähigkeit den Vorschlag für eine Elektrifikation der Strecke Bulawayo–Salisbury und Kafue–Nkana nicht zur Ausführung kommen. Zur Zeit der Teilung des Landes verblieben 14 Loks der Klasse 20/20A in Südrhodesien, vier weitere wurden noch von Zambia (ex Nordrhodesien) nach dortiger Einführung der Dieseltraktion durch den Süden erworben. Nach Behebung der anfänglichen Mängel erwies sich diese Gruppe von 18 Maschinen als eine besonders effektive Zugkraft und bewältigte einen grossen Teil des Kohlenverkehrs von Wankie nach Süden bis Bulawayo oder nach Norden bis Victoria Falls, einige Zeit traten sie auch auf der Gwelo-Linie in Erscheinung. Diese hervorragenden Lokomotiven bilden auch einen wichtigen Teil des Rehabilitationsprogramms der Dampftraktion, welches nachfolgend behandelt wird.

Die Bau- und Nummernangaben der Rhodesischen Garratts sind in untenstehender Tabelle zusammengestellt:

Eine neue Phase – zurück zum Dampf

Wie die meisten Eisenbahnen der Welt beschaffte auch Rhodesien Diesellokomotiven. 1955 kaufte man anschliessend an die letzten neuen Dampflokomotiven ein halbes Dutzend Diesel-Rangierloks und die ersten Hauptstrecken-Diesellok. Die Dieseltraktion breitete sich von der Ostgrenze des Landes an aus, von wo durch die benachbarten Häfen Beira und Lourenco Marques Öl billig mit Tankern angeliefert wurde. Demgegenüber blieb man in den westlichen

Klasse	Achsfolge	1. Bahn-Nr.	2. Bahn-Nr.	Hersteller	Fabrik-Nr.	Baujahr	Zahl	Bemerkung
13	1C1 1C1	160–171	–	Beyer Peacock	6269–6280	1926	12	
	1C1 1C1	215–220	–	Beyer Peacock	6510–6515	1928	6	
14	1C1 1C1	231–232	–	Beyer Peacock	6616–6617	1929	2	
	1C1 1C1	233–240	500–507	Beyer Peacock	6618–6625	1929	8	
14A	1C1 1C1	508–519	–	Beyer Peacock	7581–7592	1953	12	
	2C2 2C2	271–274	350–353	Beyer Peacock	6936–6939	1939	4	
	2C2 2C2	275–280	354–359	Beyer Peacock	7228–7233	1947	6	
15	2C2 2C2	290–293	360–363	Beyer Peacock	7234–7237	1947	4	
	2C2 2C2	364–383	–	Beyer Peacock	7260–7279	1948	20	
	2C2 2C2	384–398	–	Beyer Peacock	7326–7340	1949/50	15	
15A	2C2 2C2	399–413	–	Beyer Peacock	7351–7365	1951	15	Lok 404 in 424 umgenummert
	2C2 2C2	414–423	–	Franco-Belge	2963–2972	1952	10	Unterlieferung für Beyer Peacock (Fabrik-Nr. 7555–7564)
	1D1 1D1	221–228	600–607	Beyer Peacock	6562–6569	1929	8	Lok 600 im Eisenbahnmuseum Bulawayo
16	1D1 1D1	259–264	608–613	Beyer Peacock	6877–6882	1937	6	
	1D1 1D1	265–270	614–619	Beyer Peacock	6899–6904	1937	6	
16A	1D1 1D1	620–649	–	Beyer Peacock	7498–7527	1952/53	30	
17	2C2 2C2	271–280	–	Beyer Peacock	6798–6801 6870–6875	1936/37	(10)	ehem. Nr. 250–259 der Sudan Railways SR
18	1D1 1D1	281–289	–	Beyer Peacock	7066–7074	1943	(9)	ehem. Nr. 74409–74417 des WAR Departementes (WD)
20	2D1 1D2	700–714	–	Beyer Peacock	7685–7699	1954	15	
20/20A	2D1 1D2	715–760	–	Beyer Peacock	7780–7825	1954	6/40	
					zusammen		244	Loks, davon 19 von anderen Bahnen übernommen

Landesteilen mit ihrer Nähe zu den riesigen Kohlenlagern von Wankie der Dampftraktion treu. Billiges Öl sowie das Fehlen von kommerziellen Lieferern neuer Dampflokomotiven förderten die weitere Traktionumstellung auf Diesel, deren Abschluss für 1980 vorgesehen war.

Die Weltölkrise veränderte jedoch alles! Der Ölpreis stieg raketenhaft und die ständige Verfügbarkeit des Öls wurde zweifelhaft, so dass 1978 die sehr zweckmässige Entscheidung getroffen wurde, die Umstellung auf Diesel nicht mehr weiterzuführen und zur Dampftraktion zurückzukehren. Es wurde ein Programm erarbeitet zur vollständigen Rekonstruktion von 87 Garratts für deren vollen Einsatz bis in die 1990er Jahre sowie die Elektrifikation der Hauptstrecke von Salisbury nach Gwelo. Von der Maschinenabteilung der Bahn wurde der Bau von neuen Dampfloks im Lande vorgeschlagen, aber leider kam dieser Plan nicht zur Ausführung, obgleich im Hinblick auf die hohen Kapitalkosten der Elektrifizierung Dampflokomotiven neuester Bauart die wirtschaftlichere Lösung darstellen. Einige Gedanken zur möglichen Leistungsfähigkeit einer neuen Garratt-Konstruktion mit 20 t Achslast, geeignet für das vorhandene RR-Gleis auf Hauptstrecken mit Schienen von 44,6 kg/m, wurden vom Autor in einem Aufsatz niedergelegt, welcher 1979 vor der Institution of Mechanical Engineers in Bulawayo vorgetragen wurde.

Die für das Rekonstruktionsprogramm ausgewählten Maschinen stammen aus den Klassen 14A, 15/15A, 16A und 20/20A. Da die Kapazität der Bahnwerkstätten in Bulawayo für ein so bedeutendes Projekt nicht ausreichte, wurde das Vorhaben zusammen mit mehreren örtlichen Privatfirmen koordiniert. Die wesentlichen Zerlege- und Wiedermontagearbeiten werden durch Rhodesian Engineering and Steel Supply Company – RESSCO (heute Zimbabwe Engineering Company – ZECO) ausgeführt, eine Stahlbaufirma, die eigens hierfür eine Lokomotivabteilung eingerichtet hat. Die Firma Boiler and Steam Services überholt die Kessel und baut im Bedarfsfall auch neue Feuerbüchsen ein, welche wiederum von Fa. RESSCO angefertigt und zugeliefert werden. Alle Lokomotiven erhalten an Trieb- und Kuppelachsen Rollenlager mit Cannongehäusen, gegossen und bearbeitet durch Fa. Issels & Son. Wo Wassertanks und Kohlenbunker zu erneuern sind, werden die Klassen 14A und 16A mit neuen vergrösserten Ausführungen ausgerüstet.

Um über die Lokomotivknappheit während des Rekonstruktionsprogramms hinwegzukommen, wurden 5 ältere Loks der Klasse 14 für den Rangierdienst in Bulawayo wieder eingesetzt und von der SAR 21 Garratts der Klasse GMAM angemietet. Die GMAM sind in ihren Dimensionen der einheimischen Klasse 20 ähnlich und es war interessant, die beiden Bauarten mit beinahe identischen Kesseln, Zugkraft und Bunkerkapazität in der Leistung zu vergleichen. Aus noch ungeklärten Gründen wiesen die SAR-Garratts einen relativ hohen Kohlenverbrauch auf. Trotz erhöhtem Kohlenvorrat um ca. 2 t durch Anbau von Bunkeraufsätzen wurde die planmässige Zuglast z. B. auf dem Abschnitt Thomson Junction–Dett auf 1320 t vermindert gegenüber 1666 t der Klasse 20. Dies war nicht durch mangelhafte Leistung bedingt, sondern einfach um zu vermeiden, dass der Kohlenvorrat vorzeitig verbraucht war. Die SAR-Nummernschilder wurden entfernt und Panzerplatten an den Führerhausseitenwänden angebracht als Massnahme gegen Terroristenaktivitäten in Rhodesien während der letzten Jahre vor der legalen Unabhängigkeit 1980. Diese Lokomotiven wurden nun nach dem offiziellen Ende des Krieges wieder in ihren früheren Zustand versetzt. Während die Klasse GMAM die Traktion vor allem zwischen Bulawayo und Thomson Junction, aber auch bis Gwelo besorgte, kamen die rekonstruierten Garratts zur Auslieferung. Die grösseren Maschinen erhielten Namen aus der Matabele-Stammessprache, die Klasse 15 nach Tieren und Vögeln und die Klasse 20 nach Flüssen und Matabele-Regimentern.

National Railways of Zimbabwe NRZ
Namen und neue Nummern der Garratts

Die NRZ wurden 1980 in mehrfacher Hinsicht eine aussergewöhnliche Bahn. Es war die erste grössere Eisenbahn, die aus der weltweiten Ölkrise Konsequenzen zog und ihre Traktionspolitik änderte. Diese hatte als wesentlichen Inhalt den Ersatz der Diesel- durch Dampftraktion zur Folge und wurde durch die Bereitstellung namhafter Geldsummen für die Rekonstruktion ihrer Dampflokomotiven mit Leben erfüllt. Diese Arbeiten bestehen aus vollständiger Grundüberholung mit grösseren Umbau- und Verbesserungsmassnahmen einschliesslich dem Einbau von Rollenachslagern und weiteren Bauartänderungen. Betroffen hiervon ist vor allem der Streckendienst, und die Arbeiten werden nur an den Garratt-Loks vorgenommen, während die noch vorhandenen Dampfloks normaler Bauart wegen ihrer geringen Leistungsfähigkeit ausser Dienst gestellt und als Schrott verkauft wurden, mit Ausnahme einiger, die für Sonderzugfahrten und ein Museum erhalten werden. Weitere Garratts wurden von der SAR angemietet. Als Ergebnis dieser Massnahmen zeigt sich die NRZ als erste und einzige Bahn der Welt, wo alle vorkommenden Dienste – Güterzüge, Personenzüge oder Rangierdienst – von Garratts ausgeführt werden. Da viele Lokomotiven der RR-Klassen 16A, 20 und 20A sich in Zambia (Nord-Rhodesien) befinden, entschloss man sich, die Nummernlücken durch eine Neunumerierung bei diesen Klassen zu schliessen. Da der einzige Unterschied zwischen den Klassen 15 und 15A im Kesseldruck besteht und durch die laufenden Überholungen und Tauschaktionen keine klare Trennung mehr besteht, liess man die Klassenbezeichnung 15A wegfallen. Die Einzelheiten der Neunumerierung sind für 83 umgebaute Loks:

Lok-Nr. alt	neu	Name	englische Bedeutung	deutsche Bedeutung	Fertigstellung bei Fa. RESSCO
643	612	–			07. 06. 1979
636	609	–			29. 06. 1979
625	601	–			11. 07. 1979
420	–	Indhlovu	Elephant	Elefant	06. 08. 1979
419	–	Isambane	Ant Bear	Ameisenbär	03. 09. 1979
514	–	–			21. 09. 1979
632	606	–			09. 10. 1979
519	–	–			30. 10. 1979
645	613	–			19. 11. 1979
511	–	–			22. 11. 1979
515	–	–			21. 12. 1979
520	–	–			23. 01. 1980
633	607	–			12. 02. 1980
629	604	–			03. 03. 1980
522	–	–			20. 03. 1980
631	605	–			31. 03. 1980
628	603	–			26. 04. 1980
635	608	–			14. 05. 1980
726	742	Gwaai			17. 05. 1980
523	–	–			24. 05. 1980
626	602	–			06. 06. 1980
525	–	–			16. 06. 1980
512	–	–			12. 07. 1980
637	610	–			15. 07. 1980
638	611	–			22. 07. 1980
517	–	–			31. 07. 1980
510	–	–			14. 08. 1980
422	–	Inkonikoni	Wildebeest	Gnu	03. 09. 1980
647	614	–			13. 09. 1980
508	–	–			26. 09. 1980
718	737	Ingubu			04. 10. 1980
648	615	–			13. 10. 1980
521	–	–			27. 10. 1980
385	–	Ingwenya	Crocodile	Krokodil	13. 12. 1980
391	–	Ingugama	Gemsbok (Oryx)		21. 01. 1981
421	–	Intundhla	Giraffe	Giraffe	30. 01. 1981
397	–	Inyathi	Buffalo	Büffel	09. 02. 1981
382	–	Iganyana	Wild Dog	Schakal	26. 02. 1981
402	–	Impofu	Eland	Elenantilope	07. 03. 1981
710	733	Imbizo			27. 03. 1981
387	–	Imvubu	Hippopotamus	Flußpferd	31. 03. 1981
518	–	–			24. 04. 1981
513	–	–			07. 05. 1981
392	–	Ithaka	Roan Antelope	Riesenantilope	15. 05. 1981
407	–	Ukhozi	Eagle	Adler	30. 05. 1981
409	–	Inkhakha	Pangolin	Pangolin	15. 06. 1981
404	424	Isilwana	Lion	Löwe	25. 06. 1981
410	–	Inkolomi			25. 06. 1981
415	–	Itsheme	Great Eustard	Trappe	22. 07. 1981
394	–	Umzwazwa	Brown Hawk	Brauner Habicht	31. 07. 1981
414	–	Ubhejane	Black Rhino		05. 09. 1981
386	–	Umayelane	Spring Hare		16. 09. 1981
406	–	Ikolo	Hornbill		30. 09. 1981
381	–	Ingwe	Leopard		12. 10. 1981
423	–	Idube	Zebra	Zebra	25. 10. 1981
380	–	Umahelwane	Black Goshawk	Schwarzer Hühnerhabicht	25. 10. 1981
376	–	Ingulungundu	Bush Pig		11. 11. 1981
377	–	Udwai	Secretary Bird		20. 11. 1981
371	–	Inkolongwane	Hartebeest		30. 11. 1981
372	–	Umtshwayeli	Sahle Antelope		10. 12. 1981
370	–	Ibhalabhala	Kudu	Schraubenantilope	18. 12. 1981
416	–	Inungu	Porcupine		15. 01. 1982
400	–	Imbila	Rock Rabbit		24. 01. 1982
417	–	Umathebene	Kestrel	Turmfalke	30. 01. 1982
398	–	Isidumuka	Water Buck	–	11. 02. 1982
389	–	Umziki	Reed Buck		22. 02. 1982
418	–	Umkhombo	White Rhino		03. 03. 1982
705	730	Insuga	–		03. 09. 1981
707	731	Induba	–		06. 12. 1981
709	732	Amavani	–		05. 11. 1982
714	734	Ihlathi	–		02. 06. 1982
716	735	Isiziba	–		04. 02. 1983
717	736	Enxa	–		02. 07. 1982
723	740	Ingwezi	–		30. 09. 1982
724	741	Bubi	–		20. 01. 1983
727	743	Shangani	–		09. 05. 1982
729	744	Umguza	–		14. 05. 1982
738	745	Insiza	–		17. 08. 1982
746	746	Tuli	–		03. 1983
747	747	Jumbo	–		14. 10. 1982
749	749	Umzingwane	–		13. 04. 1983
753	748	Lukosi	–		28. 08. 1982
756	750	Bembezi	–		25. 06. 1982

Ventilsteuerung und Holzfeuerung, eine seltene Garratt vor allem im Jahre 1974. Die Lok Nr. 305 Klasse 10A1 der Benguela Bahn wird im Bahnhof Nova Lisboa (heute Huambo) zum Dienst vorbereitet. A. E. Durrant

Klasse 16A: Neue Nr.-Reihe 601–615 der füheren Loks 625, 626, 628, 629, 631, 632, 633, 635, 636, 637, 638, 643, 645, 647, 648.

Drei 16A-Loks waren leihweise in Mozambique als 1975 die Grenze wegen des Auftretens der Frelimo-Bewegung geschlossen wurde, sie waren 1980 auf der Beira–Umtali-Linie tätig. Wenn sie zur NRZ zurückkommen, sollen sie anstelle der bisherigen RR-Nr. 627, 634 und 639 die neuen Nr. 616–618 erhalten. Während die früheren RR-Schilder bei den Loks der NRZ entfernt wurden, sind die im Ausland laufenden 3 Loks Klasse 16A die letzten, welche noch die RR-Insignien tragen. Zur Zeit der Abfassung dieses Abschnittes wurden auf der neuerdings wieder geöffneten Bahnverbindung im Abschnitt Grenze–Umtali mehr Züge mit diesen ex RR Garratts gesehen als mit den CFM-Garratts. Mozambique hat Ende 1980 von der SAR 8 GMAM-Loks angemietet, welche die 3 Loks 16A für eine Rückgabe an die NRZ freimachen können.

Klasse 20: Neue Nr.-Reihe 730–737 der früheren Loks 705, 707, 709, 710, 714, 716, 717, 718,

Klasse 20A: Neue Nr.-Reihe 740–750 der früheren Loks 723, 724, 726, 727, 729, 738, 745, 747, 749, 748, 750, (in dieser Reihenfolge)

Namen für Lokomotiven

Die Lokomotiven der Klasse 15 und 20 wurden nach Rekonstruktion in den RESSCO-Werken mit Namen versehen. Die gewählten Namen sind attraktive Bezeichnungen lokalen Ursprungs aus Sindibele in der Sprache der Matabele, durch deren Stammesgebiet die grösstenteils mit Dampftraktion betriebene Hauptstrecke verläuft. Der Klasse 15 gab man die Namen von Vögeln und Tieren, der Klasse 20 von Metabele Regimentern und die Klasse 20A von lokalen Flüssen. Die einzige Ausnahme bildet die Lok Nr. 747 der Klasse 20A, welche ihre alte Nr. behielt und Jumbo genannt wurde. Da die Nr. 420 der Klasse 15 den Namen Indhlovu erhielt, gibt es deshalb zwei Elefanten im Bestand. Abgesehen von der Lok 747 hat man Namen nicht allen Maschinen einzeln zugeteilt, so dass Eisenbahnfreunde ihre Freude daran haben, zu entdecken, welche Lokomotive welchen Namen trägt. Die zugeteilten Namen (mit englischer und deutscher Übersetzung) enthält die Tabelle auf Seite 180.

Zambia Railways ZR

Die Ölkrise hat auch Zambia betroffen und es war zu erwarten, dass dort ein ähnliches Rekonstruktionsprogramm wie in Zimbabwe durchgeführt wird. Eine oder zwei Garratts der Klasse 20 wurden in ihrer ursprünglichen Ausführung wieder in Betrieb genommen. Es wurde ein Vorschlag untersucht, Rollenlager nicht nur an den Achsen, sondern auch an den Trieb- und Kuppelstangen einzubauen. Man hoffte auch die nicht besonders gute zambische Kohle verwenden zu können, aber nachdem sich die Beziehungen zwischen Zambia und Zimbabwe erfreulich normalisieren, könnte die bessere Wankie-Kohle verwendet werden.

Angola

Die ehemalige portugiesische Kolonie an der Westküste Afrikas ist ein typisches Beispiel für Kolonialbesitz in bezug auf ihr Bahnsystem. Dieses ist vollständig auf den Zweck ausgerichtet, Rohmaterialien und Produkte zwischen der Küste und dem Landesinneren zu befördern. Von den vier nicht miteinander verbundenen Bahnlinien sind drei mit Kapspur 1067 mm angelegt und jede benutzt Garratt-Loks. Trotz der verschiedenen Hersteller und dem Bauzeitraum, über den die Loks konstruiert wurden, sind alle mit der Achsfolge 2D1 1D2 ausgeführt.

Caminhos de Ferro Benguela CFB Benguelabahn

Die Benguelabahn (früher Benguella geschrieben) war ein bemerkenswerter Konzern, der sich über 1346 km von der Atlantikküste bei Lobito Bay bis zur

Oben: Ein schwerer Güterzug mit Zug- und Zwischenlokomotive bei der Ausfahrt aus einem Bahnhof der Benguela-Bahn, hübsch eingerahmt von einem einheimischen Baum. Es führt die Lok Nr. 322 aus der 2. Serie für die CFB.
F. C. Butcher

Unten: Die Lok Nr. 343 aus der 3. CFB-Serie mit abgerundeten Wassertankstirnseiten und Holzfeuerung bei der Brennstoffaufnahme in Zentralangola.
F. C. Butcher

Lokwechsel in Benguela. Die ölgefeuerte Garratt Nr. 364 aus der 4. Serie beim Abspannen von einem Personenzug der Hauptlinie, den sie gerade vom Hochland herabgebracht hat. Die 2D1-Lok Nr. 402 links im Bild wird den Zug übernehmen und über die Küstenstrecke zum Bahnhof Lobito Bay bringen. A. E. Durrant

Grenze von Belgisch-Kongo (Zaire) erstreckte. Der Bau benötigte bis zur Vollendung 23 Jahre, wobei in den 11 Jahren von 1913 bis 1924 keine Fortschritte erzielt wurden. Das hauptsächliche Transportgut war Katanga-Kupfer, da das noch unentwickelte Land von Angola während der Bahnbauzeit nur wenig Verkehrsaufkommen brachte. Deshalb wurde in den ersten 20 Jahren der Verkehr mit folgendem Lokbestand abgewickelt.

10 Lok 2'C (Klasse 6)
6 Lok 2'D
4 Lok C'1 Zahnradlok, letztere für den Steilstreckenabschnitt von der Küstenzone in das hochgelegene Landesinnere. Die durchgehende Verbindung bis zum Kongo erforderte unmittelbar nach Fertigstellung eine stärkere Zugkraft. Beyer Peacock lieferte dafür 1927 sechs grosse 2D1 1D2 Garratts moderner Bauart mit durch ein Walschaets-Gestänge betätigter Lentz-Ventilsteuerung. Die Triebgestelle der Lok hatten Plattenrahmen und die Kessel nach Bauart Belpaire waren mit Holz gefeuert. Die CFB war insofern bemerkenswert, als sie grossen Grundbesitz mit Eucalyptus-Wäldern hatte und den Holzertrag hauptsächlich als Lokomotivbrennstoff verwendete.

Diese Garratts waren in der Lage 450 t-Züge über Steigungen 1:40 (25‰) zu ziehen und erwiesen sich im täglichen Einsatz als voller Erfolg. Mit einigen technischen Verbesserungen wurden 1929 weitere 14 Garratts gebaut mit Barrenrahmen, Kolbenschiebern und Antrieb der 3. Kuppelachse über verlängerte Kolbenstangen im Gegensatz zur ersten Lieferung mit Antrieb auf die 2. Kuppelachse. Die Bahn hatte damit 20 hochleistungsfähige Garratts, welche für die Jahre der Depression und des 2. Weltkrieges ausreichten, obwohl das Rollmaterial während des Krieges ziemlich knapp war.

Nach dem Krieg wurden weitere Garratts benötigt und 1951/52 18 Stück geliefert. Die gleichen Hauptabmessungen wurden beibehalten, aber als weitere Verbesserungen kamen Zylinder mit geraden Dampfkanälen und Schieber mit langer Kanalüberdeckung sowie SKF Rollenlager an den Drehgestellachsen zur Ausführung. Äusserlich waren die Nachkriegsloks durch die abgerundete Stirnseite des vorderen Wassertanks zu unterscheiden. Während diese 3. Lieferung im Gange war, wurden weitere 10 dieser Loks bestellt, die sich von den vorhergehenden durch Öl als Brennstoff unterschieden. Später baute man noch einige Loks der 3. Lieferung ebenfalls auf Ölfeuerung um. Um 1955/56 besass die Bahn deshalb 48 Garratts von der gleichen Grundbauart, jedoch mit sukzessiven Verbesserungen der Konstruktion.

Ein «Dupla» in Aktion. Nach üblicher Praxis der CFB erhielten schwere Züge etwa in der Mitte eine Zwischenlokomotive. Das Bild zeigt zwei Garratts der 4. Serie.
C. P. Lewis

Nach 1960 benötigte die Bahn noch weitere Garratts um mit dem steigenden Verkehr fertigzuwerden, aber schon damals waren die kommerziellen Hersteller nicht mehr imstande zu liefern. Glücklicherweise hatten die Rhodesia Railways 9 überzählige 1D1 1D1 Garratts der Klasse 16, welche die gleichen Hauptabmessungen an Lauf- und Triebwerk hatten wie die CFB-Garratts, jedoch mit etwas kleineren Kesseln für Kohlenfeuerung und wesentlich kleineren Brennstoffbunkern. Nichtsdestoweniger waren diese eine höchst willkommene Verstärkung des verfügbaren Lokomotivparks und erschienen besonders brauchbar für den Streckenabschnitt zur Grenze gegen Zaire.
An den CFB-Garratts wurden einige Bauartänderungen vorgenommen. Sie wurden mit Kylchap-Einzelblasrohren ausgerüstet und die beiden Loks Nr. 343 und 366 erhielten 1962 Giesl-Ejektoren. Die Lok Nr. 343 zeigte bei Holzfeuerung eine Brennstoffersparnis von 12,4% gegenüber der Kylchap-Vergleichslok, trotzdem bestellte man keine weiteren Giesl-Einheiten. Die zuletzt gebauten Garratts erhielten Beyer Peacock Patent-Drehzapfen mit selbsttätiger Nachstellung, welche sich so gut bewährten, dass die übrigen älteren Garratts ebenso nachgerüstet wurden. Diese Drehzapfen stellte man in den Bahnwerkstätten in Nova Lisboa (früher und heute wieder gültiger Name, zwischenzeitlich Huambo genannt) her, wo auch die Überholungen der Lokomotiven ausgeführt wurden. Die Garratts befuhren fast die gesamte Strecke von Benguela bis zur Ostgrenze gegen Zaire, wogegen der kurze Küstenabschnitt von Lobito Bay bis Benguela beinahe vollständig von normalen Einrahmenloks bedient ist, welche mit Importkohle gefeuert werden. Die Bahn verwendete daher die Brennstoffe Kohle, Holz und Öl gleichermassen je nach Streckenabschnitt. Für mehr als 40 Jahre bestand auch ein kurzer Zahnstangenabschnitt mit etwas über 2 km durch die Lengue-Schlucht. Um 1950 ersetzte man diesen durch eine längere Umfahrung mit Reibungsbetrieb, welche ihrerseits 1975 von der Cu-

Oben: Eine Beyer-Garratt der CFA bei der Ausfahrt aus Luanda. Der Güterzug schlängelt sich um einen Erdrutsch.
C. P. Lewis

Unten: Eine der Krupp-Garratts mit ihrer ungewöhnlichen Formgebung fährt aus Luanda ostwärts aus. C. P. Lewis

Lok 105 der Mocamedes-Bahn in Angola, eine von Henschel gebaute 2D1 1D2 mit Ölfeuerung. Sammlung des Autors

Klasse	CFB-Nr.	Zahl	Beyer Peacock Fabrik-Nr.	Baujahr
10 a I	301–306	6	6333–6338	1927
10 a II	311–324	14	6602–6615	1929
10 a III	331–333	3	7366–7368	1951
10 a III	334–342	9	7369–7377	1952
10 a III	343–348	6	7593–7598	1952
10 a IV	361–370	10	7667–7676	1955
exRR 16	381–389	9	(ex RR Nr. 601, 602, 607, 610, 611, 615, 616, 617, 619)	

Caminhos de Ferro Luanda CFL

Diese nun von der Caminhos de Ferro Angola – CFA – übernommene Bahn hatte ursprünglich Meterspur und verläuft, wie ihr Name sagt, von Luanda, der Hauptstadt Angolas, in das Landesinnere. Die beiden Garrattklassen dieser Bahn waren ursprünglich auch für Meterspur gebaut worden und anlässlich der Umstellung der Strecke auf Kapspur erhielten sie diese ebenfalls. Der erste Teil der Strecke über die Küstenebene ist ziemlich flach, Steigungen bis 1:33 (30‰) sind auf dem Weg ins Landesinnere auf das Zentralafrikanische Hochplateau zu erklimmen.

bal Variantenroute abgelöst wurde. Letztere Strecke ist noch leichter befahrbar und wird seit ihrer Inbetriebnahme mit Dieselloks befahren, so dass sich der Garratt-Einsatz auf die Inlandsstrecke östlich von Cubal beschränkte.

In den letzten Jahren war der Zugbetrieb auf der CFB eine interessante Sache, da die meisten Güterzüge wegen ihrer Länge 2 Loks erforderten. Dabei wurde die 2. Lok in der Zugmitte eingestellt, ein von den dortigen Eisenbahnern als «dupla» bezeichnete Betriebsart. Viele «dupla» wurden mit 2 Garratts gefahren, während andere Züge auch kombiniert mit normalen Loks und Garratts betrieben wurden. Die Güterzüge sind gewöhnlich von internationaler Zusammensetzung, man sieht Wagen aus Südafrika, Rhodesien, Kongo und aus dem eigenen Land. 1976 erreichte das Land seine nominelle Unabhängigkeit, was den Ersatz der portugiesischen Kolonisten durch kubanische Militärbesatzung bedeutet hat. Südangola einschliesslich der CFB wurde Kriegsschauplatz zwischen antikommunistischen Guerillas und kubanischen Eindringlingen und eines der Opfer dieser Auseinandersetzungen wurde diese Bahn. Die früher ausgezeichnet instandgehaltenen Garratts sind heute wohl alle zu Rosthaufen geworden.

Baudaten können wie folgt genannt werden:

1949 lieferte Beyer Peacock erstmals 6 Maschinen der während der Kriegszeit entwickelten leichten Bauart, welche sich schon anderswo erfolgreich bewährt haben. Die Loks stellten den Erfolg der Garratt-Type unter Beweis und 1954 lieferte Krupp weitere 6 Loks einer völlig anderen Konstruktion. Obwohl in vielem von gleicher Grösse, war ihre Besonderheit die Formgebung der Wassertanks, wie aus der Illustration hervorgeht. Runde Stehkesseldecke, Barrenrahmen, normale Kolbenschieber-Walschaerts-Steuerung waren die technischen Merkmale. Wie die frühen Maschinen waren sie ölgefeuert.

Um 1974 waren nur noch eine oder zwei CFL Garratts in regulärem Dienst und eine der Krupp Maschinen wurde nach Mocamedes gebracht. Die heutige Lage ist unbekannt, die marxistische Regierung erlaubt keine Besuche harmloser Eisenbahnfreunde.

Die Baudaten sind:

CFL-Nr.	Hersteller	Zahl	Fabrik-Nr.	Baujahr
501–506	Beyer Peacock	6	7308–7313	1949
551–556	Krupp	6	2493–2498	1954

Die Trans-Zambesia Railway, nun in Mocambique, verwendete früher 3 leichte Garratts ähnlich der SAR Klasse GC, jedoch mit Holzfeuerung. Beyer Peacock

Die Lok Nr. 903 der CFM, eine frühere Klasse 14 der RR ist hier im Jahre 1969 mit neuerdings grau bemaltem Kessel in Gondola, Mocambique zu sehen. A. E. Durrant

Ein Personenzug der CFM bei Beira, gezogen von einer ehemaligen SAR-Lok Klasse GF, welche am vorderen und hinteren Wassertank abgerundete Stirnseiten erhielt. A. E. Durrant

Caminhos de Ferro Mocamedes CFM

Diese südliche Bahn in Angola nahm 1905 auf 600 mm Spur den Betrieb auf. Ausgehend vom Hafen Mocamedes verläuft sie über die Küstenebene und führt hinauf zum Hochland nach Sa da Bandeira – neu Lubango.

Über ihre früheren Lokomotiven ist wenig bekannt, es dürften vor allem kleine D1-Tenderloks von Decauville und E-Tenderloks aus Deutschland von 1920 gewesen sein. 1949 entschloss man sich zum Umbau

Im Jahre 1969 führt die CFM-Garratt Nr. 972 von Henschel einen Zug durch den Amatongas-Forst nach Beira.
A. E. Durrant

der Bahn auf Kapspur und ihre Verlängerung landeinwärts. Für diese Bauarbeiten erwarb man einige ältere Tenderloks von anderen Teilen Angolas. Für die Bewältigung des Hauptverkehrs wurden 6 1D1 Loks von Jung und 6 Garratts 2D1 1D2 von Henschel gekauft. Letztere mit Barrenrahmen und Kolbenschiebersteuerung ausgerüsteten 24 460 mm langen Loks entsprechen in ihrer äusseren Erscheinung ganz den Beyer Peacock-Maschinen. Sie haben 50 km/h Höchstgeschwindigkeit tragen die CFM-Nr. 101–106, die Henschel Fabrik-Nr. 27000–27005 von 1953 und waren für den ersten Kapspurbetrieb 1954 verfügbar. Die Entdeckung enormer Eisenerzlager im Landesinneren verdreifachten die Tonnage der Bahn von 1967 auf 1968 und stieg nochmals auf das Doppelte bis 1971. Weitere Garratts waren nicht erhältlich und so wurde 1970 diese Bahn voll auf Dieselbetrieb umgestellt. 1974 waren aber noch alle Dampflokomotiven einschliesslich der 6 Garratts bei den Bahnwerkstätten Sa da Bandeira in Verwahrung. Wegen der politischen Verhältnisse ist die ganze Bahn ausser Betrieb.

Mozambique

Caminhos de Ferro Mocambique CFM

Die Eisenbahnen in der früheren portugiesischen Kolonie sind seit langem Betreiber von Garratts, jedoch waren nur 1949 Garratts im Eigentum der CFM.

Trans Zambesia Railway TZR

Diese Linie befördert den Verkehr zum und vom Hafen Beira und steht mit dem rhodesischen Netz über Dondo Junction in Verbindung, von wo aus die Verbindung in allgemeiner Richtung Norden über den Zambesi nach Nyasaland führt. Für den Dienst auf dieser Linie lieferte Beyer Peacock 1924 zwei 1C1 1C1 Garratts von der gleichen Konstruktion wie jene für die New Cape Central Railway in Südafrika. Den Verhältnissen der Bahn entsprechend wurden nur geringe Detailänderungen vorgenommen, wobei die hauptsächlichste davon die Holzfeuerung betrifft, was einen Gitteraufsatz oben am Brennstoffbunker bedingt. Den beiden ersten Loks gesellte sich 1930 noch eine dritte hinzu, aber alle drei nahm man 1947 aus dem Dienst. Später teilte man die TZR zwischen Nyasaland und Mocambique, wobei jedes Land den auf seinem Territorium gelegenen Abschnitt kaufte. Die Baudaten sind:

TZR-Nr.	Name	Beyer Peacock Fabrik-Nr.	Baujahr
5	Sacadura Cabral	6178	1924
6	Luiz de Camoes	6179	1924
7	Antonio Enes	6380	1930

Die Mitteilung der Namen stammt von den Malawi Railways, sie erscheinen neu und gegen die ursprünglichen geändert, die Beyer Peacock Unterlagen zeigen sie jeweils als
Nr. 5 Gago Continho
Nr. 6 Sacadura Cabral.
Unter der vereinigten Nyasaland and Trans Zambezia Railways – NTZR –, welche schliesslich diese 3 Garratts betrieb, waren sie als Klasse E mit den Nr. 16–18 bezeichnet.

Eine 2C2 2C2-Garratt, die früher im Sudan und später in Rhodesien eingesetzt war, ist hier in Dondo Entroncamento bei Beira im Dienst ihres 3. Eigentümers, der CFM, gezeigt.
A. E. Durrant

Mozambique Railways

Die CFM ist ein nationales Bahnsystem, das die früher unabhängigen 6 Bahnen umfasst, die ihren Weg von den Häfen aus ins Landesinnere nahmen. Unter diesen hat die Beira-Bahn mit Steigungen von 1:37 (27‰) auf der Bergstrecke nach Umtali in Zimbabwe bei weitem die schwierigsten Betriebsverhältnisse. Diese ursprünglich mit 610 mm Spur gebaute Linie wurde als integraler Bestandteil der Rhodesia Railways betrieben und 1949 an die CFM verkauft.

Mit der Bahnlinie erhielt die CFM auch 2 Klassen Garratts von den Rhodesia Railways, 8 Loks Klasse 14 1C1 1C1 und alle 9 Loks Klasse 18 1D1 1D1, wobei die letzteren ehemalige Kriegslokomotiven sind. Die CFM gab ihnen die Nr. 901–908 und 981–989 und hat sie heute noch im Einsatzbestand.

Weitere Garratts wurden bald darauf benötigt und zur raschen Füllung der Bedarfslücke kaufte man 1950 vier SAR Loks Klasse GF und versah diese mit den

Auf der gut ausgebauten Hauptstrecke der CFM nach Umtali fährt die aus Belgien stammende Lok Nr. 956 durch den Amatongas-Forst.
A. E. Durrant

Nr. 911–914. Diese Loks haben Wassertanks und Brennstoffbunker mit abgerundeten Stirnseiten erhalten. Lok 911 wurde inzwischen ausser Dienst genommen.

Bald danach baute die Fa. Haine St. Pierre in Belgien die ersten neuen Garratts der CFM, 12 Stück 2D1 1D2 mit den gleichen Abmessungen an Rädern und Zylindern wie die RR Klasse 18, jedoch sonst allgemein etwas vergrössert. Überraschenderweise wurde die Plattenrahmenkonstruktion der Kriegslokomotiven beibehalten und auch sonst wiesen sie die gleichen Hauptmerkmale auf wie runde Stehkesseldecke und Kolbenschieber. Wassertank und Brennstoffbunker hatten die abgerundeten Stirnseiten, während die Führerhausseitenwände im Bereich der Fenster oben abgeschrägt nach innen geneigt waren. Diese Maschinen erhielten die Nr. 951–962. Nach Verhängung von politischen Sanktionen gegen Rhodesien ging der Verkehr auf der Beira-Linie ziemlich zurück, weshalb Ende der 1960er Jahre 2 von diesen Loks an die Lourenco Marques Bahn ausgeliehen wurden.

Im Jahre 1956 lieferte Henschel die eindrucksvollsten und modernsten Garratts der CFM, die 5 Loks 2D1 1D2 mit den Nr. 971–975. Diese hatten einen höheren Kesseldruck und grössere Räder gegenüber der in Belgien gebauten Klasse 951. Die Triebgestelle erhielten Stahlgussbettrahmen, die innen einachsigen Lenkgestelle Aussenlager. Die Konstruktion ist ähnlich der SAR Klasse GMA/GMAM alle Achsen laufen in Rollenlagern und haben federbelastete Achsstellkeile mit selbsttätiger Nachstellung.

Der Kessel wurde gegenüber früheren Klassen vergrössert und mit geschweisster Stahlfeuerbüchse einschliesslich 2 Feuerbüchswasserkammern und 2 Feuerschirmwasserrohren ausgerüstet. Die Kohle bringt eine mechanische Rostbeschickung HTI mechanical Stoker vom Vorratsbunker auf den Rost. In der Rauchkammer ist ein Kylchap-Doppelschornstein eingebaut. Zur Abrundung der Konstruktion erhielten diese imposanten Lokomotiven mit 27 820 mm Gesamtlänge und 70 km/h Höchstgeschwindigkeit Windleitbleche und einen kastanienbraunen Anstrich.

Zur Vervollständigung des Garratt-Bestandes kaufte die CFM 1964 von den Rhodesian Railways die 10 Garratts Klasse 17 Nr. 271–280, ursprünglich für die Sudan Railways gebaut, und nummerte sie mit 921–930. Um die gleiche Zeit wurden 3 weitere 1D1 1D1 Kriegsloks von der Congo Ocean Railway gekauft, welche auf Dieseltraktion umgestellt hatte. Die Bau- und Herkunftsdaten dieser interessanten Sammlung von Garratts sind nachstehend genannt und es darf angefügt werden, dass alle diese Loks der Beira Division zugeteilt sind. Die Klassen 911 und 921 sind für Personen- bzw. Güterzugdienst in Beira und die schweren Maschinen in Gondola auf halber Höhe an der Bergstrecke für alle Dienste zwischen Vila Makkado am Fuss der Stufe zum Hochplateau durch den Amatongas-Forst nach Gowdola und nach Machipanda an der Grenze zu Zimbabwe. Von Zeit zu Zeit wurde auch die Doppelbespannung mit Garratts praktiziert nach dem rhodesischen System mit einigen Wagen zwischen den Maschinen. Bei wenigstens zwei Gelegenheiten hat man einige Loks der Klasse 951 an die Lourenco Marques und einmal für den Dienst nach Swaziland ausgeliehen.

Seit der Unabhängigkeit von Mocambique flohen die meisten portugiesischen Fachleute, welche die schwierigen Arbeiten ausgeführt hatten, nach Portugal. Dies hatte auch einen sich verschlechternden Zustand der Garratts zur Folge. Drei RR Garratts Klasse 16A wurden an die CFM ausgeliehen und nach Schliessung der Grenze während des Krieges in Rhodesien wurden sie eingeschlossen. Nachdem nun die Grenze wieder offen ist, werden diese 3 Garratts zweifellos nach Zimbabwe zurückgekehrt sein. Weiterhin hat die Wiedereröffnung der Grenze zu Zimbabwe einen plötzlichen Lokmangel verursacht. Es ist anzunehmen, dass der Verkehr auf den flachen Abschnitten von normalen Einrahmenlokomotiven besorgt wird, welche man von Maputo (früher Lourenco Marques) überstellt hat. Für die schwierigen Abschnitte sind aber Garratts nötig. Wenigstens eine Lok Klasse 951 kam in Mafeking an mit einer Anfrage, ob diese durch die SAR überholt werden können. Ab 1981 behalf man sich mit der Anmietung von 9 Garratts Klasse GMA/GMAM aus Südafrika, die aber wegen der Kampfhandlungen durch die MNR und mangelhafte Instandhaltung nach und nach ausfielen. Als teilweisen Ersatz mietete man 4 Loks Klasse 15 aus Zimbabwe an.

Die Baudaten der CFM-Garratts:

Bahn-Nr.	Achsfolge	Hersteller Fabrik-Nr.	Baujahr	Zahl	Bemerkung
901–908	1C1 1C1	Beyer Peacock 6510–6515, 6616/6617	1928 1929	8	ex RR Nr. 215–220, und 231–232
911–914	2C1 1C2	siehe Kap. 8	1927/28	4	ex SAR Nr. 2370, 2419, 2420, 2432
921–930	2C2 2C2	Beyer Peacock 6798–6801; 6870–6875	1936/37	10	ex RR Nr. 271–280, zuvor SR 250–259
951–962	2D1 1D2	Haine St. Pierre 2059–2070	1952	12	Neulieferung
971–975	2D1 1D2	Henschel 28642–28646	1956	5	Neulieferung
981–989	1D1 1D1	siehe Kap. 11	1943	9	ex RR Nr. 281–289, zuvor WD
990–992	1D1 1D1	siehe Kap. 11	1943	3	ex Congo Ocean Ry, zuvor WD

Garratt-Lokomotiven in Central-Afrika

Bahn	Spurweite m	Klasse	Zahl	Achsanordnung	Zylinderdurchmesser Kolbenhub mm	Triebraddurchmesser mm	Kesseldruck bar	Zugkraft bei 75% Kesseldruck kg	Rostfläche m²	größter Kesseldurchmesser mm	Heizflächen m² Feuerbüchse	Rohre	Überhitzer	größte Achslast	Dienstgewichte t Reibungsgewicht	Gesamtgewicht	Vorräte Wasser m³	Brennstoff t / l	Bemerkungen	Literaturhinweise
Chemins de Fer Vicinaux du Mayumbe	600	A	4	B B	200 x 300	600	12,5	3130	0,8	990	3,4	34,3	–	6,3	22,8	22,8	2	782 l	Heizöl	1,43 S. 181
		B	11	B B	200 x 300	600	13	4490	0,9	990	4,4	42,6	–	6,35	25	25	3,3	1204 l	Heizöl	1,43 S. 181
		C	4	B B	200 x 300	600	13	4490	1		4,45	42,6	–		26,1	26,1	3,3	0,74 t		
		E	1	B B	200 x 300	600	13	4490	1		4,35	41,6	–		28,5	28,5	3,25			
Compagnie du Chemins de Fer du Congo	750	111	1	C C	310 x 350	828	14	8500	1,80	1181	11,5	101,6	–		53,3	53,3	4,6	1818 l		1,43 S. 191; Ry Gaz 1913 I S. 497; Loco 1913 S. 211 + 225
		111	12	C C	340 x 350	828	14	8500	1,80	1349	7,5	70,6	10,8		53,3	53,3	4,6	1818 l	Heizöl	1,43 S. 191
		112	9	C C	340 x 350	828	14	10230	2,10	1349	8	79,1	18,6	9,25	53	53,3	3	2,95 t		1,43 S. 191
		124																		
		133	10	C C	340 x 350	828	14	10230	2,10	1349	8	79,1	18,6	9,6	57,5	57,5	4	1418 l	Heizöl	1,43 S. 191
Chemins de Fer du Bas Congo à Katanga	1067	900	12	2D1+1D2	482 x 610	1386	12,65	23450	5,33	2133	21,9	210	56,6	13,5	108	181,7	25	9,8 t		Loco 1926 S. 279
Rhodesia Railways	1067	13	12	1C1+1C1	406 x 610	1219	12,65	15670	3,60	1828	15,24	155,7	35,3	12,8	76,3	120,2	19,7	6,9 t		Loco 1926 S. 279; Ry Eng 1926 S. 183
		14	16	1C1+1C1	406 x 610	1219	12,65	15670	3,60	1828	16,16	155,7	35,3	13,3	79,7	124	16,3	6,9 t		Loco 1952 S. 73
		14 A	12	1C1+1C1	406 x 610	1219	12,65	15670	3,59	1828	16,16	154,8	34,7	13,4	79,8	129,5	16,3	6,9 t		Loco 1954 S. 139
		15	34	2C2+2C2	444 x 660	1447	12,65	17100	4,61	1981	19,7	196	45,9	13,5	78,2	183,8	31,8	11,8 t		Loco 1940 S. 226
		15 A	40	2C2+2C2	444 x 660	1447	14	19000	4,61	1981	19,7	196	45,9	15	78,2	183,8	31,8	11,8 t		Ry Gaz 1938 S. 127
		16	20	1D1+1D1	470 x 610	1219	12,65	20950	4,61	1981	19,7	196	45,9	13,6	104,3	152,8	22,9	8,8 t		Loco 1930 S. 6
		16 A	30	1D1+1D1	470 x 610	1219	14	23300	4,61	1981	19,7	196	44,7	14,4	113,82	166,5	25,4	8,4 t		Ry Gaz 1929 II S. 671 + 1938 II S. 127
		17	10	2C2+2C2	425 x 660	1447	13,3	16540	4	1828	17,1	165	40,9	13,8	81,8	163,5	31,6	12,3 t	ex Sudan	Loco 1953 S. 184
		18	9	1D1+1D1	482 x 610	1155	12,65	23300	4,77	2133	19,7	216,2	43,6	13	102,1	149,4	20,9	8,8 t	ex WD	Loco 1952 S. 111
		20	15	1D1+1D2	508 x 660	1295	14	27740	5,86	2209	21,6	259,2	69,5	16,7	134,1	219,9	36,3	13,8 t		Loco 1955 S. 31
		20 A	45	1D1+1D2	508 x 660	1295	14	27740	5,86	2209	21,6	259,2	69,5	16,9	134,1	222	36,3	13,8 t		Loco 1959 S. 11
Trans Zambezia Railway	1067	E	3	1C1+1C1	381 x 588	1386	12,65	14180	3,15		14,6	142,1	25,2	10,8	64,7	98	15,9	11,3 m³	Brennholz	Loco 1924 S. 110; 1927 S. 211
Caminhos de Ferro Mocombique	1067	951	12	2D1+1D2	482 x 610	1155	12,65	23450	5,33	2133	21,9	210	56,7	13,2	105	180,9	25	9,8 t		
		971	5	2D1+1D2	482 x 610	1219	14	24490	5,69	2209	26	218	81,2	14,3	112,8	191,2	25	9,8 t		Loco 1956 S. 33
Caminhos de Ferro Benguela	1067	10aI	6	2D1+1D2	470 x 610	1219	12,65	20950	4,77	2057	20,5	200,6	43,4	12,7	101,2	158	22,7	15,3 m³	Brennholz	Loco 1927 S. 38
		10aII	14	2D1+1D2	470 x 610	1219	12,65	20950	4,77	2057	21,2	215,5	43,4	13	104	168,4	22,7	15,3 m³	Brennholz	
		10aIII	18	2D1+1D2	470 x 610	1219	12,65	20950	4,77	2057	21,2	200,6	43,4	13	104	175,2	22,7	15,3 m³	Brennholz	Loco 1953 S. 13; Ry Gaz 1952 S. 600
		10aIV	10	2D1+1D2	470 x 610	1219	12,65	20950	4,77	2057	20,1	201,6	38,8	13	104	177,4	21,8	7273 l	Heizöl	Gl. Ann 1953 S. 60
Caminhos de Ferro Luanda	(1000)	501	6	2D1+1D2	406 x 610	1219	14	17400	4,53	1828	20	165,2	34,4	11	88,6	146,6	25	6819 l	Heizöl, Umspurung von Strecken u. Loks	Loco 1949 S. 103
	1067	551	6	2D1+1D2	470 x 550	1092	14	23100	4,54		23,5	160,3	50,6	12,8	100,4	160,9	32	8,7 t	Heizöl, Umspurung von Strecken u. Loks	
Caminhos de Ferro Mocamedes	1067	101	6	2D1+1D2	470 x 610	1219	14	20950	4,79		21,2	197	60	13	103,8	136,6	22,7	5,9 t		
zusammen			374																	
Aufteilung auf die Spurweiten	600		20																	
	750		32																	
	1000		12																	
	1067		310																	

10 Ostafrika

Kenya Uganda, Tanzania
(früher Tanganjika – Deutsch-Ostafrika)

Ostafrika war das letzte der 3 afrikanischen Territorien, welches auf die Garratt-Lokomotive aufbaute in noch grösserem Umfang als anderswo. Es ist bemerkenswert, dass die Eisenbahnen in Ostafrika fast vollständig erst im 20. Jahrhundert erbaut worden sind. Die erste Hauptlinie vom Hafen Mombasa nach Nairobi (damals Nyrobi geschrieben) wurde erst 1899 fertiggestellt. Es war die Uganda-Eisenbahn, die gegen starke britische Parlamentsopposition gebaut wurde, um die Handelswege nach Uganda zu öffnen sowie als Hilfe bei der Abschaffung des Sklavenhandels.

Viel Material einschliesslich Gleise und Fahrzeuge stammte aus 2. Hand von Indien, wodurch auch die Meterspur bedingt war. Mit dem Material kamen strieren, ist auf Seite 193 das zusammengesetzte Steigungsbild dargestellt, worin die obere Linie des Höheiten und Wassermangel forderten einen grossen Tribut von den Kulis. Die Kulis wurden noch weiter dezimiert durch plündernde menschenfressende Löwen, wodurch der Bau mehrfach zum Stillstand kam. Nachdem Nyrobi erreicht war, führte man die Strecke weiter nach Westen gegen Uganda. Hier ergab sich die Schwierigkeit beim Bau vor allem durch das Gelände. Die Strecke hatte eine Scheitelhöhe von über 2743 m zu ersteigen, bevor sie zum Niveau des Victoriasees hinaufgeführt werden konnte. Um dies zu illustrieren, ist auf Seite 193 das zusammengesetzte Steigungsbild dargestellt, worin die obere Linie des Höhenprofils von Mombasa nach Kampala darstellt. Zum Vergleich ist in gleichem vertikalen und horizontalen Massstab die Hauptstrecke von (London-) Euston bis Wich (–Glasgow) mit ihren bekannten Steigungen wie Shap, Beattock und Durimuachdar dargestellt, welche im Vergleich mit der ostafrikanischen Hauptstrecke als kleine Hügel erscheinen! Die Schwierigkeiten, die die Betriebsführung zu bewältigen hatte waren derart, dass diese Bahn sich veranlasst sah, ständig Lokomotiven mit grösserer Leistung und Zugkraft entwickeln zu lassen.

Der Abschnitt Kenya–Uganda bildet wohl den Hauptteil des Systems, ist aber nicht der älteste Teil. Dieses Primat wird von den Bahnen in Tanganjika (nun Tanzania), damals Deutsch-Ostafrika beansprucht. Der erste Abschnitt der Usambarabahn von Tanga nach Neu Moschi wurde im April 1894 zunächst bis Pongwe eröffnet. Diese Strecke erreichte Arusha am Fusse des Kilimandscharo und wurde schliesslich durch eine Verbindung von Kahe nach Voi an die Kenya Uganda Railway –KUR– angeschlossen. Von grösserer Bedeutung war jedoch die Hauptstrecke der Tanganjikabahn von Dar-es-Salaam an der Küste nach Kigoma am Tanganjika-See, mit deren Bau erst 1905 begonnen wurde. Bei keiner dieser Linien trafen die Schwierigkeiten von Klima, Fauna und Steigungen so zusammen wie bei der KUR. Wenden wir uns den Lokomotiven zu. Die Ugandabahn nahm ihren Betrieb mit einem bescheidenen Bestand indischer Loks aus 2. Hand auf:

Klasse A 1B Tenderlok
Klasse E B1 Tenderlok
Klasse N 1C Lok mit Tender

Von diesen konnte keine viel mehr als ihr eigenes Gewicht über die starken Steigungen der Bahn fahren. Das erste brauchbare Traktionsmittel waren die CC Verbund-Mallet-Loks von NBL eingeführt 1913. 1914 kamen für die weniger geneigten Strecken 2D Lok mit Tender hinzu. Dieses Wagnis mit Gelenkloks zu einem früheren Datum scheint die Verantwortlichen von diesen Bauarten für einige Zeit abgehalten zu haben, wofür zweifellos die übliche Trägheit dieser Type und deren schlechte Laufeigenschaften massgebend waren.

Nach dem erfolgreichen Einsatz von Garratts anderswo stellte die KUR jedoch 1926 die 4 Loks umfassende Klasse EC in Dienst, Nr. 41–44. Diese entsprach weitgehend der Standard-2D-Klasse, von deren Laufwerken 2 Rücken an Rücken gekuppelt mit je einem zusätzlichen inneren Laufgestell die Triebgestelle gebildet wurden. Daraus entstand die 2D1 1D2 Type, hier erstmalig ausgeführt. Wie bei den 2D-Loks verwendete man Plattenrahmen und Kolbenschiebersteuerung mit geraden Dampfkanälen. Alle Räder erhielten Spurkränze und die Drehgestelle die aus Indien bekannten Scheibenräder.

Der Heissdampfkessel Bauart Belpaire war für Holzfeuerung eingerichtet. Mit Leichtigkeit konnte die Rostfläche 2,5 mal so gross wie bei den 2D Loks ausgeführt werden, dank der Garratt-Konstruktion.

Diese Maschinen kamen zuerst auf dem mit 24,8 kg/m Schienen ausgestatteten Streckenabschnitt Nairobi–Nakuru–Kisumu zum Einsatz, wo sie auf der mit kompensierten Kurven versehenen Steigung 1:50 (20‰) 528 t befördern konnten, ohne Kurvenkompensation war die Last 464 t auf gleicher Steigung. Diese ersten 4 Maschinen mit den Bahn-Nr. 41–44 waren bei der KUR nur relativ kurze Zeit in Betrieb. Zusammen mit den beiden Loks Nr. 51 und 53 der später gebauten Klasse EC1 wurden die 6 Loks im August 1939 nach Indochina verschifft, wo diese mit den Nr. 201–206 versehen wurden. Seither haben sich alle Spuren über ihr weiteres Schicksal verloren. Vermutlich dürften sie inzwischen verschrottet worden sein.

Nach zweijährigem Probebetrieb der Klasse EC entschloss sich die KUR Garratts in grösserem Umfang einzuführen. Abgesehen von je 6 schweren 1D1 Loks Klasse 28 und 2D Standardklasse 24 von 1928 und 1930 wurden nur noch Garratts an die Bahn bis zum Ende ihrer selbständigen Existenz geliefert. Die 1D1 Lokomotiven wurden 1928 für die Strecke Nairobi–Mombasa bei Firma Robert Stephenson gekauft, auf welcher damals Schienen mit 40 kg/m verlegt wurden. Es bestand die Absicht, mit diesen prächtigen Maschinen den Zugdienst auf dieser Strecke zu übernehmen und die Züge in Nairobi an die Garratt zu übergeben zu deren Weiterbeförderung auf den schwierigen Steigungen über das dort vorhandene leichtere Gleis mit 24,8 kg/m. Die Garratt erwies sich aber als so vielseitig, dass bald entschieden wurde, sie zur Regelbespannung heranzuziehen. Sie konnten genügend Zugkraft aufbringen um die ganze Linie zu durchfahren mit deutlicher Verbesserung von Wirtschaftlichkeit und Betriebsabwicklung.

Man stellte daher 1928/29 weitere 20 Garratts in Dienst, die im wesentlichen ihren Vorgängern glichen. Die leichte Anhebung der zulässigen Achslast nutzte man für einen grösseren Wassertank und entsprechend den damaligen Verhältnissen erhielten sie Kohlenfeuerung, jedoch baute man sie später alle auf Ölfeuerung um. Diese Loks der Klasse EC1 (später EAR 50) wurden als Nr. 45–64 bezeichnet und, abgesehen von den schon erwähnten beiden nach Indochina gegangenen Loks, gelangten alle zur Übernahme durch die East African Railways –EAR– wie auch alle folgenden Garratts der KUR. Ein weiteres Paar der Klasse EC1 wurde 1930 gebaut und mit ACFI-Speisewasservorwärmer auf dem Kessel ausgerüstet, was ihnen ein ziemlich französisches Kolonial-Aussehen verlieh. Diese beiden als Nr. 65 und 66 bezeichneten Loks erhielten die eigene Klasse 51 bei Übernahme durch die EAR. Die Verschrottung der Klasse EC1 begann 1954 und inzwischen ist keine mehr vorhanden.

Wir kommen nun zu etwas Geheimnisvollem, den durch NBL 1931 gebauten 10 Garratts Klasse EC2 (EAR 52) mit den KUR Nr. 67–76. Diese stellten eine leichte Abwandlung der Klasse EC1 dar mit dem gleichen Wasservorrat, aber so aufgeteilt, dass der vordere Tank 454 l mehr aufnehmen konnte. Unter welchen Umständen NBL den Auftrag erhielt, ist nicht bekannt, aber es hat den Anschein, dass die Beyer Peacock Patente verletzt wurden, für die NBL niemals Werbung betrieb, wie es anderweitig der Fall war. Ein im EAR-Zeichenbüro in Nairobi befindliches Schriftstück von der NBL beschreibt die Loks als «North British Articulated Locomotives», obwohl sie schlicht und einfach reine Garratts waren. Wie auch immer es im einzelnen war, die Rechtsvertreter von Beyer Peacock scheinen nach dieser Sache North British aus dem Garratt-Markt herausgehalten zu haben und die Firma vermied die Erwähnung der vermissten Klasse in ihrem letzten sorgfältig ausgearbeiteten Beyer Peacock-Katalog durch den Bezug auf die Klassen EC und EC1 als EC1 bzw. EC2! daher war es denen, die die EAR kannten, nicht ohne weiteres möglich, von der Existenz dieser Loks etwas zu erfahren. Tatsächlich überdauerten diese NBL-Loks Klasse EC2 ihre wenig älteren Beyer Peacock Gegenstücke sehr lange und wurden erst im Oktober 1967 aus dem Streckendienst genommen und zwar in Tabora/Tanzania, wohin sie umgesetzt waren.

Die letzten 3 Loks Klasse EC2 wurden in den späten 1960er Jahren von Tabora nach Dar-es-Salaam überstellt, wo sie ihre Tätigkeit im Rangier- und Übergabezugdienst beendeten. Die Nr. 5210 ist erhalten geblieben.

Nachdem die KUR 1926 die 2D1 1D2 Garratts als erste Bahn beschafft hatte, wurde sie wiederum erster Betreiber der 1939 gebauten 2D2 2D2 Garratt Klasse EC3 (EAR Klasse 57) als Bauart mit der grössten Achszahl unter den Garratts. Sie war zu ihrer Bauzeit

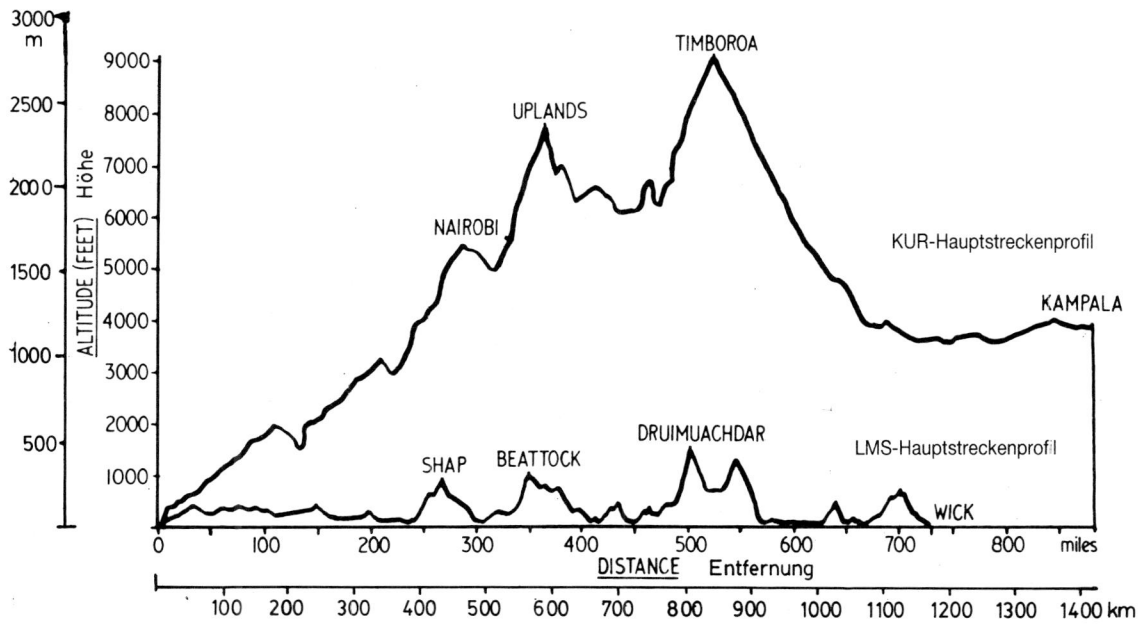

Die am längsten betriebene der älteren EAR-Garratts war die Klasse 52, gebaut von North British Locomotive Co., vertreten durch die Lok Nr. 5202, die hier in Kavirondo zu sehen ist.

EAR

Die als Tanganjika-Version eingesetzte Garratt der Klasse 53 entspricht den Klassen 50 bis 52 der EAR-Lok Nr. 5302 Iringa zeigt sich hier in Nairobi. EAR

Oben: Die erste 2D2 2D2-Garratt der Welt ist die Klasse EC3 der KUR, eine stattliche Maschine, welche in ihren ersten Exemplaren nach dem engeren indischen Fahrzeugprofil gebaut wurde. Das Bild zeigt die Lok Nr. 80 Narok.
Beyer Peacock

die grösste auf Gleisen mit 24,8 kg/m Schienen verwendete Lok mit einer Gesamtlänge von 29 988 mm. Aufgrund von Verbesserungen am Oberbau konnte neben der grösseren Achsenzahl auch die Achslast spürbar erhöht werden. Gebaut unter voller Ausnutzung des damals zulässigen Fahrzeugumgrenzungsprofils stellten diese brauchbaren Maschinen eine bemerkenswerte Ingenieurleistung dar. Die Transportkapazität der Bahn konnte mit ihnen nicht nur durch erhöhte Zugkraft und Kesselleistung, sondern auch infolge des Triebraddurchmessers von 1370 mm gesteigert werden. Gegenüber den 1092 mm Rädern der früheren Garratts und auch den 1295 mm der schweren 1D1 Lokomotiven bedeutete dies eine sehr beachtliche Vergrösserung.

Die 12 Exemplare der Klasse EC3 wurden in 2 Lieferungen 1939 und 1940 gebaut und 1939 bzw. 1940/41 in Dienst gestellt, gerade rechtzeitig um die durch den Krieg verursachte dringend notwendige Erhöhung der Zugkräfte bereitzustellen. Als Nr. 77–88 der KUR eingereiht, gab man ihnen auch Namen lokalen Ursprungs, eine auf die anderen Garratts und die 1D1 Loks ausgedehnte Praxis.

Erstmals für Ostafrika wurden Barrenrahmen in eine Garratt eingebaut, eine Tatsache die dazu beitrug, dass diese Loks bis zu 30 Jahre lang wirklich den schweren Diensten gewachsen war. Obwohl der Bau in die grosse Zeit der Ventilsteuerungen fiel, wurden grosszügig bemessene Kolbenschieber und gerade Dampfkanäle vorgesehen, eine Bauweise von welcher man in Ostafrika nie abwich. Im Vergleich mit den früheren Lokomotiven führte man den Antrieb an die 3. Kuppelachse statt an die 2. wie es die neueste Praxis bei Beyer Peacock war. Ausserdem ordnete man die Zylinder waagrecht an statt geneigt.

Die Laird-Kreuzköpfe liefen unter der Doppelgleitbahn, eine Bauart, die in Ostafrika immer zufriedenstellend im Einsatz war. Die Steuerungsanordnung wurde so getroffen, dass für beide Triebgestelle bei Vorwärtsfahrt Schwingensteine und damit Schieberschubstangen im unteren Teil der Schwinge waren, bei Rückwärtsfahrt dann umgekehrt alle 4 Schwingensteine oben. Wie bei allen nachfolgend für Ostafrika gebauten Garratts, so wurde auch bei den EC3 eine eventuelle leicht ausführbare Umstellung von Meter- auf Kapspur vorgesehen, falls dies mit Rücksicht auf

eine Verbindung mit den Bahnen Südafrikas nötig werden sollte. Zur Zeit des Baues der Klasse EC3 schien dies in weiter Ferne zu liegen, aber die beiden Bahnsysteme in Kenya–Uganda und Tanzania sind inzwischen seit einigen Jahren miteinander verbunden. Weiter hat der bemerkenswerte Plan der 1867 km langen Tan-Zam-Bahn, von den Chinesen 1976 vollendet und mit Dieselloks betrieben, eine Kapspurverbindung von Zambia her in das Meterspur-Territorium nach Dar-es-Salaam gebracht. Es bleibt abzuwarten, ob es für wert befunden wird, die Spurweite durch den Umbau der Ostafrikanischen Meterspur in Kapspur zu vereinheitlichen. Die Differenz zwischen den beiden Spurweiten ist mit 67 mm zu gering, um ein Dreischienengleis für den Betrieb mit Fahrzeugen beider Spurweiten verlegen zu können. Die für einen Umbau auf Kapspur an Meterspurfahrzeugen gebräuchliche Methode ist einfach und wirkungsvoll. Sie besteht in der Herstellung der Radkörper mit breiten Radkränzen, welche aussen ein gestuftes Profil aufweisen, auf das die Radreifen aufgeschrumpft werden, so dass sie um das halbe Differenzmass der Spurweiten $(1067-1000)\ 1/2 = 67:2 = 33,5$ mm mit ihrer Laufkreismitte auf den Radkörper nach innen angeordnet sind.

Für den Umbau auf Kapspur ist nur ein Austausch mit Radreifen nötig, deren Profil auf Kapspur gedreht ist. Ausserdem ist noch das Bremsgestänge anzupassen, was jedoch leicht möglich ist. Die Kapspurbahnen in Südafrika verwenden die MCB-Kupplung, mit 895 mm über Schienenoberkante (SO) im Vergleich zur EAR mit MCA-DA-Kupplung auf 584 mm über SO. Diese Garratts sind ebenso wie die normalen Lokomotiven und die anderen Fahrzeuge natürlich so konstruiert, dass nach Abbau der alten Kupplungen und einer einfachen Änderung an den Pufferträgern die MCB-Kupplungen montiert werden können. Der einzige andere Unterschied besteht im Bremssystem. Kenya und Uganda haben Druckluft-, die übrigen Länder Saugluftbremsen. Sollte jemals eine Spurweitenänderung vorgenommen werden, so ist zweckmässigerweise zu hoffen, dass man Ostafrika nicht nötigen wird, den Schritt zurück von der Druckluft- zur Saugluftbremse zu tun. Überdies gibt es Anzeichen dafür, dass bei den Kapspurbahnen ernsthaft darüber nachgedacht wird, selbst die Druckluftbremse in ihrem Be-

Rechts: Die ehemalige Klasse EC3 der KUR wurde bei den EAR zur Klasse 57. Durch die Ausrüstung mit grösserem Dom und Schornstein verlor sie von ihrem eindrucksvollen Aussehen. Das Bild stellt die Lok Nr. 5701 Mengo am von der EAR bevorzugten Fotostandort dar. Alle Loks dieser Klasse erhielten später Giesl-Ejektoren. EAR

reich einzuführen. Selbstverständlich gibt es anstelle des Spurweitenumbaus noch die andere Möglichkeit des Radsatz- und Drehgestellwechsels an Personen- und Güterwagen, wie zwischen Frankreich und Spanien praktiziert. [Gl. Ann. 95 (1971) Nr. 4 S. 75–88].
Um der Klasse EC3 das Durchfahren von Kurven mit 84 m Halbmesser zu erlauben, sind die vorderen (äusseren) Kuppelradsätze jedes Triebgestells spurkranzlos ausgeführt. An mehreren Stellen verwendete man Rollenlager, SKF-Pendelrollenlager an den Gegenkurbeln und TIMKEN-Kegelrollenlager an den Achsen der Laufdrehgestelle tragen dazu bei, hohe Laufleistungen zu erreichen.
Der Kessel mit runder Stehkesseldecke enthielt 2 Feuerbüchswasserkammern und war ursprünglich für Kohlefeuerung eingerichtet, jedoch später für Ölfeuerung geändert.
Die Leistung dieser Lokomotiven war aussergewöhnlich; sie beförderten nicht nur 584 t auf unkompensierten Steigungen 1:50 (20‰), sondern erwarben sich in ihren ersten Jahren bald Ansehen für hohe Verfügbarkeit und Zuverlässigkeit mit monatlicher Laufleistung bis zu 10 907 km und 322 000 km zwischen zwei Generalüberholungen – keine Durchschnittswerte für eine eingleisige Bahn mit solchen erheblichen Steigungen wie die KUR/EAR.
Nach späterer Erhöhung des Fahrzeugumgrenzungsprofils von 3810 mm auf 4114 mm erhöhte man Schornstein und Dom der Klasse EC3 entsprechend, was jedoch ihr äusseres Bild beeinträchtigte. Während der EAR-Zeit waren sie eine der Klassen, welche für den Einbau von Giesl-Ejektoren ausgewählt wurden und in dieser Form beendeten sie ihre Dienstzeit bei den Depots Nairobi und Nakuru. Die Lok Nr. 5711 wurde für die Erhaltung beim Eisenbahnmuseum Nairobi zurückbehalten.
Wir kommen nun zu den Kriegslokomotiven, über die im Kapitel 11 eine ausführliche Beschreibung gegeben ist. Die KUR hatte davon 2 Typen, 7 Exemplare der speziell für Meterspur gebauten schweren 2D1 1D2 Loks der Klasse EC4 (EAR 54) mit den Nr. 89–95, später umgenummert auf 100–106 und ursprünglich WD-Nr. 4418–4424. Die Klasse EC4 war bei ihrer Inbetriebnahme die bei weitem stärkste unter den EAR-Garratts bis 11 Jahre später die Klasse 59 kam. Allerdings war die Klasse EC4 mit Plattenrahmen ausgerüstet, wodurch sie nicht so robust war wie andere moderne EAR-Garratts. Diese Tatsache führte in Verbindung mit ihrer hohen Leistung bei kleinem Triebraddurchmesser zu hohem Instandhaltungsaufwand. Die Klasse EC4 war über ihre ganze Lebenszeit auf dem KUR-Abschnitt in Betrieb, da sie für Tanganjika zu schwer war. Weiter wurden auch 2 Stück der leichten 2D1 1D2 Loks geliefert mit den WD-Nr. 74242/74243, KUR Klasse EC5 (EAR 55) Nr. 120/121. Zur Anpassung an den Hauptliniendienst vergrösserte man ihre Vorräte an Wasser und Kohle und wie später noch berichtet wird, hatte die Klasse ein bewegtes Leben. Zusammen mit anderen Loks verschiedener Herkunft war sie unter den wenigen, die bis zum Ende der Dampftraktion im Dienst blieben. Obwohl die Klasse EC5 auch Plattenrahmen

in den Triebgestellen besass, neigte sie wegen ihrer wesentlich kleineren Leistung gegenüber der Klasse EC4 und ihren grösseren Triebrädern nicht zu den Rahmenbrüchen wie ihre grösseren Schwestern. Damit endet die Geschichte der Garratt bei der KUR, welche jedoch in der EAR weiterlebte, wie später noch gezeigt wird.

Die Tanganjika Bahn/Tanganjika Railways TB/TR

In ihrer frühen Zeit unter deutscher Regie im damaligen Deutsch-Ostafrika umfasste die Bahn zwei Strecken von den Häfen Tanga und Dar-es-Salaam ausgehend. Sie waren eine typische deutsche Lokalbahn, welche in die Wildnis nach Afrika übertragen wurde und ihre niedlichen Tenderloks mit vier gekuppelten Achsen und der Bauart Mallet sahen ebenso aus wie zu Hause im Thüringer Wald. Später kamen 1D-Loks mit Tender hinzu, welche nur kurze Zeit eingesetzt waren. Nach dem 1. Weltkrieg wurde Tanganjika britisches Protektorat und es kamen britische Traktionsmittel von den gleichen Bauarten wie bei den KUR ins Land, wobei einige Loks von dort her kamen.

Bis 1931 wurden keine Garratts eingeführt, damals kauften die TR drei Stück nach der Bauart EC1 der KUR, lediglich mit höheren schmäleren vorderen Wassertanks. Entsprechend dem allgemeinen Vorgehen der TR bei ihrem leichteren Verkehr setzte man normalerweise Loks mit Tender ein und verwendete die Garratts nur auf dem schwierigsten Teil der Hauptlinie zwischen Dar-es-Salaam und Morogoro. Diese 3 Maschinen der Klasse GA mit den Nr. 300–302, später EAR Klasse 53 Nr. 700–702 leisteten hier bis zu den 1950er Jahren Dienst, ab wann sie durch die EAR Klasse 60 ersetzt wurden, während man die GA-Maschinen zur KUR umsetzte. Neuerdings kehren sie in ihre Heimat zurück und arbeiteten ihre letzte Dienstzeit mit Übergabezügen in Dar-es-Salaam, wobei es nur noch 2 Loks waren. Die Lok 702 wurde nach einem Unfall schon verschrottet, bevor sie von den EAR übernommen wurde.

Die einzigen anderen Garratts in Tanganjika waren vier Kriegslok der leichten WD-Type mit der TR Nr. 750–753, die 1948 von den Burma Railways erworben und bei den TR die Klasse GB wurden. Bei den EAR erhielten sie zusammen mit den Loks gleicher Bauart der KUR die Klasse 55.

East African Railways EAR

Die EAR entstand 1948 durch den Zusammenschluss der KUR und TR. Von beiden Bahnen erbte sie Garratt-Loks, den grössten Teil von der KUR. Eine der ersten Massnahmen war die Neuklassifizierung und Neunummerierung des Lokomotivparks. Dabei führte man das auf dem europäischen Kontinent gebräuchliche System ein, wobei die ersten beiden Stellen der Lok-Nr. die Klasse bilden, eine logische und vernünftige Methode, die im britischen Empire keine grosse Verbreitung fand ausser in New South Wales und bei den Diesel- und Elektro-Loks von British Rail. Die Tenderloks erhielten die Klasse von 10 aufwärts mit Lok-Nr. 1001 usw. zugeteilt, Loks mit Tender die Klasse ab 20 und die Garratts die Klasse ab 50 usw. Die KUR-Klassen EC1, EC1 (die letzten beiden Loks) EC2, EC3, EC4 und EC5 erhielten bei den EAR die Klassen 50, 51, 52, 57, 54 und 55, während die ehemaligen TR Klassen 53 und 55 wurden, wobei letztere die einzige Type bildete, welche bei beiden Vorgängerbahnen vorhanden war. Die Klasse 53 hatte darüber hinaus die meisten Details gemeinsam mit den Klassen 50, 51 und 52.

Bald darauf wurde eine Anzahl weiterer Lokomotiven beschafft einschliesslich 6 Stück einer neuen Klasse 56, welche auf der Kriegslokklasse 55 aufgebaut war. Im Gegensatz dazu hatte sie Tanks und Bunker mit abgerundeten Stirnseiten sowie Belpaire-Kessel mit Feuerschirmwasserrohren. In allen wichtigen Dimensionen und natürlich in Zugleistung sowie in Einsatzmöglichkeiten auf dem Streckennetz entsprachen sie den Kriegsmaschinen, wobei man sogar Plattenrahmen beibehielt. Diese 27 165 mm langen Loks kamen kurz vor Einführung des neuen Nummernplans in Dienst und trugen daher für kurze Weile die Klassenbezeichnung EC6 sowie die Nr. 122–127, was natürlich dem KUR-System entsprach, an den Wassertanks war aber schon EAR angeschrieben. Ursprünglich kohlegefeuert und dem ehemaligen KUR-Netz zugeteilt, erhielten sie später Ölfeuerung. Das Ende ihrer Dienstzeit verbrachten sie in Dar-es-Salaam.

Die andere Klasse, welche aus einer vorhandenen Type entwickelt wurde, stellte eine weitere Lieferung der Klasse EC3 dar, an welcher man nach guter alter britischer Lokbautradition um ½" (12,2 mm) vergrösserte Zylinderdurchmesser vorsah. Zwei kontinentale Bauartmerkmale bildeten der Ofenrohrschornstein und die durchgehende Kolbenstange, was nur bei diesen Loks zur Anwendung kam. Diese Klasse wurde für Ölfeuerung gebaut und behielt diese auch. Ihre ursprünglichen Nr. waren 89–106 nach dem KUR-Schema und bald wechselten sie zur Klasse 58. Dabei trugen sie die Anschrift EAR & H, die Abkürzung für East African Railways & Harbours (Ostafrikanische Bahnen und Häfen), was bei späteren Klassen auf EAR vereinfacht wurde. Die Klasse 58 fuhr immer auf den ehemaligen KUR-Strecken und arbeitete zuletzt rund um Nakuru.

Ihre Leistung entsprach der Klasse 57. Es war eine der 58er Loks, auf der die ersten bedeutsamen Tests mit dem Giesl-Ejektor ausserhalb Europas vorgenommen wurden. Der Autor hatte das Vergnügen bei der Einführung dieser Einrichtung in Ostafrika beteiligt gewesen zu sein, wozu weitere Einzelheiten noch folgen.

Im Jahre 1951 kaufte man weitere 5 Stück der Klasse 55 aus Burma, womit der Bestand auf 11 Loks anstieg. Diese Klasse war die bevorzugte Type für den Bedarf an verschiedenen Plätzen für die Abdeckung von Leistungsspitzen. In Verbindung damit änderte man die Vorräte an Brennstoff und Wasser zur Anpassung an die zu durchfahrende Streckenlänge oder zur Einstellung der Achslast entsprechend der Tragfähigkeit der

Aus der Klasse 57 entwickelte man die Klasse 58 und baute sie als erste nach dem vergrösserten Fahrzeugumgrenzungsprofil. Lok Nr. 5813 ist hier im Jahre 1956 bei Limuru vor einem Personenzug Nairobi–Nakuru zu sehen.

A. E. Durrant

zu befahrenden Gleise. Weiter wechselte man nach Bedarf die Feuerungsart für Kohle oder Öl. So vergrösserte man zum Beispiel bei den beiden auf den KUR-Hauptstrecken verkehrende Loks die Wasser- und Kohlevorräte erheblich, während man andererseits bei einigen Maschinen mit Ölfeuerung die Vorräte reduzierte, um auf leichtem Oberbau mit 20 kg/m Schienen fahren zu können. Dabei ergab sich bei der gleichen Klasse eine Gewichtsdifferenz von 12,7 t zwischen der schwersten und der leichtesten Ausführung.

In der Mitte der 1950er Jahre teilte man die 3 Loks Nr. 5507–5509 der Zentrallinie (Tanganjika) zu, die übrigen 3 Loks der Klasse 55 mit Saugluftbremse und Ölfeuerung kamen auf das KUR-Netz. Daher gelangten interessanterweise die beiden ehemaligen KUR-Loks zur Tanganjikabahn. 1966 wurden alle wieder umgesetzt und die Loks Nr. 5501, 5503 und 5511 befanden sich in Tororo in Uganda, die Nr. 5505 in Moshi in Tanzania sowie die übrigen in Voi in Kenya, wo die beiden letzten noch einsatzfähigen Loks hauptsächlich für gelegentliche Einsätze vor Schotterzügen Verwendung fanden. Eine von diesen Maschinen war bis 1975 noch mit Nahgüterzügen im Abschnitt Nairobi–Athi River zu sehen.

Als nächste erschien die Klasse 60 als weitere Entwicklung aus den Klassen 55 und 56. Sie stimmten mit letzteren weitgehend überein mit Ausnahme der grösseren Wasservorräte und kleineren Brennstoffmengen, die sie trugen. Zur Ausnutzung des neuen Fahrzeugumgrenzungsprofils führte man die Kesselaufbauten höher aus. Tatsächlich wurde die Erstlieferung der Klasse 60 zunächst als Nr. 5607–5618 bestellt. Zur Zeit der Lieferung im Jahre 1954 entschloss man sich diese Loks separat zu klassifizieren und die bereits in Auftrag gegebene Klasse 59 gab den Anlass, sie als Klasse 60 zu benennen. Es wurden 29 Stück hergestellt und alle 1954 geliefert. Von dem erteilten Auftrag gab Beyer Peacock die ersten 12 Stück in Unterlieferung an die Firma Franco-Belge. Zunächst kamen nur die beiden Loks Nr. 6009 und 6010 nach Tanganjika und die anderen 27 zur KUR. Später erhielt Tanzania (ehemals Tanganjika) noch 9 Stück, welche in Dar-es-Salaam beheimatet wurden. Im November 1967 wurden diese Garratts Klasse 60 durch Dieselloks ersetzt und nach Tabora ins Landesinnere versetzt. Die übrigen wurden aufgeteilt zwischen Kampala und Tororo in Uganda, Nairobi und Nakuru in Kenya, und Moshi in Tanzania. Die Klasse 60 erhielt als erste bei den EAR das prächtige neue Farbkleid in kastanienbraun, welches allgemein eingeführt und bei Werkstattbehandlung auch den anderen Klassen gegeben wurde. Die Farbe gehörte ursprünglich zur Tanganjika Railway und wurde 1950 vom neuen leitenden Maschineningenieur W. Bulman auf die EAR übertragen. Offiziell sind alle Loks der Klasse 60 ausser Dienst gestellt, jedoch konnte man 1979/80 einige auf der Nebenlinie von Voi anstelle ausgefallener Dieselloks sehen. Einige wurden während der Regierungszeit von Idi Amin in Uganda belassen, wo sie wahrscheinlich blieben. Ob sie dort noch in Betrieb waren, ist jedoch zweifelhaft.

Wir kommen nun zur letzten EAR-Klasse, der hervorragenden 59, welche die grössten und leistungsfähigsten Lokomotiven darstellen, die für Meterspur jemals gebaut wurden. Aber nicht nur das, sie sind auch die grössten für Afrika gebauten Lokomotiven und mit dem Verschwinden der amerikanischen Dampfgiganten auch die grössten Dampfloks der Welt, die während der 1970er Jahre noch in regulärem Einsatz standen. In den frühen 1950er Jahren näherte sich das Verkehrsaufkommen auf dem Abschnitt Mombasa–Nairobi der Kenya–Uganda-Hauptlinie der Leistungsgrenze mit dem vorhandenen Lokpark. Tatsächlich erwies sich dieser Streckenabschnitt als Engpass für Export- und Importgüter des Hafens Mombasa, was erhebliche Verzögerungen infolge unzureichender Transportverbindungen mit dem Landesinneren zur Folge hatte. Ein Streckenausbau auf Doppelspur oder eine Elektrifikation wurden ernsthaft geprüft, aber wegen der hohen Kosten und langen Bauzeiten kamen diese Massnahmen nicht in Frage.

Ein glücklicher Umstand war, dass das Gleis weit grössere Loks zuliess als zur damaligen Zeit vorhanden waren. Die Garratts der Klasse 54 als stärkste der Bahn hatte 14,2 t Achslast und 26 308 kg Anfahrzugkraft, während die 1D1-Loks der Klasse 28 bei 17,8 t Achslast 17 236 kg aufbringen konnten. Bei verminderten Wasservorräten könnte eine Garratt mit 17,5 t Achslast für 31 750 kg Anfahrzugkraft gebaut werden. Obwohl dies schon eine beträchtliche Steigerung gewesen wäre, wurde sie als noch nicht genügend erachtet. Eingehende Untersuchungen der Gleisbeanspruchungen mit modernen analytischen empirischen Verfahren zeigten, dass als Achslast ein Spitzenwert von maximal 21,3 t und ein Durchschnittswert von 20,3 t ausführbar war. Auf dieser Grundlage machte sich der leitende Maschineningenieur «Willie» Bulman ans Werk und erstellte die Spezifikation für diese gewaltigen Garratts in Afrika, nur noch übertroffen von dem Einzelstück Я.01, das für Russland gebaut wurde. Die EAR Lokomotive hatte eine grössere Achslast und ein grösseres Reibungsgewicht als die sowjetische Maschine. Innerhalb des beschränkten Fahrzeugumgrenzungsprofils der EAR Klasse 59 ergaben sich zahlreiche Probleme für das Konstruktionsbüro von Beyer Peacock in Gorton.

Abgesehen von ihrer Grösse besass die Klasse 59 keine technischen Besonderheiten, sondern war ein ordentliches Stück solider Ingenieurarbeit. Die EAR setzte ein so grosses Vertrauen in Beyer Peacocks Fähigkeit, eine brauchbare Konstruktion auszuarbeiten, dass vor der Lieferung der ersten Lokomotive des ursprünglich auf 9 Stück erteilten Auftrages vom Jahre 1950 dieser auf 34 Stück erhöht wurde. Die Zeit von Auftragserteilung bis zur Lieferung von 5 Jahren war für den damaligen Lokomotivmarkt typisch. Der Nachkriegsboom im Verkehrsaufkommen brachte den Lokomotivherstellern volle Auftragsbücher für dringend benötigte Traktionsmittel. Wie wir bereits bei der Klasse 60, aber auch anderswo gesehen haben, war Beyer Peacock so mit Arbeit überschwemmt, dass wichtige Aufträge für Garratts in Unterlieferung an andere Firmen in Europa und Übersee in der Mitte der 1950er Jahre abgegeben wurden. Eine Dekade später jedoch hatte die Firma Beyer Peacock nicht nur ihre letzte Dampflok, sondern auch ihre letzte Diesellok gebaut und das Konstruktionsbüro, welches die mächtige Klasse 59 entworfen hatte, lag still; jedes Zeichenbrett unter einer Staubschicht. In den von Charles Beyer und Richard Peacock vor mehr als 100 Jahren gegründetem und aufgebauten Werk lagen geschlossene Werkstätten darnieder und alle für den Lokomotivbau wichtigen Ausrüstungsteile, Modelle, Vorrichtungen, Pressformen, Gesenke und dergleichen lagen als Schrott herum.

Nun jedoch zurück zu dem erfreulichen Subjekt, der Klasse 59. Wie erwartet werden durfte, erhielt sie Barrenrahmen mit 114,3 mm Wangenstärke und einen lichten Wangenabstand von nur 610 mm. Erstmals in Afrika erhielten alle Trieb- und Laufachsen von TIMKEN gelieferte Rollenachslager. Die hinteren Triebstangenlager waren mit von SKF gelieferten Rollenlagern ausgerüstet, jedoch ersetzte man diese später durch TIMKEN-Lager, welche nun bei diesen Loks ausschliesslich verwendet wurden.

Kolbenschieber grossen Durchmessers und strömungsgünstige Dampfkanäle erlauben zweckmässige Dampfzufuhr zu den Zylindern und für die Steuerungseinstellung ist eine Hadfield-Kraftumsteuerung angebaut. Die Triebräder haben wie bei den Klassen 57 und 58 1371 mm Durchmesser, jedoch sind im Gegensatz zu diesen früheren Loks alle Räder mit Spurkränzen versehen, allerdings bei den beiden mittleren Achsen schwächer gedreht, die Höchstgeschwindigkeit beträgt 70 km/h.

Der grosse Kessel hat einen Durchmesser von 2286 mm oder mehr als die doppelte Spurweite, die Gesamtlänge über Kupplungen ist 31 737 mm. Die runde Stehkesseldecke ist mit Radialstehbolzen gegenüber der Feuerbüchse versteift. Bei Neulieferung erhielten die Loks Ölfeuerung, aber der Einbau einer mechanischen Rostbeschickung wurde konstruktiv vorbereitet, falls aufgrund der Versorgungslage auf Kohlefeuerung übergegangen werden sollte. Trotz der hohen Leistung wurde nur ein einfacher gerader Schornstein vorgesehen, jedoch war das Blasrohr sorgfältig ausgebildet. Die Vorratstanks erhielten natürlich abgerundete Stirnseiten und zur Verbesserung der Sicht waren die Seitenwände des vorderen Wasserbehälters im oberen Teil nach innen geneigt. Es darf hier erwähnt werden, dass die EAR ihre Garratts normal mit dem Schornstein voraus laufen liess und an den Wendebahnhöfen über Gleisdreiecke wendete. In Nairobi ist auch eine 30,5 m Drehscheibe eingebaut.

Oben: Mit leichter Last auf der Strecke Moshi–Voi ist hier die EAR-Lok Nr. 6023 in Fahrt. Von Beyer Peacock geliefert, erhielt sie später einen Giesl-Ejektor und verlor ihre Schilder mit dem Namen eines Kolonial-Gouverneurs.
A. E. Durrant

Unten: EAR-Lok Nr. 5921 Mount Nyiru vor einem langen Güterzug bei der Durchfahrt in einer typischen gut instandgehaltenen Zwischenstation. 20 Jahre härteste Arbeit liegen hinter der Maschine. Für den Ersatz einer Lok Klasse 59 sind zwei grosse Dieselloks nötig.
A. E. Durrant

Das Leistungsprogramm der Klasse 59 sah für den normalen Plandienst die Beförderung von 1220 t über die Steigung 1:66 (15‰) vor, was bei Testfahrten noch erheblich überschritten wurde. Bei dieser Planlast sind die EAR-Kupplungen gerade an ihrer Grenze und es gab Fälle, wo Loks der Klasse 59 den Kupplungshaken aus seiner Befestigung gerissen haben, anstatt den Zug anzufahren. Um schon vor ihrer Lieferung eine Vorstellung der möglichen Leistung der Klasse 59 zu erhalten, unternahm man Probefahrten mit zwei gekuppelten Loks Klasse 54. Die 59er Loks leisteten ausgezeichnete Arbeit und innerhalb des ersten Jahres nach ihrer Lieferung war der Transportrückstand des Hafens Mombasa abgefahren, so dass der Verkehr wieder normal ablief. Dies gab Bulman den Anlass schon an eine Klasse 61 mit noch höherer Leistung zu denken, die jedoch nicht mehr benötigt wurde. Dieser Koloss sollte alle bisher gebauten Garratts in den Schatten stellen und auf Ostafrikas Meterspur etwas bringen, was sogar grösser sein sollte als es die Mehrzahl der USA-Bahnen 1. Klasse jemals besessen haben! Auf der Strecke Mombasa–Nairobi mit ihren 47 kg/m Schienen sollte bei 26,4 t Achslast eine Anfahrzugkraft von 39 000 kg ausführbar sein. Der Kessel dieser projektierten Lok sollte 2514 mm Durchmesser erhalten, als Achsanordnung war 2D2 2D2 mit 1448 mm Triebrädern in Aussicht genommen. Die ganze Lokomotive war trotz ihrer beachtlichen Abmessung in ihrem Aussehen der Klasse 59 ziemlich ähnlich und erschien keineswegs unhandlich. Die Klasse 61 wurde jedoch nicht gebaut und die weiteren Entwicklungsarbeiten an der EAR-Garratt bestanden in der Leistungssteigerung durch den Giesl-Ejektor.

Ende 1955 wechselte der Autor von den Bahnwerkstätten Swindon der British Railways zum Konstruktionsbüro der EAR in Nairobi. Zuvor hatte er Korrespondenz mit Dr. Giesl-Gieslingen in Wien, welcher die Unterlagen seines Ejektors dem leitenden Maschineningenieur der EAR Bahn vorlegte. Willie Bulman erkannte sogleich die Bedeutung dieser Sache und nach den üblichen Vorbereitungen montierte man den ersten Giesl-Ejektor 1957 in die Lok Nr. 6029. Der Erfolg führte 1959 zur Erweiterung der Erprobung auf den Klassen 58, 59 und 60. Im Jahre 1961 stellte man ein umfangreiches Programm für den Einbau von Giesl-Ejektoren auf, das alle Nachkriegslokomotiven mit Ausnahme von 13 Tenderloks der Bauarten 2D1 und 2D2 umfasste.

Neben Brennstoffeinsparungen war der Hauptzweck des Giesl-Ejektors bei der EAR die verfügbare Lokomotivleistung zu steigern. Unter den gegebenen Bedingungen mit Langstreckenfahrten bei ständiger hoher Leistungsanforderung war die Herabsetzung des Gegendrucks von grösster Bedeutung. Die ausgezeichneten Betriebsergebnisse führten dazu, dass für die als erste vollständig ausgerüstete Klasse 58 besondere Fahrpläne aufgestellt wurden, wie aus den Dienstfahrplänen für 1962 hervorgeht. Es gab getrennte Pläne für «Güterzüge» und «Giesl Güterzüge». Zwischen Kampala und Eldoret betrugen die entsprechenden Planfahrzeiten 961 und 778 Minuten, eine Fahrzeitverkürzung von ca. 3 h dank der höheren Leistung der Giesl-Lokomotiven bei Bergfahrten. In ähnlicher Weise ergaben sich auch Verkürzungen der Unterwegshalte für die Versorgung der Lokomotiven infolge Wasser- und Brennstoffeinsparungen. So waren zum Beispiel zwischen Eldoret und Kampala acht Stops mit insgesamt 55–63 min für den «Mail» (Postzug) im Plan vorgesehen, während der «Giesl Mail» mit nur vier Halten von 34 min Gesamtdauer auskam. Unter diesen Umständen war es nicht überraschend, dass andere Garratt-Klassen und konventionelle Loks mit Giesl-Ejektoren ausgerüstet wurden. Das Umbau-Programm für die EAR-Garratts ist nachstehend genannt:

Jahr	Klasse	Zahl der Umbauloks
1957	60	1
1959	58	1
1959	59	1
1959	60	1
1960	58	17
1962	57	12
1964	55	11
1964	56	6
1964	59	1
1964	60	26
1967	59	32

Eine vollständige Liste der EAR-Garratts ist nachstehend beigefügt zusammen mit einer weiteren Tabelle mit deren Hauptabmessungen.

Die einst stolzen East African Railways bestehen nicht mehr. Die Konföderation der 3 Länder ist zerbrochen und die Staaten von Kenya, Tanzania (ehemals Tanganjika/Deutsch-Ostafrika) und Uganda betreiben die auf ihren Territorien gelegenen Bahnen in eigener Regie. In Kenya überlebten die Garratt Klasse 59 und 60 bis 1980 und die Lok 5918 blieb erhalten.

Es bleibt zu hoffen, dass die Verantwortlichen der Bahnen die Wiederaufnahme der Dampftraktion in kleinem Umfang für Touristenzüge als wünschenswert ansehen, um der Nachwelt den herrlichen Anblick einer die Mau-Steigung erklimmenden kastanienbraunen Garratt mit einem Zug aus schokolade- und cremefarbenen Personenwagen zu bieten.

Garratt-Lokomotiven in Ostafrika

Bahn-Nr. KUR	EAR	Hersteller	Fabrik-Nr.	Baujahr	Name	KUR Klasse	Zahl	Bemerkungen
41	–	Beyer Peacock	6300	1926		EC	4	1939 nach Indo-China verkauft und dort mit Nr. 201–204 versehen. am 4. 8. 1939 im Hafen Mombasa mit MS Scheer abgesandt
42	–		6301					
43	–		6302					
44	–		6303					
45	5001	Beyer Peacock	6429	1928		E C 1	20	
46	5002		6430					
47	5003		6431		Toro			
48	5004		6432		Masai			
49	5005		6433		Nyanzi			
50	5006		6434		Meru			
51	–		6435					Indo-China Nr. 205
52	5007		6436		Masaka			
53	–		6437					Indo-China Nr. 206
54	5008		6438		Nandi			
55	5009		6439		Bunyoro			
56	5010		6440					
57	5011		6516		Kikuyu			Tanganyika Bahn ab Juni 1953
58	5012		6517		Ankole			" " "
59	5013		6518					" " "
60	5014		6519					
61	5015		6520					
62	5016		6521		Londiani			
63	5017		6522		Ukamba			
64	5018		6523		Machakos			
65	5101	Beyer Peacock	6637	1930	Laikipia		2	
66	5102		6638					
67	5201	North British Locomotive	24070	1931	Busoga	EC 2	10	
68	5202		24071		Kavirondo			
69	5203		24072		Mubendi			
70	5204		24073		Turkana			
71	5205		24074		Nywi			
72	5206		24075		Kiambu			
73	5207		24076		Nzoia			
74	5208		24077		Isolo			
75	5209		24078		Nakuru			
76	5210		24079		Entebbe			erhalten
–	5301	Beyer Peacock	6718	1931	Arusha	–	3	Tanganyika Bahn Nr. 300/700 Klasse GA
–	5302		6719		Iringa			301/701
–	–		6720		Bukoba			302/702
89	5401	Beyer Peacock	7075	1944		EC 4	7	ehem. Kriegslok WD 4418 2. KUR Nr. 100
90	5402		7076					4419 101
91	5403		7077					4420 102
92	5404		7078					4421 103
93	5405		7079					4422 104
94	5406		7080					4423 105
95	5407		7081					4424 106
120	5501	Beyer Peacock	7158	1945		EC 5	11	ehem. WD 74242
121	5502		7159			"		Kriegslok 74243
	5503		7150					74234 ehem. Burma Railways
	5504		7151					74235 Nr. 851 – 854 in 1948
	5505		7157					74241 TR - Nr. 750 – 753
	5506		7146					74230 Klasse GB
	5507		7155			–		ehem. Burma Railways Klasse GD
	5508		7154			–		Lok 5507 – 5509 waren zeitweise 5527 – 29
	5509		7149			–		bei auf 15,4 m³ reduziertem Wasservorrat
	5510					–		und 5448 l Heizölvorrat für den Einsatz bei
	5511					–		der TR auf Strecken mit 19,8 kg/m-Schienen.
122	5601	Beyer Peacock	7280	1949		EC 6	6	gebaut als Klasse GE für Burma Railways Nr. 865 – 869
123	5602		7281					
124	5603		7282					
125	5604		7283					
126	5605		7284					
127	5606		7285					
77	5701	Beyer Peacock	6905	1939	Mengo	EC 3	12	
78	5702		6906		Teso			
79	5703		6907		Usaingishu			
80	5704		6908		Narok			
81	5705		6909		Marakwet			
82	5706		6910		Wajir			
83	5707		6970	1940	Chua			
84	5708		6971		Gulu			
85	5709		6972		Lango			
86	5710		6973		Budama			
87	5711		6974		Karamoja			erhalten
88	5712		6975		Kigenzi			

Garratt-Lokomotiven in Ostafrika

Bahn-Nr. KUR	EAR	Hersteller	Fabrik- Nr.	Baujahr	Name	KUR Klasse	Zahl	Bemerkungen
89	5801		7290					
90	5802		7291					
91	5803		7292					
92	5804		7293					
93	5805		7294					
94	5806		7295					
95	5807		7296					
96	5808		7297					
97	5809		7298					
98	5810	Beyer Peacock	7299	1949		EC 3	18	
99	5811		7300					
100	5812		7301					
101	5813		7302					
102	5814		7303					
103	5815		7304					
104	5816		7305					
105	5817		7306					
106	5818		7307					
–	5901		7632		*Mount Kenya*			
	5902		7633		*Ruwenzori Mountains*			
	5903		7634		*Mount Meru*			
	5904		7635		*Mount Elgon*			
	5905		7636		*Mount Muhavura*			
	5906		7637		*Mount Sattima*			
	5907		7638		*Mount Kinangop*			
	5908		7639		*Mount Loolmalasin*			
	5909		7640		*Mount Mgahinga*			
	5910		7641		*Mount Hanang*			
	5911		7642		*Mount Sekerri*			
	5912		7643		*Mount Oldeani*			
	5913		7644		*Mount Debasien*			
	5914		7645		*Mount Londiani*			
	5915		7646		*Mount Mtorwi*			
	5916		7647		*Mount Rungwe*			
	5917		7648		*Mount Kitumbeine*			
	5918	Beyer Peacock	7649	1955	*Mount Gelai*	–	34	erhalten
	5919		7650		*Mount Lengai*			
	5920		7651		*Mount Mbeya*			
	5921		7652		*Mount Nyiru*			
	5922		7653		*Mount Blakett*			
	5923		7654		*Mount Longonot*			
	5924		7655		*Mount Eburu*			
	5925		7656		*Mount Monduli*			
	5926		7657		*Mount Kimhandu*			
	5927		7658		*Mount Tinderet*			
	5928		7700		*Mount Kilimanjaro*			
	5929		7701		*Mount Longido*			
	5930		7702		*Mount Shengena*			
	5931		7703		*Uluquro Mountains*			
	5932		7704		*Ol'Donya Sabuk*			
	5933		7705		*Mount Suswa*			
	5934		7706		*Menengai Crater*			
	6001		2983		*Sir Geoffrey Archer*			
	6002		2984		*Sir Hesketh Bell*			
	6003		2985		*Sir Stewart Symes*			
	6004		2986		*Sir Frederick Jackson*			
	6005		2987		*Sir Bernard Bourdillon*			
	6006		2988		*Sir Harold Mac Michael*			Bestellt als EAR Nr. 5607 – 5618 bei
	6007		2989		*Sir Mark Young*			Beyer Peacock – Fabrik Nr. 7565 – 7566
	6008		2990		*Sir Wilfred Jackson*			zugeteilt
	6009		2991		*Sir Edward Twining*			Namenschilder später entfernt
	6010		2992		*Sir Donald Cameron*			
	6011		2993		*Sir William Battershill*			
	6012		2994		*Sir Percy Girouard*			
	6013		7577		*Sir Henry Belfield*			
	6014		7578		*Sir Joseph Byrne*			
	6015		7579		*Sir Robert Brokke-Popham*			
	6016	Franco Belge	7580	1954	*Sir Henry Moore*		29	
	6017		7659		*Sir John Hall*			
	6018		7660		*Sir Charles Dundas*			
	6019		7661		*Sir Philip Mitchel*			Namenschilder später entfernt
	6020		7662		*Sir Evelyn Baring*			
	6021		7663		*Sir William Gowers*			
	6022		7664		*Sir Andrew Cohen*			
	6023		7665		*Sir Edward Northey*			
	6024		7666		*Sir James Hayes-Sadler*			
	6025		7721		*Sir Henry Colville*			
	6026		7722		*Sir Horace Byatt*			umbenannt in Uhuru
	6027		7723		*Sir Gerald Portal*			
	6028		7724		*Sir H. H. Johnston*			Namenschilder später entfernt
	6029		7725		*Sir Edward Grigg*			
					zusammen		156 Lok	

Garratt-Lokomotiven in Ostafrika

Bahn	Spurweite mm	Klasse	Zahl	Achsanordnung	Zylinderdurchmesser Kolbenhub mm	Triebraddurchmesser mm	Kesseldruck bar	Zugkraft bei 75% Kesseldruck kg	Rostfläche m²	größter Kesseldurchmesser mm	Heizflächen m² Feuerbüchse	Heizflächen m² Rohre	Überhitzer	Dienstgewichte t größte Achslast	Dienstgewichte t Reibungsgewicht	Dienstgewichte t Gesamtgewicht	Vorräte Wasser m³	Vorräte Brennstoff t/l	Bemerkungen	Literaturhinweise
Kenya – Uganda Railway KUR	1000	EC	4	2D1 1D2	419 x 588	1092	12	18260	4,05	1828	16,16	173	35,3	10,1	80,6	127,3	19,3	6 t		1,43 S. 218
East African Railways EAR		50	20	2D1 1D2	419 x 588	1092	12	18260	4,05	1828	16,16	173	35,3	10,7			23,8	t	Kohlefeuerung	
				2D1 1D2	419 x 588	1092	12	18260	4,05	1828	16,16	173	35,3	12,2 / 11	90,3 / 88	140 / 134,8	23,8	10400 t / 6440 t	großer Heizöltank kleiner Heizöltank	
		51	2	2D1 1D2	419 x 588	1092	12	18260	4,05	1828	16,16	173	35,3	12,2	90,3	140	23,8	5 t / 10400 l	Kohlefeuerung Ölfeuerung	Loco 1930 S. 364 Ry Gaz 1930 II S. 90
		52	10	2D1 1D2	419 x 588	1092	12	18260	4,05	1828	16,16	173	35,3	11,1 / 11,8	83,6 / 89	134 / 144,4	21,6 / 23,8	5 t / 10400 l	Kohlefeuerung Ölfeuerung	Ry Gaz 1931 II S. 117
		53	3	2D1 1D2	419 x 588	1092	12	18260	4,05	1828	16,16	173	35,3	11,1	81,3 / 85	133,4 / 140	19,3 / 22,3	6 t / 11270 l	Kohle ehem. TR-Lok Nr. 700–702 Heizöl leichte WD-Type	
		54	7	2D1 1D2	482 x 610	1160	12,65	23300	4,77	2133	19,69	216,2	43,6	14,2	114	174	27,2	10800 l	Heizöl schwere WD-Type	LOK M 1973 Nr. 61
		55	11	2D1 1D2	406 x 610	1219	14	17410	4,53	1828	17	168,4	37	10,5 / 11,4	82,8 / 88	141,2 / 148,6	19 / 24	7 t / 10 t	bei Lieferung an KUR nach Umbau durch KUR für Hauptliniendienst	
		56	6	2D1 1D2	406 x 610	1219	14	17410	4,53	1828	17	168,4	37	10,8	86,1	135,6 / 146	15,4 / 20,4	5450 l / 8637 l	Umgebaute Lok Nr. 5507–5509/1954 Normalausführung	LOK M 1973 Nr. 61
		57	12	2D2 2D2	406 x 610	1371	15,47	18892	4,51	1987	17,65	165,2	34,3	11,2	89,4	149	19	10800 l / 11,5 t	Heizöl Kohle	Organ 1940 Loco 1939 S 272 Ry Gaz 1939 II S. 94
		58	18	2D2 2D2	419 x 660	1371	15,47	19640	4,51	1987	21,74	184	44,3	11,9	95,5	189	27,2	12 t	Kohle	LOK M 1973 Nr. 61
		59	34	2D1 1D2	520 x 711	1371	15,82	33330	6,69	2286	22,95	307,7	69,4	21,3	163	256	39,1	12270 l	Heizöl	Gl. Ann. 1956 S. 127 Lok M 1973 Nr. 61
		60	29	2D1 1D2	406 x 610	1219	14	17410	4,53	1828	15,79	163	34,3	11,2	88,2	154,7	20,9	7720 l		Loco 1955 S. 90, 144, 170 Lok M 1973 Nr. 61
zusammen		12	156, davon 18 WD-Loks																	

11 Kriegs-lokomotiven

Die in diesem Kapitel behandelten Maschinen sind hier zweckmässigerweise zusammengestellt und in ausführlicheren Beschreibungen behandelt sowie mit ihrer ziemlich komplexen Verteilung und Umsetzungen dargestellt. Demgegenüber sind ihre Betriebseinsätze bei den sie betreibenden Bahnen in den diesbezüglichen Abschnitten erwähnt.

Es gibt 2 verschiedene Gruppen von Garratt-Kriegslokomotiven, die beide in den späten Phasen des 2. Weltkrieges gebaut wurden. Beide Gruppen waren hauptsächlich für die Nachschubtransporte im Zusammenhang mit dem Krieg im Pacific tätig.

Die meisten Kriegslokomotiven waren als robuste Einrahmen-Zwillingslokomotiven für den intensiven Einsatz bei ungünstigen Instandhaltungsbedingungen konstruiert worden, wobei die Typen 1D, 1D1 und 1E überwogen. Für Schmalspur d. h. Meter- und Kapspurstrecken wurde die amerikanische «Mac Arthur» 1D1 Type in Hunderten von Stück gebaut. Dies waren allerdings kleine Maschinen und auf einer Reihe von Strecken wurden grössere Loks benötigt, wobei einige dieser Linien auch höhere Achslasten zuliessen als sie die 1D1 Lok hatte.

Es ist eine Anerkennung der grundsätzlichen Einfachheit des Garratt-Konzepts, dass es auch für die ungünstigen Bedingungen der Kriegszeit als geeignet angesehen wurde, so dass mehr als hundert Loks zur Ausführung kamen. Die beiden Gruppen bestanden 1. aus den von Beyer Peacock für das britische Kriegsministerium (British War Department WD) und 2. aus den in Australien für das Commonwealth Land Transport Board (CLTB) gebauten Maschinen.

Zuerst behandeln wir die WD-Maschinen. Die Ausbreitung des Krieges in Fernost sowie der vergrösserte Bedarf an Rohstoffen aus Afrika führten zu einem Bedarf an hochleistungsfähigen Lokomotiven. Um ein grösstmögliches Mass an Vereinheitlichung zu sichern, wurden diese Loks für das Kriegsministerium (WD) gebaut. Nichtsdestoweniger baute man 5 verschiedene Klassen, 2 schwere und 3 leichte, was ein mehr oder weniger unvermeidliches Ergebnis der Notwendigkeit einer raschen Konstruktion war, wie wir noch sehen werden.

Die schwere Type wurde für Afrika gebaut und basierte auf der SAR-Klasse GE 1D1 1D1 als der dem Bedarf nächststehenden Type, wobei die Zylinder mit geraden Dampfkanälen und die runde Stehkesseldecke mehr der Klasse 16 der Rhodesia Railways entsprach.

Schwere Stahlplatten wurden dringend für die Panzerung von Schlachtschiffen benötigt und die Lokkonstruktion hatte sich notgedrungen mit Plattenrahmen abzufinden. Die Kessel waren selbstverständlich mit Überhitzern ausgerüstet und hatten Feuerschirmwasserrohre, aber keine mechanische Rostbeschickung. Von dieser Type baute man 18 Exemplare, wovon 6 zu den Gold Coast Railways kamen. Dort beförderten sie Bauxitzüge mit 1100 t bis zur Ausserdienststellung 1960. 3 Loks teilte man den Chemins de Fer Congo Ocean (CO) zu. Dort fuhren sie Züge bis 1000 t bis zur Umstellung der Bahn auf Dieseltraktion im Jahre 1959, woraufhin sie an die Bahnen der Mocambique (CFM) verkauft wurden. Die anderen 9 Loks gingen an die Rhodesia Railways als deren Klasse 18 und waren ursprünglich zusammen mit der Klasse 16 im Kohlenverkehr des Wankie-Reviers tätig. Auch diese Loks verkaufte man schliesslich an die CFM nach Mozambique, wo sie zusammen mit ihren Schwesterloks von der CO Bahn noch in Betrieb sein dürften.

Für die Kenya Uganda Railway mit Meterspur und höherer zulässiger Achslast ergab sich die Notwendigkeit grösserer Wasservorräte. Die Konstruktion wurde überarbeitet und 7 Stück der 2D1 1D2 wurden für diese Bahn hergestellt. Einzelteile dieser Maschinen wurden mit den Kapspur-1D1 1D1 soweit möglich gleichgehalten, wobei die Loks selbst so gebaut waren, dass ein Umbau auf diese Spur leicht möglich war.

Die 3 leichten Garratt-Typen wurden für den Kriegsschauplatz in Fernost in den Achsfolgen 1D D1, 1D1 1D1 sowie 2D1 1D2 konstruiert.

Die ersten 10 Loks der 1D D1 Type waren eigentlich Nachbauten der Klasse GA III der Burma Railways, die letzten zu dieser Zeit von Beyer Peacock für Burma gebauten Loks und die einzige vierfach gekuppelte Meterspurbauart mit 10 t zulässiger Achslast. Wie bereits in Kapitel 4 angegeben, hatten die Burma Railways damals schon eine Änderung für weitere Loks als 1D1 1D1 Type im Sinn. Wegen der schnelleren Liefermöglichkeit baute man nochmals 10 Loks der ursprünglichen Konstruktion, wogegen die Zeichnungen für die modifizierte Type ausgearbeitet und davon anschliessend 14 Loks geliefert wurden.

Nichtsdestoweniger ergab sich ein Bedarf an einer noch grösseren Lok, und diese 3. Meterspurkonstruktion hat eine interessante sich über 4 Kontinente erstreckende Geschichte.

Kurz vor dem 2. Weltkrieg erteilte die Great Western Railway of Brazil an Beyer Peacock den Auftrag für 4 Meterspur-Garratts 2D1 1D2. Wegen des Krieges konnten diese Loks nicht fertiggestellt werden, jedoch war ein Grossteil der Konstruktionsarbeit ausgeführt. Diese Loks waren genau das, was das WD suchte und so holte man die Zeichnungen wieder her-

207

Eine bemerkenswerte Vergangenheit hat diese schwere WD-Garratt. Als 74415 von Beyer Peacock 1943 für Kapspur gebaut, stand sie als Nr. 287 bei den RR im Dienst. Hier mit einem Schornsteinaufsatz deutscher Bauart gezeigt, trägt sie die Aufschrift RRM-Mashonaland Bahnen. Diese Lokomotive kam später nach Mocambique und wurde dort mit einem noch grösseren Schornsteinaufsatz sowie der CFM Nr. 987 versehen. W. H. C. Kelland

aus, staubte sie ab und arbeitete Änderungen ein, um einen Einsatz der Maschinen im beschränkten Fahrzeugumgrenzungsprofil Indiens zu ermöglichen. Man bestellte 20 Stück mit Überhitzer, runder Stehkesseldecke und Plattenrahmen in den Triebgestellen. Abgesehen von ihrer vergrösserten Dimension waren sie das Gegenstück zu den Burma Loks. Sie wurden als leichte Standard 2D1 1D2 angesehen, hatten jedoch infolge der Ableitung von völlig verschiedenen Ausgangstypen wenig gemeinsam mit der schweren 2D1 1D2 Type.

Diese leichte 2D1 1D2 Lok stellte einen besonders erfolgreichen Versuch von Beyer Peacock dar, vorhandene Typen und Vorarbeiten zu vereinheitlichen. Diese Kriegsloks arbeiteten in Indien, Burma und Ostafrika, die Konstruktion wurde auch an die South Australian Railways abgegeben und einige dieser Loks baute die Firma Franco-Belge in Lizenz. Der ursprüngliche Brasilien-Auftrag einschliesslich 2 weiteren Loks wurden schliesslich unter Lizenz von Henschel ausgeführt. Die Lieferung der modernisierten Nachkriegskonstruktion, dem Wesen nach identisch den Klassen 60 der EAR und 400 der South Australian Railways, erfolgte an die North Eastern Railway of Brazil. Die Baudaten sind nachstehend aufgeführt:

WD-Nr.	Achsfolge	Spur mm	Beyer Peacock Fabrik-Nr.	Baujahr	Zahl
74200–74209	1D D1	1000	7112–7121	1943	10
74210–74223	1D1 1D1	1000	7122–7135	1944	14
74224–74225	2D1 1D2	1000	7140–7141	1944	2
74226–74243	2D1 1D2	1000	7142–7159	1945	18
74400–74417*	1D1 1D1	1067	7057–7074	1943	18
74418–74424*	2D1 1D2	1000	7075–7081	1943	7
* Schwere Type				zusammen	69

Die Verteilung dieser Lokomotiven sowie ihre nachfolgenden Wanderungen enthält die Tabelle auf Seite 213.

Die australische Standard-Garratt (ASG)

Die als ASG bekannte Lok war das Resultat einer plötzlich aufgetretenen gewaltigen Beanspruchung der Bahnen von Queensland infolge des Krieges der Japaner gegen die Alliierten. Die 1939 gefahrenen 25 891 379 Lokomotiv-km hatten sich 1942 auf 39 138 760 km erhöht, eine Steigerung um 51%. Es wurde versucht, durch die Einführung von Garratts die Betriebsführung zu erleichtern.

Beyer Peacock war mit den britischen WD Garratts voll beschäftigt und die Midland Junction Bahnwerkstätten der WAGR hatten bereits Garratts gebaut. Man beschritt deshalb den Weg, die benötigten Maschinen in Australien selbst zu bauen. Eine vorhandene Beyer Peacock Konstruktion hätte benutzt werden können, evtl. mit leichten Änderungen gemäss den Anforderungen.

Der leitende Maschineningenieur der WAGR Mr. Mills machte sich selbst ans Werk und konstruierte eine von Grund auf neue Maschine. Diese 2D1 1D2 sah nicht gut aus und war tatsächlich kein Erfolg.

Die Einzelteile wurden grösstenteils von Zulieferern gefertigt und die Lokmontage erfolgte entweder in Bahnwerkstätten oder bei den Clyde-Lokomotivwerken. Die von den anderen australischen Chefmaschineningenieuren entdeckten Fehler in der Konstruktion waren derart, dass der Maschinenchef der Victorian Railways es ablehnte, den in seiner Werkstätte Newport montierten Loks das Fabrikschild anbringen zu lassen, da er für solche unbefriedigenden Lokomotiven nicht mitverantwortlich sein wollte.

Die Klasse 55 der EAR kam von verschiedenen Lieferern, war für Kohle- oder Ölfeuerung eingerichtet und erhielt schliesslich Giesl-Ejektoren. Die Lok Nr. 5505 war eine der letzten ihrer Art und fährt hier im Jahre 1975 in Nairobi an ihren Unterwegsgüterzug nach Athi River. A. E. Durrant

Nach dem Krieg lehnten es die Lokpersonale der WAGR ab, damit zu fahren. Eine königliche Untersuchungskommission befasste sich mit den Mängeln und als Folge davon nahm man 36 grössere Änderungen an der Bauart vor, bevor die Mannschaften wieder die Führerstände bestiegen.

Dies gab den Maschinen der WAGR letzten Endes eine Dienstzeit von nur etwa 10 Jahren. Die Queensland Railways aber hatten eine so grosse Abneigung gegen diese ASG Loks, dass sie ebenso wie die South Australian Railways bei Beyer Peacock neue Garratts bestellten. Ihre ASG fuhren sie nur für etwas mehr als 1 Jahr.

Die vollständige Konstruktion der ASG hat offensichtlich nur 3 Monate gedauert. Unter diesem Umstand ist es wohl kaum überraschend, dass viele Ein-

zelheiten nicht genau durchdacht waren. Am Bau der Loks waren mehr als 100 über das ganze Land verstreute Firmen beteiligt.

Die Konstruktion umfasste eine 2D1 1D2 Type mit Plattenrahmen und Kolbenschiebersteuerung. Die erste und dritte Kuppelachse in jedem Triebgestell hatte keine Spurkränze und die Radreifen schweisste man nach dem Aufschrumpfen an den Radkörpern fest.
Die Kessel der Bauart Belpaire waren oben über die Aufbauten hinweg vom Schornstein bis zum Führerhaus mit einer Verkleidung ausgerüstet, ein Gestaltungsmerkmal, das ebenso wie die stromlinienförmigen Enden der vorderen und hinteren Wassertanks mit einer auf einfache Bauweise ausgerichteten Kriegslok kaum in Verbindung zu bringen war.
Die Kesselbrücke war zur Gewichtsverringerung mit grossen Dreieckausschnitten versehen und der Kessel selbst besitzt keinen Dom, die Sicherheitsventile sitzen auf einem Mannlochdeckel, welcher sich in der üblichen Lage des Doms befindet.
Es bleibt nun noch die tabellarische Aufstellung der Baudaten und der Verwendung dieser 65 Maschinen, von denen 8 nicht mehr fertigmontiert wurden.
Die Baudaten der 26 160 mm langen Loks waren:

Das letzte Exemplar der missglückten Australian Standard Garratt –ASG– wartet in North Williamstown, Victoria auf die Wiederherstellung für das Museum. Es ist zu erwarten, dass diese Lokomotive in absehbarer Zukunft wieder fahren darf. A. E. Durrant

CLTB-Nr.	Hersteller	Fabrik-Nr.	Baujahr	Zahl
1–4	Newport	–	1943	4
5–10	Newport	–	1944	6
11–20	Islington	–	1943/44	10
21–25	Clyde	472–476	1944	5
26–30	Midland Junction	–	1943/44	5
31–33	Newport	–	1945	3
34–36	nicht fertiggestellt			(3)
37–38	Clyde	492–493	1945	2
39–43	nicht fertiggestellt			(5)
44–45	Islington	–	1945	2
46–50	Midland Junction	–	1945	5
51–53	Clyde	477–479	1944	3
54–65	Clyde	480–491	1945	12
fertiggestellt		zusammen Loks:		57

Die Betreiber von diesen Maschinen sind in folgender Tabelle ersichtlich:

CLTB-Nr.	1. Bahn	2. Bahn	3. Bahn	Zahl	außer Dienst
1–5	QGR	–	–	5	
8, 61	TGR	–	–	2	
9	QGR	TGR	–	1	
10	WAGR	–	–	1	
11	QGR	TGR	–	1	
12	QGR	TGR	Emu Bay Nr. 20A	1	
13–15	QGR	–	–	3	
16	QGR	Emu Bay Nr. 16	–	1	1948
17	QGR	Emu Bay Nr. 18	–	1	1953
18, 19	QGR	TGR	–	2	
20	WAGR	–	–	1	
21, 22	QGR	–	–	2	
23	QGR	Emu Bay Nr. 17	–	1	1948
24	QGR	–	–	1	
25	QGR	TGR	–	1	
26	WAGR	SAR Nr. 305	–	1	1951
27, 28	WAGR	–	–	2	
29–32	WAGR	SAR Nr. 301–304	–	4	1951
33*)	WAGR	APC Nr. 3	–	1	1945
37, 38	TGR	–	–	2	
44–48	WAGR	–	–	5	
49	WAGR	SAR Nr. 300	–	1	1951
50	WAGR	–	–	1	
51–53	QGR	–	–	3	
54–59	WAGR	–	–	6	
60, 62	TGR	–	–	2	
63–65	WAGR	–	–	3	
in Dienst gestellt zusammen ASG-Loks:				55	

*) verwahrt in North Williamstown

Weitere Einzelheiten dieser Loks siehe auch Kapitel 5.

Kriegslokomotiven Bauart Garratt – WD Typen

WD-Nr.	Betreibende Bahnen mit Lok-Nr.									
74200	BAR	702	WD Indien	410	Burma Railways	821 (1945)				
74201	,,	703	,,	411	,,	822				
74202	,,	704	,,	412	,,	823				
74203	,,	701	,,	413	,,	824				
74204	,,	705	,,	414	,,	825				
74205	,,	706	,,	415	,,	826				
74206	,,	707	,,	416	,,	829				
74207	,,	708	,,	417	,,	830				
74208	,,	709	,,	418	,,	827				
74209	,,	710	,,	419	,,	828				
74210	Verlust auf See									
74211	,, ,, ,,									
74212	WD Indien	420			Burma Railways	841				
74213	,,	407			,,	838				
74214	BAR	711	WD Indien	400	,,	831				
74215	,,	712	,,	401	,,	832				
74216	WD Indien	402			,,	833				
74217	,,	403			,,	834				
74218	,,	404			,,	835				
74219	,,	405			,,	836				
74220	,,	421			,,	842				
74221	,,	409			,,	840				
74222	,,	406			,,	837				
74223	,,	408			,,	839				
74224	BAR	680	Assam Railway	680	NER/NEFR	975	ISR	32082		
74225	,,	681	,,	681	,,	976	,,	32083		
74226	,,	682	,,	682	,,	977	,,	32084		
74227	,,	683	,,	683	,,	978	,,	32085		
74228	,,	684	,,	684	,,	979	,,	32086		
74229	,,	685	,,	685	,,	980	,,	32087		
74230	,,	686	Burma Railways	854	TR	753	EAR	5506		
74231	,,	687	,,	855	Burma Railways	865	,,	5507		
74232	,,	688	,,	856	,,	866	,,	5508		
74233	,,	689	,,	857	,,	867	,,	5509		
74234	,,	690	WD Indien	422	,,	851	TR	750	EAR	5503
74235	,,	691	,,	423	,,	852	,,	751	,,	5504
74236	,,	692	Assam Railway	692	NER/NEFR	981	ISR	32088		
74237	,,	693	,,	693	,,	982	,,	32089		
74238	,,	694	Burma Railways	858	Burma Railways	868	EAR	5510		
74239	,,	695	,,	859	,,	869	,,	5511		
74240	,,	696	Assam Railway	696	NER/NEFR	983	ISR	32090		
74241	,,	697	Burma Railways	853	TR	752	EAR	5505		
74242	KUR	120	EAR	5501						
74243	,,	121	,,	5502						
74400	GCR	301								
74401	,,	302								
74402	,,	303								
74403	,,	304								
74404	,,	305								
74405	,,	306								
74406	Congo Ocean		CFM	990						
74407	,,		,,	991						
74408	,,		,,	992						
74409	RR	281	,,	981						
74410	,,	282	,,	982						
74411	,,	283	,,	983						
74412	,,	284	,,	984						
74413	,,	285	,,	985						
74414	,,	286	,,	986						
74415	,,	287	,,	987						
74416	,,	288	,,	988						
74417	,,	289	,,	989						
74418	KUR	89	KUR	100	EAR	5401				
74419	,,	90	,,	101	,,	5402				
74420	,,	91	,,	102	,,	5403				
74421	,,	92	,,	103	,,	5404				
74422	,,	93	,,	104	,,	5405				
74423	,,	94	,,	105	,,	5406				
74424	,,	95	,,	106	,,	5407				

zusammen 69 Lok

Kriegslokomotiven Bauart Garratt

Bahn	Spurweite mm	Klasse	Zahl	Achsanordnung	Zylinderdurchmesser Kolbenhub mm	Triebraddurchmesser mm	Kesseldruck bar	Zugkraft bei 75% Kesseldruck kg	Rostfläche m²	größter Kesseldurchmesser mm	Heizflächen m² Feuerbüchse	Heizflächen m² Rohre	Heizflächen m² Überhitzer	Dienstgewichte t größte Achslast	Dienstgewichte t Reibungsgewicht	Dienstgewichte t Gesamtgewicht	Vorräte Wasser m³	Vorräte Brennstoff t	Bemerkungen	Literaturhinweise
siehe Tabelle auf Seite 196	1067	WD schwer	18	1D1 1D1	482 x 610	1160	12,65	23300	4,77	2133	19,69	216,2	43,6	13,3	105,3	154,2	20,9	9		Loco 1943 S. 98
	1000		7	2D1 1D2	482 x 610	1160	12,65	23300	4,77	2133	19,69	216,2	43,6	13,5	107,5	174,2	27,3	12		
	1000	WD leicht	10	1D D1	393 x 508	990	14	16700	4,06	1711	17,37	144,4	29	10,6	85,1	105	9,1	5		
			14	1D1 1D1	393 x 508	990	14	16700	4,06	1750	17,37	144,4	29	10,6	84,8	119,7	16,3	6		
			20	2D1 1D2	406 x 610	1219	14	17400	4,53	1828	17	168,4	37	10,1	81	139	19	7		
	1067	ASG	57	2D1 1D2	362 x 610	1219	14	13700	3,25	1676	15,1	142,6	29,2	8,6	69	117,7	19	6	65 Lok waren in Auftrag gegeben worden	Loco 1943 S. 145 Ry Gaz 1944 S. 277
zusammen			126 davon 69 Stück der WD-Type																	
Aufteilung auf die Spurweiten	1000 1067		51 75																	

Anhang

Die Garratt und die Zukunft

Bei Erscheinen der ursprünglichen Ausgabe von «The Garratt Locomotive» im Jahre 1969 hatte die 1. Weltölkrise noch nicht stattgefunden und es lag die Annahme nahe, dass die 610 mm Schmalspurmaschinen der South African Railways die letzten neuen Garratts der Welt waren. In der zweiten Hälfte der 1970er Jahre führte die spürbare Ölknappheit zu einer übermässigen Ölpreissteigerung, weshalb die Dieseltraktion in zunehmendem Masse ihre wirtschaftlichen Vorteile einbüsste. Wo eine ausreichende Verkehrsdichte existiert, ist die Elektrifikation eine Lösung, aber auf Strecken mit geringer Zugbelegung und wo Kohle billig verfügbar ist, erschien wieder die Dampflokomotive als Alternative. Zimbabwe arbeitete Garratts für weiteren Dienst wieder auf, wie in Kapitel 9 gezeigt wurde, und revidierte damit z. T. die bis 1980 verfolgte Abkehr von der Dampftraktion, während Zambia mehrere schon ausser Dienst gestellte Garratts wieder aktivierte. In einigen Teilen der Welt wird die Dampftraktion wieder aktiv beibehalten oder in Betracht gezogen und die Wiederaufnahme des Dampflokomotivbaues ist nicht mehr ausser Frage, wahrscheinlich in einer fortschrittlichen weiterentwickelten Form, wobei die allgemeinen Vorbehalte und die Abneigung zu überwinden sind. Die neuere Entwicklung der Wirbelschichtfeuerung eröffnet Möglichkeiten der wirtschaftlichen Verwendung auch geringwertiger Kohle, während das einfachere Gaserzeuger-System, entwickelt von Ingenieur L. D. Porta, in Argentinien und in Südafrika in Betriebserprobung steht. Dr. John Shape vom Queen Mary College in London hat einen Entwurf für eine Dampflokomotive hohen Wirkungsgrades ausgearbeitet und es ist hochinteressant festzustellen, dass die Garrattbauart als die bestgeeignete Fahrzeugform für eine moderne Hochleistungsdampflokomotive mit gutem Wirkungsgrad gewählt wurde. Der Autor hat dieses Thema ebenfalls aufgegriffen mit einem Aufsatz unter dem Titel «Dampflokomotiven – eine Wiederaufwertung für eine ölhungrige Welt», vorgetragen bei der Institution of Mechanical Engineer – Verband der Maschineningenieure – in Bulawayo, und damit anschliessend den C. N. Goodall Preis des Verbandes in London gewonnen. Eine der Illustrationen in der Arbeit des Autors zeigte eine Hochleistungsgarratt mit der Achslast und passend für das Fahrzeugumgrenzungsprofil der South African Railways, welche gegenüber der Klasse GMAM als heutiger stärkster SAR Garratt mehr als die doppelte Leistung aufweist. Zur Zeit der Niederschrift dieser Arbeit gibt es nach Kenntnis des Autors keine Projekte von Firmen für den Bau neuer Garratts. Ob es bei langfristig zu erwartendem verknappendem Ölangebot für die Anwendung der Dampfenergie bei Bahnen auch für die Garratts als bemerkenswerte Bauart neue Möglichkeiten gibt, bleibt der Zukunft überlassen.

In nachfolgenden Tabellen sind die in diesem Werk behandelten Garratt-Loks entsprechend der Kapiteleinteilung nach Empfangsgebieten, Herstellern, Spurweiten und Bauarten zusammengestellt.

Aufteilung der Garratt-Lokomotiven nach Hersteller und Empfangsgebiet. Es wurden 60% der Loks von Beyer Peacock gebaut, in den Rest von 40% teilten sich weitere 19 Hersteller.

Lfd. Nr.	Hersteller	Europa	Asien	Australien	Südamerika	Nord- und Westafrika	Südafrika	Centralafrika	Ostafrika	Kriegslok	zusammen
1	Beyer Peacock & Co.	41	98	86	112	68	179	272	99	69	1024
2	Henschel & Sohn	1	8		16		109	11			145
3	Societe Francho-Belge			30		61	2	10	29		132
4	Societe Saint Leonard	10			2	3		52			67
5	Hanomag	2					59				61
6	Fried. Krupp		8				39	6			53
7	North British Locomotive Co.						37		10		47
8	Haine Saint Pierre					2		24			26
9	J.A. Maffei						22				22
10	Clyde Locomotive Works									22	22
11	WAGR Midland Junction Works			10						10	20
12	Babcock & Wilcox	18									18
13	VR Newport Works			13							13
14	SAR Islington Works			12							12
15	Euscalduna	8									8
16	Hunslet Taylor						8				8
17	Tsumeb Corp.						7				7
18	Linke-Hofmann-Werke						5				5
19	Armstrong Whitworth				4						4
20	Cockerill					4					4
	zusammen	80	114	126	134	140	471	375	138	126	1704

Aufteilung der hergestellten Garratt-Lokomotiven auf Spurweiten und Empfangsgebiete, etwa 53% der Loks waren für Kapspur bestimmt.

Lfd. Nr.	Spurweite Zollsystem ft	inch	Metersystem mm	Europa	Asien	Australien	Südamerika	Nord- und Westafrika	Südafrika	Centralafrika	Ostafrika	Kriegslok	zusammen
1	1'	11$\frac{5}{8}$"	600							20			20
2	2'	—	610		1	2				63			66
3	2'	5$\frac{1}{2}$"	750					3		32			35
4	2'	6"	762		5	2		27					34
5	3'	—	914				4						4
6	3'	3$\frac{3}{8}$"	1000	16	61		72	39		12	138	51	389
7	3'	5$\frac{5}{16}$"	1050					4					4
8	3'	6"	1067	2		75	3	34	408	311		75	908
9	4'	8$\frac{1}{2}$"	1435	39	5	47	30	33					154
10	5'	—	1524	1									1
11	5'	3"	1600		9								9
12	5'	6"	1676	22	42		16						80
	zusammen			80	114	126	134	140	471	375	138	126	1704

Aufteilung der hergestellten Garratt-Lokomotiven auf Bauarten und Empfangsgebiete, etwa ²/₃ der Loks gingen nach Afrika

Lfd. Nr.	Achsenanordnung	Europa	Asien	Australien	Südamerika	Nord- und Westafrika	Südafrika	Centralafrika	Ostafrika	Kriegslok	zusammen
1	B B	4	1	2	2	3	20				32
2	1B B1		1		3						4
3	1B1 1B1				4						4
4	2B1 1B2			2	8						10
5	Lok mit 2 × 2 Triebachsen	4	2	4	17	3	20				50
6	C C	3	2				32				37
7	1C C1	33		27	14	2	8				84
8	1C1 1C1	16	17	2	9	8	148	43			243
9	2C C2				7						7
10	2C1 1C2	6		3	36	52	67				164
11	2C2 2C2						10	74			84
12	Lok mit 2 × 3 Triebachsen	58	19	32	66	72	223	149			619
13	1D D1	1	26			8			10		45
14	1D1 1D1	16	20		10	10	29	50		32	178
15	2D D2			26							26
16	2D1 1D2	1	21	43	41	47	219	156	108	84	720
17	2D2 2D2			47					30		77
18	Lok mit 2 × 4 Triebachsen	18	93	90	51	65	248	206	138	126	1034
19	zusammen	80	114	126	134	140	471	375	138	126	1704
20	davon für Afrika						1124				

Garratt-Lokomotiven deutscher Lokomotivfabriken

Land und Bahn	Klasse	Bauart	Betr.-Nr.	Zahl	Fabrik-Nr.	Baujahr	Hersteller
Holland Limburg Tramweg		C C	51	1	22063	1931	Henschel
Thailand Staatsbahn		1D1 1D1	451–456	6	21618–21623	1929	
		1D1 1D1	457–458	2	23109 23110	1936	
Brasilien VFRGS		2C1 1C2	901–910	10	22047–22056	1931	
Brasilien R.F.N.		2D1 1D2	610–615	6	25257–25262	1952	
Südafrika SAR	HF	1D1 1D1	1380–1389	10	20698–20707	1927	
	HF	1D1 1D1	1390	1	21052	1928	
	GF	2C1 1C2	2407–2424	18	21053–21070	1928	
	GMA	2D1 1D2	4051–	5	28680–28704	1952	
	GMAM	2D1 2D2	4075	20			
	GMAM	2D1 1D2	4141–4170	30	29600–29629	1957 1958	
	GO	2D1 1D2	2572–2596	25	28705–28729	1954	
Mocamedes CFM		2D1 1D2	101–106	6	27000–27005	1953	
Mocambique CFM		2D1 1D2	971–975	5	28642–28646	1956	
				145			
Spanien La Robla		1C1 1C1	80–81	2	10646–10647	1929	Hanomag
Südafrika SAR	GF	2C1 1C2	2370–2406	37	10512–10548	1927 1928	
	NGG13	1C1 1C1	49–50	2	10598–10599	1928	
	NGG13	1C1 1C1	58–69	12	10549–10560	1927	
	NGG13	1C1 1C1	77–83	7	10629–10635	1928	
	NGG14	1C1 1C1	84	1	10747	1928	
				61			
Burma BR	GA IV	1D D1	485–492	8	1077–1084	1929	Krupp
Südafrika SAR	GCA	1C1 1C1	2190–2202	13	970–982	1927	
	GCA	1C1 1C1	2600–2625	26	1043–1068	1928	
Luanda CFL		2D1 1D2	551–556	6	2493–2498	1954	
				53			
Südafrika SAR	GDA	1C1 1C1	2255–2259	5	3115–3119	1929	Linke-Hofmann
Südafrika SAR	U	1C1 1C1	1370–1379	10	5673–5682	1927	Maffei
	GH	2C1 1C2	2320–2321	2	5687–5688	1927	
	GF	2C1 1C2	2425–2434	10	5758–5767	1928	
				22			

Abkürzungen

ABR	Assam Bengal Railway (Indien)	ME	Maschinenfabrik Esslingen
ALCO	American Locomotive Company	MNR	Mocambique National Resistance
APC	Australian Portland Cement Co.	MR	Maschonaland Railway (Rhodesien)
ARHS	Australian Railway Historical Society	MR	Mauritius Railways
ASG	Australian Standard Garratt		
		NBL	North British Locomotive Co. (Glasgow)
BAGSR	Buenos Aires Great Southern Railway	NCCR	New Cape Central Railway (Südafrika)
BAP	Buenos Aires & Pacific Railway	NER	North Eastern Railway (Indien)
BAR	Bengal Assam Railway (Indien)	NEFR	North Eastern Frontier Railway (Indien)
BESA	British Engineering Standards Association (Vorläufer der BSI)	NGR	Nepal Government Railway
		NR	Nigerian Railways (Westafrika)
BCK	Chemins de Fer du Bas Congo a Katanga	NRZ	National Railways of Zimbabwe (Afrika)
BNR	Bengal Nagpur Railway (Indien)	NS	Nederlandse Spoorwegen
BP	Beyer Peacock & Co. Ltd (Manchester)	NSW	New South Wales (Australien)
BR	British Railways; Burma Railways	NSWGR	New South Wales Government Railways
BSI	British Standards Institution	NTZR	Nyasaland and Trans Zambezia Railways
		NZGR	New Zealand Government Railways
CA	Central of Aragon (Spanien)	NZRLS	New Zealand Railway and Locomotive Society
CFA	Chemins de Fer Algérien		
CFA	Caminhos de Ferro Angola (Afrika)	ORC	Ottoman Railway Co. (Türkei)
CF	Caminhos de Ferro (= Eisenbahn)		
CFB	Caminhos de Ferro Benguela (Afrika)	pK	Kesseldruck
CFE	Chemins de Fer Franco-Ethiopien (Afrika)	PLM	Paris, Lyon & Méditerranée
CFL	Caminhos de Ferro Luanda (Afrika)	PNKA	Perushaan Negera Kerata Api (Indonesien)
CFM	Caminhos de Ferro Mocamedes (Afrika)		
CFM	Caminhos de Ferro Mocambique (Afrika)	QGR	Queensland Government Railways (Australien)
CFM	Chemins de Fer Madagascar		
CLTB	Commonwealth Land Transport Board	RC	Rotary cam poppet valves (Ventilsteuerung mit umlaufender Nockenwelle)
CME	Chief Mechanical Engineer		
CO	Chemins de Fer Congo Ocean (Afrika)	RCTS	Railway Correspondence and Travel Society (Grossbritannien)
Co	Company		
		REGM	Randfontain Estates Gold Mines (Südafrika)
DNC	Durban Navigation Collieries (Südafrika)	RESSCO	Rhodesian Engineering and Steel Supply Company (Bulawayo) (heute ZECO)
EAR	East African Railways		
EFDTC	Estrada de Ferro Donna Teresa Cristina (Brasilien)	RENFE	Red Nacional de los Ferrocarriles Espanoles
		RFN	Rede Ferroviaria do Noroeste (Brasilien)
FC	Ferrocarril (= Eisenbahn)	RR	Rhodesia Railways
FCAB	Ferrocarril Antofagasta Bolivia	RRM	Rhodesia Railways Mashonaland
FCC	Ferrocarril Central (Peru)		
FCD	Ferrocarril Dorado (Columbien)	SAR	South African Railways
FC DEL P	Ferrocarril DEL Pacifico de Columbia	SAR	South Australian Railways
FCER	Ferrocarril Entre Rios (Argentinien)	SLDC	Sierra Leone Development Co.
FCLPA	Ferrocarril La Paz Antofagasta (Bolivien)	SLGR	Sierra Leone Government Railways (Westafrika)
FCM	Ferrocarril Midland (Argentinien)	SNCV	Société Nationale Chemins de Fer Vicinaux (Belgien)
FCNEA	Ferrocarril Nordeste Argentino		
FCS	Ferrocarril de Salitrero (Chile)	SO	Schienenoberkante
FrB	Soc. Franco-Belge de Matériel de Chemins de Fer, Raismes (Frankreich)	SR	Sudan Railways
		SZD	Sovjetske Zeleznyje Dorogi (Sowjetische Staatsbahnen)
GC	Great Central (Grossbritannien)		
GCR	Gold Coast Railway (Westafrika)	TB	Tanganjika Bahn
G & Q	Guayaquil and Quito Railway (Ecuador)	TCDD	Türkiye Cumhuriyeti Devlet Demiryollar
GR	Ghana Railways (Westafrika)	TNC	Transvaal Navigation Collieries (Südafrika)
		TGR	Tasmanian Government Railways
HStP	S.A. Forges Usines et Fonderies de et à Haine St. Pierre (Belgien)	TR	Tanganjika Railways (Ostafrika)
		TZR	Trans-Zambezia Railways (Ostafrika)
ISCOR	South African Iron & Steel Corporation	UP	Union Pacific Railroad
ISR	Indian State Railways		
		VFRGS	Vicao Ferrea do Rio Grande do Sul (Brasilien)
KDL	Katanga Dilolo Leopoldville (Afrika)	VGR	Victorian Government Railways (Australien)
KUR	Kenya Uganda Railway (Ostafrika)		
		WAGR	West Australian Government Railways
LMS	London, Midland & Scottish Railway	WD	War Department (Kriegsministerium in Grossbritannien)
LNER	London & North Eastern Railway		
Ltd	Limited		
LTM	Limburgsche Tramweg Maatschappij (Niederlande)	ZECO	Zimbabwe Engineering Company (früher RESSCO)
LüK	Länge über Kupplung	ZR	Zambian Railways (Afrika)
LüP	Länge über Puffer	ZRR	Zimbabwe Rhodesian Railways (Afrika)

Literaturverzeichnis

Bei der Bearbeitung des Buches hat der Autor die nachfolgend aufgeführten Bücher und Zeitschriften zu Rate gezogen. Diese können auch den Lesern empfohlen werden, welche das Thema noch eingehender studieren wollen. In den Tabellen mit den Hauptabmessungen, die den einzelnen Kapiteln für jede Loktype beigegeben sind, ist in der Spalte Literatur ein entsprechender Hinweis. Die deutschsprachigen Quellen hat der Übersetzer hinzugefügt.

Bücher

1. Abbott: The Fairlie Locomotive
   Verlag David & Charles, Newton Abbot   1970
2. Ahrons: The British Steam Railway Locomotive From 1825–1925
   The Locomotive Publishing Co. London   1927
   Nachdruck von Ian Allan Ltd Shepperton   1961, 1963
3. Allen and Wheeler: Steam on the Sierra
   Cleaver-Hume Press Ltd   1970
4. Butrims: Australian Garratt
   Geelong Steam Preservation ARHS Sydney   1975
5. Beridge: Couplings to the Khyber
   David & Charles   1969
6. Colquhon, Stewin & Thomas: Proceed to Peterborough
   Australian Railway Historical Society, Sydney   1970
7. Cox: Locomotive Panorama
   Ian Allan Ltd., Shepperton   1965
8. Cox: Chronicles of Steam
   Ian Allan Ltd.,   1967
9. Croxton: Railways of Rhodesia
   David & Charles   1973
10. Durrant: The Garratt Locomotive
    David & Charles   1969
11. Durrant: The Mallet Locomotive
    David & Charles   1974
12. Durrant: Australian Steam
    David & Charles   1978
13. Durrant, Jorgensen & Lewis: Steam on the Veld
    Ian Allan Ltd   1972
14. Durrant, Jorgensen & Lewis: Dampf in Afrika
    Orell Füssli Verlag Zürich   1982
15. Ewald: Henschel Lokomotivtaschenbuch
    Henschel & Sohn, Kassel   1935, 1952 und 1960
    Nachdruck der Ausgabe 1935 bei Verlag Dumjahn, Mainz 1977
16. Ewald: Der Erfurter Lokomotivbau und die Hagans-Gelenklokomotive
    Jahrbuch für Eisenbahngeschichte (Karlsruhe) 4(1971) Seite 5–44
17. Fawcett: Die Andenbahnen
    Orell Füssli Verlag Zürich   1967
18. Fawcett: Steam in the Andes
    Bradford Barton   1973
19. Giesl-Gieslingen: Lokomotiv-Athleten
    Verlag Josef Otto Slezak, Wien   1976
20. Gölsdorf: Lokomotivbau in Alt-Österreich
    J. O. Slezak   1978
21. Gunzburg: WAGR-Locomotives 1940–1968
    ARHS Sydney   1968
22. Hefti: Tramway Lokomotiven
    Birkhäuser Verlag Basel   1980
23. Holland: Steam Locomotives of the South African Railways
    David & Charles   1971
24. Hughes: Steam in India
    Bradford Barton   1976
25. Hughes: Steam Locomotives in India
    Continental Railway Circle   1977, 1979
26. Jorgensen & Lewis: The Great Steam Trek
    Struik   1978
27. Kinert: Early American Steam Locomotives
    Superior Publishing – Bonanza Books New York   1962
28. Marshall & Wilson: Locomotives of the SAR
    ARHS Sydney   1972
29. Marshall: Steam on the RENFE
    Macmillan & Co., Ltd London   1965
30. Mair: Twenty Four Inches Apart
    Oakwood Press   1963
31. Mc Claire: The NZR Garratt Story
    1978
32. Nock: The British Steam Railway Locomotive 1925–1965
    Ian Allan Ltd.   1966
33. Obregon: Memorias des Ferrocarril del Sur
    Ecuador   1977
34. Overbosch: De Stoomlocomotieven der Nederlandse Tramwegen
    H. Waldorp, Utrecht, Enschede   1957
35. Palmer and Stewart: Cavalcade of New Zealand Locomotives
    A. H. & A. W. Reed, Wellington   1965
36. Preston: NSWGR in Steam
    ARHS Sydney   1978
37. Purdom: British Steam on the Pampas
    Mechanical Engineering Publications, London, New York 1977
38. Ramear: Steam Locomotives of East Africa
    David & Charles   1974
39. Slezak: Der Giesl-Ejektor
    J. O. Slezak, Wien   1967
40. Small: Far Wheels
    Cleaver Hume Press Ltd. London   1959
41. Stöckl: Im Land der Beyer Garratts – Rhodesia Railways
    Verlag Gustav Röhr, Krefeld   1972
42. Talbot: Steam from Kenya to the Cape
    Continental Railway Circle, Kenton, Harrow, England   1975
43. Wiener: Articulated Locomotives
    Constable, London   1930
    Nachdruck von Kalmbach Publishing Co., Milwakee   1970
44. Zurnamer: The Locomotives of the South Africa, Railways
    Dreyer Printers & Publishers Bloemfontain   1970
45. A Century Plus of Locomotives – New South Wales Railways 1855–1965
    ARHS Sydney   1965
46. Locomotives of the LNER Part 9B
    RCTS   1977
47. G 42 – Puffing Billy's Big Brother
    Puffing Billy Society   1981
48. Rhodesia Railways Museum
    Rhodesia Railways   1975
49. Steam in South Africa and Rhodesia
    World Steam   1976
50. Stoffels: Lokomotivbau und Dampftechnik S. 76
    Birkhäuser Verlag Basel   1976

Zeitschriften – Die Artikel betr. Garratts sind in den Daten-Tabellen angegeben

ARHS	Australian Railway Historical Society Bulletin (Sydney)
BPQ	Beyer Peacock Quarterky Review (Manchester)
CRJ	Continental Railway Journal
BI	Der Bahn-Ingenieur (Berlin)
EI	Der Eisenbahn-Ingenieur (Frankfurt am Main)
Bulletin	Bulletin de l'Association Internationale du Congrès des Chemins de Fer (Bruxelles)
Engg	Engineering (London)
Gl Ann	Glasers Annalen (Berlin)
HaN	Hanomag-Nachrichten (Hannover)
HH	Henschel Hefte (Kassel)
HeN	Henschel Nachrichten (Kassel)
HR	Henschel Review (Kassel)
Inst. Loco	The Institution of Locomotive Engineers (London)
Inst. Mech.	The Institution of Mechanical Engineers (London)
Lok	Die Lokomotive (Wien/Bielefeld)
Loco	The Locomotive Railway Carriage & Wagon Review (London)
Monatsschrift	Monatsschrift der Internationalen Eisenbahn-Kongress-Vereinigung (Brüssel)
Lok M	Lok Magazin (Stuttgart)
M T	Modern Transport (London)
NG	The Narrow Gauge
The Eng.	The Engineer (London)
Organ	Organ für die Fortschritte des Eisenbahnwesens (Berlin)
Ry Age	Railway Age (New York)
Ry Eng	Railway Engineer (London)
Ry mech Eng	Railway Mechanical Engineer (New York)
Ry Gaz	The Railway Gazette (London)
Revue	Revue Générale des Chemins de Fer (Paris)
SAR	South African Railways & Harbours Magazine
TN	Traction Nouvelle (Paris)
VT	Verkehrstechnik (Berlin)
VW	Verkehrstechnische Woche (Berlin)
WuL	Waggon und Lokomotivbau (Düsseldorf)
VuT	Verkehr und Technik (Bielefeld)
Klb Ztg	Deutsche Strassen- und Kleinbahn-Zeitung (Wiesbaden)
Z VDI	Zeitschrift des Vereins Deutscher Ingenieure (Berlin)

Garratt-Lokomotiven – Zeitschriftenartikel

Lokomotive Bauart Garratt für die Tasmanische Staatsbahn
  Organ für die Fortschritte des Eisenbahnwesens 65 (1910) Nr. 18 S. 330-1
B+B-Garratt-Lokomotive der Darjeeling-Himalaya-Bahn
  Organ... 67 (1912) Nr. 9 S. 157
Garratt-Lokomotiven für die westaustralische Eisenbahn (Klassen M u. Ms)
  Organ 78 (1923) Nr. 5 S. 104
1D+D1-h6 Garratt-Lokomotive und 1D1-h3 Lokomotive der London and North Eastern Bahn
  Organ 80 (1925) Nr. 23 S. 514–515
1D1+1D1 Garratt-Lokomotive der Nitrate Railway in Chile
  Organ 81 (1926) Nr. 24 S. 512–514
1C1+1C1–h4 Garratt-Lokomotiven der Rhodesischen Eisenbahn (Klasse 13) Organ 82 (1927) Nr. 1 S. 18
Danneker: Deutsche Garratt-Lokomotiven für Südafrika
  Organ 83 (1928) Nr. 7 S. 122–127
1C+C1–h4 Garratt-Lokomotive der London, Midland und Schottischen Bahn
1D+D1–h4v Garratt-Lokomotive der Eisenbahnen von Birma
  Organ 83 (1928) Nr. 7 S. 138
2D1+1D2–h4 Garratt-Lokomotive der Südafrikanischen Eisenbahnen (Kl. GL)
  Organ 85 (1930) Nr. 11 S. 287–288
Danneker: Die Betriebserfahrungen mit Garratt-Lokomotiven bei den Südafrikanischen Eisenbahnen
  Organ 85 (1930) Nr. 11 S. 285–286
1C1+1C1–h4 Garratt-Lokomotive der brasilianischen großen Westbahn
  Organ 86 (1931) Nr. 20 S. 425–426
Bangert: Neue Rahmenkonstruktion für Garratt-Lokomotiven
  Organ 88 (1933) Nr. 12 S. 249–250
Beyer-Garratt-Lokomotive für Meterspur (KUR Klasse EC 3)
  Organ 95 (1940) Nr. 7 S. 121
Schneider: 1D1+1D1-Garrattlokomotive der Bahn Dschibuti – Addis Abeba
  Organ 96 (1941) Nr. 4 S. 54–55
Schöning: Das Schlingerproblem an Eisenbahnfahrzeugen
  Organ 97 (1942) Nr. 17/18 S. 245–268 bes. S. 255–259
Thormann: Garratt-Lokomotiven für die South African Railways
  Hanomag-Nachrichten 14 (1927) Nr. 169/170 S. 151–168
  Die Lokomotive 26 (1929) Nr. 9 S. 157–166 und Nr. 11 S. 197–202
Südafrikanische Lokomotiven 1901–1936
  Die Lokomotive 34 (1937) Nr. 6 S. 97–110 und Nr. 7 S. 117–124
Schröter: Neuere afrikanische Lokomotiven
  Der Bahn-Ingenieur 58 (1941) Nr. 24 S. 281–285
Schöning: Das Schlingerproblem an Eisenbahnfahrzeugen
  Glasers Annalen 67 (1943) Nr. 1 S. 1–9
Jaeger: Die Garratt-Lokomotiven in Afrika
  Neue Zürcher Zeitung, Beilage Technik vom 15.8.1956, erweiterter Separatabdruck hiervon herausgegeben von Henschel & Sohn
Bangert: Neue Henschel-Beyer-Garratt-Lokomotiven für Afrika
  Glasers Annalen 78 (1954) Nr. 10 S. 269–276
Bangert: Henschel Gelenk-Lokomotiven
  Henschel Nachrichten (1958) Nr. 1/2 S. 18–25
125 Jahre Henschel-Lokomotiven
  LOK Magazin 12 (1973) Nr. 59 S. 92–124
Ramaer: Die East African Railways
  LOK Magazin 12 (1973) Nr. 61 S. 295–307
Flakowski: Die SAR-Dampflokomotiven – ein Überblick
  LOK Magazin 13 (1974) Nr. 64 S. 59–69
Lübsen: Garratt-Lokomotiven
  LOK Magazin 14 (1975) Nr. 70 S. 9–16
Machefert-Tassin: Retour sur la traction au «charbon»
  Revue de l'Association Française des Amis des Chemins de Fer (Paris) 1982/4 No. 355 S. 176–188 und 1982/5 No. 356 S. 191–210

Index

Alco 19, 81
Äthiopien 104
Algerien 23, 99, 100
Allen, Horatio 10
Angola 181
Ansaldo 104
Antofagasta (Chili) & Bolivia Railway 91
Argentinien 81
Argentine North Eastern Railway 83
Armstrong Whitworth 91, 96, 215
Assam Bengal Railway 50, 213
Asynchronlauf der Garratt-Lok 8, 28
Australien 65
Australian Portland Cement Co. 69
Australian Standard Garratt 68, 70, 71, 209, 212, 214

Babcock & Wilcox 39, 41, 215
Bagnall 14
Baldwin 16
Baltimore & Ohio Railroad 10, 19
Barrenrahmen 60, 94
Bauarten von Garratt-Loks 216
Belgien 10, 23, 42
Bengal Assam Railway 50, 213
Bengal Nagpur Railway 48
Benguela Railway 181
Beyer Peacock & Co. Ltd. 7, 21, 23, 35, 47, 48, 50, 54, 56, 58, 61, 62, 67, 68, 70, 71, 75, 76, 82, 83, 85, 86, 88, 93, 94, 96, 122, 123, 124, 161, 162, 178, 186, 188, 190, 204, 205, 207, 215
Blesbok Colliery 157
Bolivien 91
du Bousquet 13, 14
Brasilien 85
Buenos Aires & Pacific Railway 81
Buenos Aires Great Southern Railway 82
Buenos Aires Midland Railway 83
Bulgarien 9
Bulleid 17
Burma 52, 207, 208, 213
Buthidaung-Maungdan Tramway 56

Caprotti-Ventilsteuerung 49
Catalanische Bahnen 36
Centralbahn von Aragon 41
Ceylon Government Railways 56
Chemins de Fer du Bas a Katanga 169
Chile 93
Clyde Locomotive Works 67, 212, 215
Cockerill 10, 162, 215
Col Collins 17, 129, 131, 135, 136, 138
Compania Minera de Sierra Menera 39
Columbische Nationalbahnen 96
Compagnie du Chemins de Fer du Congo 168
Congo Ocean 123, 207, 213
Consolidated Main Reef Mines 157
Cordoba Centralbahn 82
Cossart Ventilsteuerung 101, 102

Darjeeling Himalaya Railway 21, 46
Day, W. A. J. 29, 141
Deutschland 9, 18, 131, 216
Deutsch-Ostafrika 193, 199
Doroda Railway 96

Drehgestell-Loks 9, 10, 13, 14, 76
Drillingstriebwerk 32, 76
Dundee Coal and Coke Co. 158
Dunn's Locomotive Works 156

East African Railways 199, 213
Elfenbeinküste 104
Emu Bay Railway 67
Entre Rios Railway 83
Enyati Railway 135, 158
Equador 94
Erhalten gebliebene Garratts 35, 41, 47, 50, 59, 62, 65, 67, 69, 75, 85, 91, 124, 141, 153, 166, 171, 178, 180, 188, 203, 204, 205, 212
Euskalduna 39, 41, 215
Estrada de Ferro Donna Teresa Cristina 90

Fairlie, Robert 12
Fairlie Loks 10, 12, 16, 52, 129, 131
Fell-Garratt-Projekt 76
Festiniog Railway 13, 17, 67
Feuerbüchswasserkammern 149
Feuerschirmwasserrohre 149
Frankreich 14, 18
Franco-Belge 71, 102, 104, 178, 205, 208, 215

Garratt, Herbert William 7, 21
Garratt-Loks für Spurweite
  7 1/4″ 184 mm 45
  10 1/4″ 260 mm 45
  1′11 5/8″ 600 mm 23, 165
  2′ 610 mm 7, 21, 46, 65, 152, 162, 163
  2′ 5 1/2″ 750 mm 23, 99, 168
  2′ 6″ 762 mm 56, 121
  3′ 914 mm 96
  3′ 3 3/8″ 1000 mm 36, 42, 50, 52, 62, 82, 85, 88, 104, 122, 192, 207
  3′ 5 5/16″ 1050 mm 100
  3′ 6″ 1067 mm 36, 75, 94, 102, 127, 169, 207
  4′ 8 1/2″ 1435 mm 31, 42, 62, 71, 83, 93, 97
  5′ 1524 mm 44
  5′ 3″ 1600 mm 86
  5′ 6″ 1676 mm 41, 47, 56, 81, 82
Getriebe-Garratt-Projekte 76
Geometrie des Fahrzeuglaufs 9
Ghana (Goldküste) 122, 207
Giesl Ejektor 173, 175, 203
Great Western Railway of Brazil 91, 207
Guayaquil & Quito Railway 94

Hagans Lokomotive 21, 65
Haine St. Pierre 99, 169, 190, 215
Hanomag 38, 39, 134, 152, 162, 215, 216
Hersteller von Garratt-Loks 215, 216
Henschel 17, 44, 59, 90, 91, 101, 136, 162, 188, 190, 215, 216
Hlobane Colliery 160
Holland 42
Hunslet 162, 215
Holzfeuerung bei Garratts 90, 104, 124, 184, 192

Indien 45, 46, 208, 213
Indochina (Vietnam) 62, 204
Industriebahn-Garratts 7, 32, 35, 155, 161
Instandhaltung 30
Iran 62
Italien 104

Java (Indonesien) 9, 18
Jugoslawien 9

Kenya Uganda Railway 192, 207
Kitson & Co. 14, 45, 124
Kitson-Meyer Lokomotive 14, 17, 25, 93, 127
Kriegslokomotiven 52, 123, 189, 190, 207, 212, 213
Krupp 54, 131, 162, 186, 215, 216

La Robla Bahn 38
Lentz Ventilsteuerung 49
Leopoldina Bahn 85
Lickey Rampe 34
Limburgsche Tramweg Maatschappij 42
Linke Hofmann Werke 134, 162, 215, 216
London & North Eastern Railway 31
London, Midland & Scottish Railway 32, 193
Luanda Bahn 186

Maffei 12, 162, 215, 216
Madagaskar 124
Mallett-Garratt-Projekte 26, 81
Mallet-Lokomotiven 17, 18, 39, 47, 53, 127
Mauritius 124
Mayumbe Bahn 165
Mechanische Rostbeschickung 74, 101, 102, 137, 150, 190, 146
Mexiko 12
Meyer Lokomotiven 13
Moçambique Bahnen 7, 188, 207
Mocamedes Bahnen 148
Mogyana Bahn 85
Mehrdüsenblasrohr 175
Miniaturloks 45

Nepal 56
New Cape Central Railway 127, 131, 156
New Clydesdale Colliery 157
New Douglas Colliery 157
New Raleigh Colliery 157
New South Wales Government Railways 71
Neuseeland 75
Nigeria 123
Nitrate Railway (Chile) 93
North British Locomotive Co. 16, 53, 78, 129, 162, 193, 204, 215
North East Frontier Railway 52
North Western Railway 46
Nordbahn in Frankreich 10, 14

Ölfeuerung 31, 45, 62, 168, 184
Österreich 9, 10
Ottoman Railway 60

Pakistan 47
Paraguay 84

Pennsylvania Railroad 10
Peru 96
Petiet 10
Piracicaba Sugar Co. 90
Porto Feliz Sugar Co. 90
Portugal 18

Queensland Government Railways 70, 209

Randfontain Estates Gold Mines 161
RENFE 41
Rio Tinto Bahn 36
Rhodesia Railways 213
Rhokana Corporation 170
Rotierender Kohlebunker 27, 101
Russland 9, 44
Rustenberg Platinum Mines 157

Santa Fe Railroad 19
Sao Paulo Railway 86
SAR Islington Works 67, 212, 215
Senegal 104
Shay Locomotive 94
Sierra Leone 121, 122
Societe Anonyme de St. Leonard 23, 36, 44, 91, 99, 124, 166, 169, 215
Societe Anonyme des Mines du Zaccar 23, 99
South African Railways 7, 17, 27, 28, 127
SAR Garratt Klassen 162
    GA 127
    GB 128
    GC/GCA 129, 131
    GD/GDA 129, 134
    GE 136
    GEA 142
    GF 134
    GG 131
    GH 136
    U 136
    GK 131
    GL 138
    GM 142, 150
    GMA 150
    GMAM 150
    GO 146, 147, 149, 152
South African Coal Estates 158
South African Iron and Steel Corp. 158
South Australian Railways 71, 212
Spanien 10, 29, 36
Speisewasservorwärmer 27, 94, 101, 193
Stahlgußrahmen 27
Sri Lanka 56
Sudan 102
Spurweiten von Garratt-Loks 43, 63, 79, 97, 126, 163, 164, 191, 206, 208, 214, 215
Societe Nationale des Chemins de Fer Vicinaux 42

Tanganjika Railways 199
Tanzania 197
Tasmania 7, 21, 23, 65, 212, 213
Thailand 24, 58
Tramway Garratts 21, 42, 56
Transandine Railway 83
Transvaal Navigation Collieries 157
Trans Zambesia Railway 188
Türkei 60
Tsumeb Corp. 155, 215
Tweefontain United Collieries 157

Uganda Railway 192
Union Garratt 136, 137
Ungarn 19
USA 9, 19, 26

Vicao Ferrea do Rio Grande do Sul 88
Victorian Government Railways 68
Vietnam (Indochina) 62
Vierling-Garratt-Triebgestell 22, 67
Ventilsteuerung 28, 49
Verbund-Garratts 21, 26, 53, 65
Vergleiche Garratts und andere Gelenktypen 25, 26, 28, 47, 48, 128
Vryheid Corporation Colliery 160
Vulcan Foundry 52, 77
VR Newport Works 209, 212, 215

Watson, A. G. CME der SAR 29, 139, 141
WAGR Midland Junction Works 68, 212, 215
WD-Garratts 207, 213
Western Australian Government Railways 67, 210
William, W. Cyril 7
Worsborough Rampe 31

Zaire 165
Zambia 169, 181
Zimbabwe Railways 169
ZR Garratt-Klassen 178
    13   170
    14   170
    15   172
    16   171
    17   175
    18   175, 213
    20   176
Zukunft der Garratt 178, 215

Dank

Bei der Abfassung sowohl des vorgehenden Bandes «The Garratt Locomotive» als auch dieses Buches erhielt der Autor grosse Hilfe von verschiedenen Bahnen, Lokomotivherstellern und Eisenbahnfreunden aus der ganzen Welt, wie nachfolgend aufgeführt. Das wesentlich erweiterte Literaturverzeichnis zeigt, wie das weltweite Interesse an der Dampflokomotive in den letzten 10 Jahren zugenommen hat mit vielen inzwischen veröffentlichten Büchern, welche früher noch nicht verfügbar waren. Erfreulich ist auch, dass so viele dieser Bücher Informationen über Garratts enthalten.

Bahnen, die dem Autor durch Bereitstellung von Unterlagen, Photos oder Hilfe bei seinen Reisen gewährt haben sowohl bei brieflichen Anfragen als auch häufig bei persönlicher Vorsprache durch freundliches Entgegenkommen waren:

Antofogasta (Chile) and Bolovia Railway
Angola Railways
Benguela Railway
Belgrano Railway
British Railways
Catalan Railways
F. C. Iquique a Pueplo Hundido
East African Railways
Ghana Railways
Indian Railways
Malawi Railways
Mocambique Railways
Mocamedes Railway
New South Wales Railways
New Zealand Railways
Nigerian Railways
Queensland Railways
Rhodesia Railways/National Railways of Zimbabwe
South African Railways
South Australian Railways
Santos-Jundiai Railway
S. N. C. Vicinaux
Sudan Railways
Tasmanian Government Railways
Royal State Railways of Thailand
Victorian Railways
Western Australian Government Railways

Hersteller und andere Firmen gaben Hilfestellung wie folgt:

Beyer Peacock
Babcock & Wilcox (Bilbao)
Thyssen Henschel
Crown Agents
English Electric
Euskalduna
Franco Belge
General Steel Castings, Inc.
Krauss Maffei
Krupp
RESCCO, Bulawayo
SKF (South Africa)
British Timken

Von den zahlreichen Eisenbahnfreunden, welche geholfen haben und deren Namen meist bei den betr. Fotos genannt sind, müssen besonders hervorgehoben werden:
Messrs. G. S. Moore, welche viele Einzelheiten zu den Baudaten und Fabrik-Nr. beitrugen, und H. C. Hughes für seine wertvollen Details über die indischen Garratts. D. R. Carling schrieb mehrere ausführliche Briefe voll von nützlichen Angaben als Ergänzung zum ersten Garratt-Buch. Alan Wild von Bournemouth Eisenbahnclub scheute keine Mühe, um gute Abzüge von den Kelland-Negativen zu erhalten. Den grössten Dank schulde ich meiner Frau Christine für ihre Hilfe in der Dunkelkammer, die Begleitung bei der Fotojagd auf Garratts und ihre Geduld während meiner Abwesenheit oder wenn ich mich zu meinen Studien zurückzog. Christine dürfte eine der wenigen Damen sein, die auf 4 Kontinenten Garratts in Betrieb gesehen hat und welche ihre erste Führerstands-Mitfahrt auf einer Garratt erlebt hat!